21 世纪全国本科院校电气信息类创新型应用人才培养规划教材

简明电路分析

主 编 姜 涛

主 审 姚 毅

北京大学出版社

PEKING UNIVERSITY PRESS

内 容 简 介

本书内容以线性电路的特性和分析方法为主线，在介绍基本元件特性和基本电路模型的基础上，讨论了电路的基本定理定律、分析方法和计算机模拟仿真方法，并为适应时代技术的发展引入了计算机电路分析软件的介绍。为满足电路课程教学改革的需求，本书本着"简明、适用、够用"的原则，强调基础知识、基本概念和电路的基本求解方法，语言通俗易懂，表述清晰明了，内容精练实用，并在每章末介绍了典型电路的计算机分析和仿真实例，还配有精选的例题和大量习题。

本书可作为电子信息、通信技术、自动控制、电气及其自动化、机电一体化和计算机等专业的本科电路基础教材，也可作为相关专业成人教育、网络远程教育的本专科教材，还可供学生和工程技术人员自学使用。

图书在版编目(CIP)数据

简明电路分析/姜涛主编 . —北京：北京大学出版社，2015.9
（21世纪全国本科院校电气信息类创新型应用人才培养规划教材）
ISBN 978 - 7 - 301 - 26062 - 3

Ⅰ.①简⋯　Ⅱ.①姜⋯　Ⅲ.①电路分析—高等学校—教材　Ⅳ.①TM133

中国版本图书馆 CIP 数据核字（2015）第 163082 号

书　　　　名	简明电路分析
著作责任者	姜　涛　主编
责 任 编 辑	程志强
标 准 书 号	ISBN 978 - 7 - 301 - 26062 - 3
出 版 发 行	北京大学出版社
地　　　　址	北京市海淀区成府路 205 号　100871
网　　　　址	http://www.pup.cn　新浪官方微博：@北京大学出版社
电 子 信 箱	pup_6@163.com
电　　　　话	邮购部 62752015　发行部 62750672　编辑部 62750667
印 刷 者	三河市北燕印装有限公司
经 销 者	新华书店

787 毫米×1092 毫米　16 开本　21.5 印张　498 千字
2015 年 9 月第 1 版　**2016 年 7 月第 2 次印刷**

定　　　　价	48.00 元

前　　言

　　本书是为电子信息、通信技术、自动控制、电气及其自动化、机电一体化和计算机等各类本专科专业电路课程编写的短学时教材，适合 50～80 学时的电路分析(电路原理)课程使用。

　　电路分析(电路原理)课程是电路理论的入门课程，是电工电子信息类专业最重要的技术基础课程。考虑到近年来，尤其是扩招以后，学生对基础知识掌握的程度有所下降，学生普遍对"电"的印象相当淡薄，很多电路的基础知识甚至电路的识读都需要重新建立，加之学时大幅减少，对电路课程的教学工作造成了极大的困难。本书正是针对这些主要矛盾而编写的。本书力求用通俗易懂的语言讲清电路的物理概念，用简单明了的步骤分析电路的求解，使学生易于理解、自学和掌握。学生通过对本书的学习，可对电路的基本特性、定理定律和分析方法有一个清晰的了解，为后续课程的学习和工程应用打下基础。为便于学习和使用，下面对本书的编写体系、课程特点和学习方法等问题进行介绍，供读者阅读时参考。

　　1. 电路分析课程的任务是讨论和研究集总参数电路的基本理论与分析方法，从而实现对一般电路的分析和求解。通过对本书的学习，学生可掌握电路系统基本元件的特性，以及电路的基本概念、结构、定理定律和分析方法及相应的实验技能，为电类各专业后续课程的学习奠定理论基础。任何一个门类的知识均包含"分析"与"综合"两个方面，本书着重于"分析"，所谓分析就是分解、剖析，在对基本电路元件、电路单元研究的基础上，将其应用于对复杂电路系统的求解。本课程在培养学生严肃认真的科学作风、抽象思维能力、电路识读和分析计算能力、实验研究能力和总结归纳能力等方面起着至关重要的作用。

　　2. 考虑到近年来电路分析课程学时的大幅减少和学生基础知识薄弱的实际情况，使该课程逐渐淡化了作为电路理论课程的概念，而逐渐偏重于将其作为电类专业课的入门、桥梁和工具。本书对课程内容做了一些精简和调整，以更加紧凑的方式讲授电路分析的核心内容，但又保证不影响电路基本理论的完整性和对基本分析方法的充分讨论。本书将电路分析课程教学的基本要求和目标确定为：以元件特性为基础，以电路的识读和分析为核心，强调掌握根据电路列写方程的分析方法。编写以"简明、适用、够用"为原则，按"一""二""三"的编排体系展开，即一个假设——集总电路、理想模型的假设；两类约束——由电路连接关系决定的结构约束关系和由电路元件伏安特性决定的元件约束关系；三大基本概念(和分析方法)——叠加概念、分解概念和变换(域)概念。力求突出"讲清物理概念，回避繁冗推证，强调结论解法，注重实际运用"的特色。

　　3. 根据以上而定的基本架构，本书内容分为两个单元，即直流电阻电路分析和动态电路分析。

　　第一单元：直流电阻电路分析，由第 1～3 章组成，这是本书的核心内容，构成了电路分析的基本理论和分析方法的完整体系。这一单元主要讨论由直流电源和电阻元件构成

的电路的电路结构、电路变量、电路元件、电路模型和两类约束的概念，利用两类约束、电路定理定律和基本分析方法对一般电路系统进行分析和求解的方法，并介绍了利用EWB对直流电路进行仿真分析的方法。

第二单元：动态电路分析，由第4～7章组成。第4章讨论动态元件的定义、特性和动态电路响应的时域分析方法，动态电路的微分方程解法和一阶电路响应的三要素解法以及二阶电路的物理过程和响应。第5章讨论正弦稳态电路的相量分析方法，相量模型、阻抗及其变换、相量法和正弦稳态功率及计算。第6章讨论互感和变压器元件的定义、特性及等效模型，含互感和理想变压器电路的分析及其功率。三相交流电路的概念及对称三相交流电路的分析方法。第7章讨论动态电路的 s 域分析方法，复频率的概念、s 域模型及网络的零极点和频率响应。最后，介绍了利用EWB对正弦稳态电路、互感电路和三相电路、电路频率响应的分析和仿真。

4. 学习方法及要求。通过对本课程的学习，希望学生达到"定理概念清楚，基本解法熟悉，分析过程工整，求解快速准确"的基本要求。学生在学习时首先要注重物理概念的理解和掌握，在理解物理机制、重现物理情景的基础上掌握电路的基本概念和定理定律；其次要注重电路的识读，基本单元电路的熟知，基本分析求解方法、过程的掌握，最大限度地减少公式尤其是电路方程的死记硬背，养成"看着电路写方程"的良好习惯；再次要明白先要学会走才能学会跑的道理，尤其对于初学阶段、一般层次的学生更需要脚踏实地、按部就班地进行，只有熟练地掌握了规范工整的常规求解方法和过程，在今后的实际工作中才能够正确地灵活应用；最后，目前电路分析课程多被当成一门工具课程来开设，既然是工具一要简便，二要熟练，但不要被简单迷惑而有所轻视，因为熟才能生巧，所以还要求学生必须亲自动手进行大量等效电路的绘制和电路方程的列写，这一点对于现在的很多学生还需特别强调。

5. 为适应新技术的发展，让学生尽早接触计算机辅助分析的方法和思想，本书还在每章的末尾加入了用EWB对电路进行分析(仿真)的介绍，以激发学生对常用电子电路分析、设计软件学习的兴趣。本书将计算机应用软件与传统电路理论教学相结合，使之相互补充。传统分析方法侧重于用数学方法描述和求解电路，而计算机软件可以得到输入(激励)和输出(响应)之间直观形象的结果，这将有利于对电路理论和特性的理解和掌握；利用计算机软件可以对电路进行虚拟实验，得到其十分接近于真实环境的"仿真"结果，这对激发学生的兴趣、培养其创新能力大有裨益。另外，本书有意将软件部分安排为必修的自学内容，一方面培养学生的自学能力，另一方面要告诉学生计算机工具软件若需要也是可以自学的，在今后还有很多非常重要的电子电路常用软件需要通过自学去掌握，如Multisim、Proteus、Protel、Altium Designer、Max＋plus 等。

本书由姜涛主编并负责全书的统稿和修改工作。具体编写分工为：姜涛编写第1～5章，陶雪容编写第6章，庞尚珍编写第7章和全书的EWB仿真，罗伟负责本书主要章节的习题和解答，肖辉为本书的前期策划做了很多工作。本书由姚毅教授主审，并提出了大量宝贵的修改意见。

本书编者均长期使用李瀚荪编写的经典教材《电路分析基础》进行授课，其理论体系和教学方法对编者有深刻、有益的影响，并体现于日常的教学工作和本书的编写之中，书中引用了李老先生的部分思想和内容，在此表示深深的敬意和感谢！本书在编写中也参考了大量国内外优秀的教材和参考书，在此一并表示感谢！

　　本书的编写工作得到了四川理工学院"电路分析"教材建设项目的支持。

　　由于作者水平有限加之时间仓促，书中内容难免存在不当之处，敬请各位老师和同学们指正，作者邮箱：jetwash@163.com，365639720@qq.com。

编　者

2015 年 5 月

目 录

第 **1** 章
电路的概念及约束关系

基本内容：本章着重讨论电路的基本概念和基本关系。首先，在集总假设基础上引入电路元件、电路模型和电路变量等基本概念，并由此得出电路的约束关系——基尔霍夫定律和元件伏安关系，这就是我们所说的"一个假设，两类约束"；然后，通过 3 个最简电路及其求解举例说明直接利用两类约束分析简单电阻电路的方法。

基本要求：掌握集总概念、电量及参考方向、功率及其符号；掌握 KCL、KVL 和 VCR 两类约束关系及两套符号的运用；熟练运用两类约束求解简单电路。

1.1　电路的集总假设及电路模型

1.1.1　电路的基本概念

电具有瞬时传递、清洁方便和便于控制的显著优点，已经深入到了工农业生产、国防科研、文化娱乐和日常生活的方方面面，"电"已成为当今信息社会的显著特征，与现代人的生产、生活密不可分。电的作用和应用主要表现在以下两方面：一是实现电能的生产、传送和转化(转化为其他形式的能，即对外做功)，这构成了现代生产活动、日常生活电气化应用的基础，即所谓"强电"范畴的电力电气系统；二是实现电信号的传输、处理和交换，电以其具有携带信息的能力在通信、计算机等领域得到了最广泛的应用，同时电又是控制其他形式能量最有效的手段，这使其在自动控制领域具有不可替代的地位，即所谓"弱电"范畴的电子、通信、计算机、生物医学工程、自动控制系统等。

大到发电站、长距离输配电线路，小到各种集成电路芯片，从简单的电动玩具到复杂的超级计算机，电路千差万别，功能各有不同，但它们都受共同的基本物理规律——电磁现象支配。电磁理论主要研究电气元件及其内外部空间的电磁现象，即"场"的规律，而电路理论主要研究电气元件的外部特性以及"路"中电路变量的关系。电磁场和电路理论都研究一个物理系统中所发生的电磁过程，电路中元件的特性和电路的基本关系是电磁现象和过程在特定条件下的产物，是电磁场理论的具体体现，而"场"更重要的是研究电磁过程普遍的、一般的规律。因此，只有深刻理解电磁过程的物理规律才能很好地掌握电路的特性和关系。

实际的**电路**(electrical circuit)由电阻器、电容器、电感器(线圈)、电源和导线、开关等电路部件或晶体管、集成电路等电子元器件按照所需实现的功能，按照一定的结构关系互相连接而成，并由此构成各种电气和电子系统。以最简单的手电筒电路为例，它由电池、灯泡、开关及外壳(充当连接导线)组成，如图 1-1(a)所示。其中，电池为电路提供能量——电源，灯泡通电后产生热和光——负载，开关和导线担负电源与负载的连接与控制作用——中间环节。任何一个完整的电气与电子电路系统都由**电源**、**负载**和**中间环节**三个基本部分组成，即电路结构的三要素。

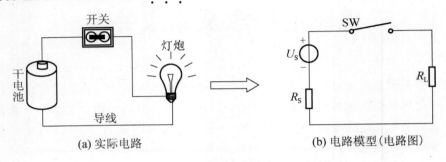

(a) 实际电路　　　　　　　　　　(b) 电路模型(电路图)

图 1-1　手电筒实际电路及电路模型

各种电路部件和电子元器件都使用抽象、形象和更具一般意义的、规范的符号表示，图 1-2 列举了我国国家标准(GB4728)中的部分电气、电子元器件符号。电路符号非常多，各个不同应用领域、各个不同国家或行业又略有差别，我们将在今后的学习中逐渐介绍。利用各种电路符号绘制的电路连接关系图叫**电路图**(circuit diagram)，它确定了一个给定电路的约束关系，这是电路分析中电路的最主要表现形式和以后我们求解电路的基本依据。前述手电筒的电路图如图 1-1(b)所示。

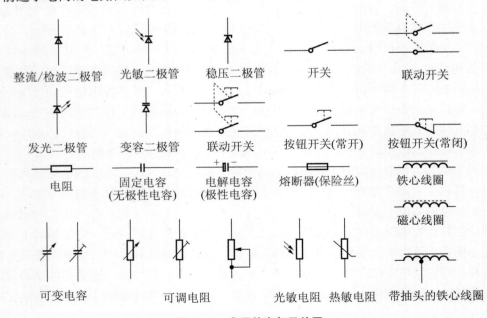

图 1-2　常用的电气元件图

1.1.2　电路分析与设计

电路的一般性问题可用图 1-3 表示，图中三者分别为：电路系统，又称为**网络**（network），它由电路元件按一定结构关系连接而成；输入，又称为电路的**激励**（incentive）；输出，即电路对激励的**响应**（response，即电路中的电流或电压）。

图 1-3　电路系统框图

在已知电路的结构及元件参数条件下（即给定电路），由激励求响应或由响应求激励，即求激励和响应间的函数关系称为**电路分析**。反之，在确定的激励、响应关系条件下（即给定函数关系或功能），求电路的结构和元件参数称为**电路设计**（或称电路综合）。表 1-1 可以比较清楚地看出电路分析和电路设计各自的任务。

表 1-1　电路分析与电路设计

网　络	激　励	响　应	研究范畴
√	√	?	电路分析
√	?	√	电路分析
?	√	√	电路设计

在当今信息社会，电工电子技术的应用涵盖了基于电子现象的几乎所有工程活动领域，电路系统可以实现各种各样的功能，包括能量传输、转化和控制，信号检测、分析、滤波、放大、变换以及各种运算和函数的产生等。电路分析的任务是弄清电路系统中元件特性、电路结构和电路变量所遵从的基本关系，从而明确给定电路的功能特性及应该得到的结果。而电路设计（综合）是在电路分析已知结果（元件和电路特性）的基础上，根据用户所提出的设计功能或技术要求，选择适当的电路元件和单元电路，按照一定的结构关系组合连接成为电路系统。电路分析理论和技术是电路设计综合的前提和理论基础。随着微电子学的发展，电路系统规模和复杂程度不断增加，电路理论从经典方法发展到现代的、系统化的方法，出现众多分支领域。但是，基本的电路分析理论和方法仍然是最重要的，它是所有电路理论的基础，是通往包括电力、电子、通信、测量、控制、计算机和生物医学工程等众多工程技术领域的桥梁。本书通过学习电路分析的理论和方法，使学生掌握电路的基本分析方法和基本特性，为学习电类专业课程和以后的电路设计打下基础。

需要明确的是，在进行电路分析时，给定电路的响应有一个唯一的解；而在进行电路设计时，实现相同功能（或技术要求）的电路往往可以有多种不同的方案。当然，在设计过程中还需要反复地利用电路分析方法检验设计结果能否满足设计要求，现在更多的是利用计算机软件进行辅助设计和仿真，可以得到事半功倍的效果。

在现代电路分析与设计中，从简单的计算机辅助电路分析，发展到涵盖整个电子系统设计和制造过程的电子设计制造自动化（EDA/CAM）。用计算机软件可以方便地解决大规模和非线性电路的分析问题，而且，计算机仿真软件利用更接近实际器件的组合元件模型，模仿电路实际运行环境以及参数误差等条件，使之得到非常接近于实际情况的电路特

性和结果。同时，仿真软件还可以结合抽象功能模块和模拟数字混合电路完成对单片机、可编程器件等复杂系统的仿真，并具有可视化功能，可以直观地研究电路输入和输出的波形关系。另外，利用软件提供的更接近工程实际的组合元件模型和虚拟仪器，可以方便、快捷和低成本地进行电路的分析、测量、设计和虚拟实验等。计算机软件技术已经和现代电工电子电路的分析和设计密不可分，占据非常重要的地位。

目前通行的电路分析软件是 SPICE(Simulation Program with Integrated Circuit Emphasis)，它是由美国加州大学伯克利分校开发的模拟电路仿真软件，事实上已经成为电路分析模拟仿真的标准方法。常用的还有 Multisim、Proteus 等，本书先让学生了解一个比较简单的 Electronics Workbench(电子工作平台，EWB)电路仿真软件，用它对由基本无源元件和简单有源元件构成的电路进行 SPICE 分析和虚拟电路实验，也可以作为电路计算结果的有效验算工具。

1.1.3 集总假设及电路模型

实际的电路部件和器件在电路中的表现往往是比较复杂的，除了它最主要、最本质的属性以外，一般还会因不同的工作条件和环境，表现出其他的一些次要属性。就以最常见的电灯泡为例，它的主要属性是对电流的阻碍作用(即电阻的属性，本质是对外做功而将电能转换为其他形式的能，如热和光)，但是，当电流通过时还会产生磁场而表现出电感的属性，甚至还有其他一些更加复杂的属性，这为电路的分析带来困难。因此，在电路分析中，我们并不直接研究实际电路，而是研究实际电路的数学模型(理想化模型)——**电路模型**(model)。即在一定的条件下(工作条件不同可能其模型会有一些变化)，对其进行理想化处理，忽略它的次要属性，用一个足以表征其本质属性的模型来表示，使我们的分析变得更加方便，更加容易得到我们所期望的结果，这也是科学研究所采取的一般方法。当然，理想化处理后所得到的"理论"结果与实际的结果可能会有一些偏差，如果这些偏差超出了我们能够接受的范围的话，则可以在当前条件下，将那些被忽略的次要属性重新添加进来，补充到电路模型中(用几个理想模型的组合表示)对理论结果进行修正，使其达到工程应用的要求。采用理想化模型的好处还表现在：电路元件只体现单一的电磁特性，可以用精确的数学关系来描述；一种电路元件可以表征一类实际器件，用很少的几种电路元件就可以描述种类繁多的实际器件。因此，利用理想化元件构成的电路模型可以更加有效、方便地对电路进行分析。

集总假设是最典型的电路理想化处理方法，其假设电能的消耗现象和电磁能量的存储现象是可以分别研究的，从而可以利用集总参数元件来构成电路模型，所得到的每一种集总元件都只表示一种基本电磁属性，且可用数学函数关系加以定义——集总假设的意义。例如，电阻元件只表现为消耗电能，电容元件只涉及与电场有关的现象，电感元件只涉及与磁场有关的现象。集总(集中)假设意味着把实际器件的电场和磁场分割开来，因为，假如电场和磁场发生相互作用，则所产生的电磁波将造成部分能量通过辐射损失掉，所以，只有在辐射能量可以忽略不计的情况下才能采用集总假设概念，即要求器件(或电路)的几何尺寸远小于正常工作频率所对应的波长——集总假设条件。

若实际电路的尺寸远小于其工作频率所对应的波长，我们就说它满足集中化条件，可以用集总参数电路作为其模型。即当电路满足集中化条件时，实际电路所在空间电磁场分布变化相对不明显，则电磁波动现象可以忽略，电路的尺寸可以忽略，也就是说电路的大小和形状不影响电路的特性。在这种情况下，集总电路的电磁过程可视为集中在器件内部，器件的特性与它们之间的相互距离、位置无关，可以用一个或一组参数来表征，其模型就是电路模型中的理想**元件**(element)。

设实际电路的最大尺寸为 d，电路中的电磁信号(电压或电流)的波长为 λ，则电路的集中化条件可以表示为

$$d \ll \lambda$$

用光速 c 除以不等式的两边，可得集中化条件另一种表示

$$\tau \ll T$$

式中，$\tau = d/c$，是电磁信号从电路的一端传递到电路的另一端所需要的时间；T 为信号的周期。上述条件即为判别实际电路是否可以看成是集总参数电路的依据。集中化条件显然是一个相对的概念，电路的信号频率越高，波长越短，则要求电路的尺寸越小才能满足集中化条件。

例如，一个中波收音机电路，其工作信号的最高频率为 1600 kHz，对应的波长为 187 m，电路的实际尺寸(一般在 cm 量级)远远小于此波长，因此可以用集总参数电路来描述。但比如，在雷达、卫星通信等微波应用领域，信号频率高达 1GHz 甚至更高，这时信号的波长仅为厘米或毫米量级(一般称为厘米波或毫米波)，此时它与电路的尺寸可相比拟，使信号在电路中的空间分布不再"均匀"，从而不能再当作集总电路处理。又如，我国交流市电频率为 50 Hz，对应的波长为 6×10^6 m，对于一般用电设备而言可以视为集总电路，而对于超远距离输电线路而言，就必须考虑电场、磁场在输电线路沿线的不同分布，故也不能按集总电路来处理。

集总假设是本书的基本假设和出发点，是整个理论体系的基础。在以后的讨论中未做特别说明时均指集总参数元件、理想电路模型，以后所述的电路基本定理、定律也是在这一假设前提下得出的。

1.1.4 电路的分类

1. 线性与非线性电路

全部由线性元件组成的电路称为**线性**电路，含有至少一个非线性元件的电路称为**非线性**电路。关于线性元件与非线性元件的定义将在本章介绍电路元件时给出。线性电路最基本的性质是具有齐次性和可加性，有关性质在第 3 章专门讨论，其含义可以用图 1-4 简单说明。

图中方框为线性电路，即线性网络，x 表示电路的输入信号，即激励，y 表示电路对输入信号所产生的输出，即响应。

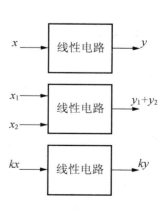

图 1-4 可加性和齐次性

齐次性为：若激励 x 作用于电路产生的响应为 y，则激励 kx 作用于电路产生的响应必为 ky。**可加性**为：若激励 x_1 产生的响应为 y_1，激励 x_2 产生的响应为 y_2，当 x_1 与 x_2 同时作用于电路时产生的响应则为 y_1+y_2，即线性电路对于各个激励共同作用所产生的响应是各个激励的加权和。

严格的线性电路实际上是不存在的，但是大量的实际电路(往往是非线性电路)在一定条件下可以近似为线性电路，线性电路的研究已经形成一套成熟的理论和方便的方法，本书作为电路理论的入门教材，在未做特别说明时均研究线性电路。

2. 时变与非时变电路

若电路中所有元件的参数都不随时间变化，称为**非时变**(或称时不变)电路；若至少有一个元件的参数是随时间变化的，则为**时变**电路。非时变电路的基本特性是电路的响应不随激励施加的时间而改变，即若电路对激励 $x(t)$ 的响应为 $y(t)$，则非时变电路对于延迟激励 $x(t-t_0)$ 的响应必为 $y(t-t_0)$。假如是时变电路，因其电路参数和特性在随时间变化，则施加激励的时间不同它所得到的响应也是不一样的。在一个较长的时间范围内，元件的参数多少都会有所变化，所以严格意义的非时变电路实际上是不存在的，但大量实际电路在研究问题的有限时间期间，或在采取了一些有效的电路稳定措施后，都可以很好地近似为非时变电路。本书在未做特别说明时均研究非时变电路。

3. 有源与无源电路

关于有源元件、无源元件、有源电路、无源电路的概念，在电路理论中对于理想电路模型虽然有明确的定义，但在今后的学习中会发现，在电路理论中不同情况下和在工程应用(如电子技术)中其含义是有所差异的，在这里很难做出简单、明确、全面的描述，还需要在今后的学习中逐渐了解和掌握。这里仅从理想电路模型角度加以定义和描述。

全部由无源元件组成的电路称为无源电路，含有至少一个有源元件的电路称为有源电路。关于有源和无源的概念是从能量的观点来加以定义的，即如果一个电路元件，不管连接在任何电路中，不管连接方式如何，均满足下式：

$$w(t) = \int_{-\infty}^{t} p(\tau)\mathrm{d}\tau \geqslant 0$$

即在整个工作过程中吸收能量的总和都是非负的，即为**无源**元件；反之，为**有源**元件。关于功率和能量的定义及符号含义将在本章稍后介绍。显然，由无源元件组成的无源电路，其吸收能量关系也满足上式。

1.2 电路变量及功率

电路分析使我们能够得出给定电路的功能及特性，这些特性通常由一组时间函数变量来描述。它们是我们对给定电路分析时所列写的电路方程的变量，也是电路分析所期望得到的结果。物理学中电磁现象的两个变量——电荷和能量在电路分析中依然起着关键的作用，电路变量(简称**电量**)与物理学中对应变量的含义基本相同，在电路分析中主要分析可实际观察和测量的基本电量——电流和电压，及其派生变量——功率。

1.2.1　电流

电流是一个与电荷运动相关的物理量。物理学是自然科学的基础，电磁现象和电路的基本关系自然应由物理学理论得到。物质(导体)中的自由电子(以后还会接触到正负离子、电子-空穴对等)等可以自由运动的带电微粒称为**载流子**，由电荷量(Q 或 q)表示其所带电荷的多少，在国际单位制(SI)中的单位为库伦(简称库，C)。载流子在导体中的运动通常情况下是无规则的，从宏观角度观察是不带有倾向性的迁移，即不会形成电流。载流子在电场作用下做有规则的运动即形成**电流**——电流的物理意义，电流用 i 或 I 表示。一般而言，我们讨论任何一个电量、元件、电路和定理定律甚至解题方法时，至少应从物理意义、数学定义(函数表达式)和适用条件、性质等几方面进行学习和掌握。电流的数学定义为：单位时间通过导体横截面的电荷量，即

$$i(t) = \frac{\mathrm{d}q(t)}{\mathrm{d}t} \tag{1-1}$$

电流的单位是物理学中 7 个基本量之一，单位为安培(简称安)，用 A 表示(1 A = 1 C/s)。常用的单位还有千安(kA)、毫安(mA)、微安(μA)和纳安(nA)等。

习惯上把正电荷运动的方向规定为电流的方向。如果电流的大小和方向都不随时间变化，则称为恒定电流或直流(缩写为 DC)，这时电流的符号可用 I 表示；否则称之为时变电流，这时电流的符号用 i 或 $i(t)$ 表示。若时变电流的大小和方向是周期性变化的，则称为交变电流，简称交流(缩写为 AC)。

在集总电路中，电的传播是瞬间完成的(以光速传播)，流过元件的电流可以是时间 t 的函数，但与空间位置无关(集总条件)，因此，在任意时刻从任一元件的一端流入的电流与从另一端流出的电流是相等的(从电荷的守恒关系也可以得到相同的结论)、确定的和可测量的，电路中形成持续稳定电流的条件是具有闭合回路。如图 1-5 所示的方框泛指集总参数元件(甚至网络)，a、b 表示元件与外电路的连接端，需要特别注意

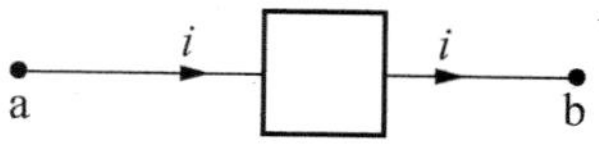

图 1-5　集总元件的电流

到的是，从元件 a 端流入的电流与从 b 端流出的电流是同一个电流 i。以后的学习还会进一步看到，任何一个由多个元件构成的串联电路中电流的关系都是如此，这是集总电路一个非常重要的基本关系。

1.2.2　**参考方向**

实际上，电路中电流的(真实)方向经常难以确定。比如，交流电流就不能用一个固定的箭头来标明其真实方向，即便是直流电流，尤其是在求解含有多个电源的复杂电路时，也很难事先就判断出电流的真实方向，这就给我们在求解电路时列写电路方程造成了困难。为此，引入参考方向(有时又称为"正方向")的概念，即为求解电路的方便而人为假定的电流(以后还包括电压)的方向。以后在求解电路之前，需要先确定(假定)电路中所有电量的参考方向并标注在图中，并以此为依据列写电路方程和求解出结果。需要注意的是，这时求得的结果(电流和电压)均为代数量，从其值的符号结合图中所标注的参考方向

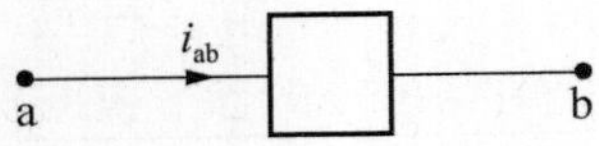

图 1-6 电流的参考方向

可得知电流(或电压)的真实方向,即当 $i > 0$ 时真实方向与参考方向一致;当 $i < 0$ 时真实方向与参考方向相反。在电路图中标注电流参考方向的常见方法有:用箭头指向和双下标标记法,如图 1-6 所示。显然,在同一个图中二者应该一致,其中 i_{ab} 表示电流的参考方向从 a 流向 b。

参考方向是电路分析中最重要的基本概念之一,今后,在未做特别说明时,图中标注的电量方向均为参考方向,并以此为依据列写方程和求解。

1.2.3 电压

电压是一个与电荷运动所造成的能量变化相关的物理量。电场是一种势场,以正电荷在电场中的运动为例(负电荷的运动方向刚好相反),要么是在电场力的作用下由高电势(电位)端向低电势端运动而对外做功(电势能减少);要么是在外力(非电场力)作用下由低电势端运动到高电势端而获得能量(电势能增加)。需要注意到的是,电荷在运动中能量的变化即为两点之间电势之差(电位差),所以,两点间**电压**的物理定义为:单位正电荷从电路的 a 点移动到 b 点时所失去的能量,用 u、U 或 v、V(究竟用 u、U 还是用 v、V 表示电压,在电路分析中没有太严格区分)表示。其数学定义为

$$u(t) = \frac{\mathrm{d}w(t)}{\mathrm{d}q} \tag{1-2}$$

电压的单位为伏特(简称伏,V,1V = 1 J/C)。其他常用的单位有千伏(kV)、毫伏(mV)、微伏(μV)等。

由上述定义可知,电压的真实方向是电场(电路)中电势降落的方向,所以电压通常又称为电压降。电场中两点间电压的大小及方向由其空间位置决定,与电荷在两点间运动的具体路径无关(势场的性质),实际上也与电荷是否运动无关,也就是说,即使在两点间没有电流(电荷的运动),电压也是存在的。显然应有,电路中任意两点间不管存在着多少条由元件(或网络)构成的并联电路,每个元件(或网络)上的电压是相等的。这与前述的串联电路各元件中电流相等一样,是集总电路又一个非常重要的基本关系。

同样道理,电压也存在大小及方向都不随时间变化的直流电压(U、V)和大小及方向都随时间变化的时变电压或交流电压(u、v)。实际上,电量的符号究竟用大写还是小写是有其一般含义的,凡不随时间变化的量用大写,即 I、U、V 等;凡随时间变化的量(即时间函数)用小写,即 i、u、v 或 $i(t)$、$u(t)$、$v(t)$。

为分析方便电压的方向也使用参考方向表示,在电路图中标注电压参考方向的常见方法有:用 "+" 表示高电位端、"−" 表示低电位端,用箭头(由高指向低)表示和双下标标记法,如图 1-7 所示。显然,在同一个图中三者应该一致。

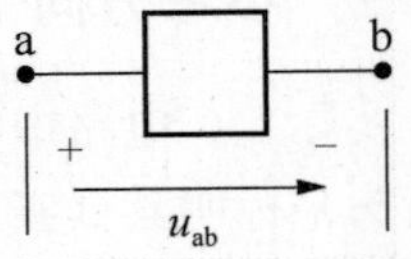

图 1-7 电压的参考方向

1.2.4 关联与非关联的参考方向

在电路中,任何一个元件都有一个流经其中的电流和两个端钮之间的电压,在为其电

流和电压设定参考方向时，彼此是完全独立的和可以任意假定的。通常采用和习惯上一致的方向，即电流从元件的高电位端流入，低电位端流出，这时称为电流与电压的参考方向是关联的，如图 1-8(a)所示；但是，在复杂电路的分析中，对众多元件的电流电压设定参考方向时，很难满足所有元件的电流电压都是关联的参考方向，也必然会出现如图 1-8(b)所示的情况，这时称为电流与电压的参考方向是非关联的。实际上，我们在给所有元件的电流电压设定参考方向时，不需要考虑应该采用关联的还是非关联的参考方向，在以后的分析和学习中会看到，只需在列写电路方程时注意到二者的关系并正确选取所对应的表达式即可，对所得出的结果是没有任何影响的。但需要特别提醒的是，在关联和非关联情况下电流电压关系式是有所区别的(通常就差一个符号)，这需要在列写方程时加以注意。

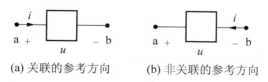

(a) 关联的参考方向　　　　(b) 非关联的参考方向

图 1-8　电压电流的关联关系

1.2.5　功率及能量

由前述可知，电路中存在着能量的流动。电流 i 从 a 点经元件到达 b 点后，会在元件的两端产生电压 u，即存在能量 w 的变化(增加或减少)，根据物理学的一般意义：(元件的)**功率**为单位时间能量的变化(能量的变化率)，即

$$p(t) = \frac{\mathrm{d}w}{\mathrm{d}t} \quad \text{或} \quad w(t) = \int_{-\infty}^{t} p(\tau)\mathrm{d}\tau$$

若元件上电流电压为关联的参考方向，并考虑到 u、i 的定义式，则有

$$p(t) = \frac{\mathrm{d}w}{\mathrm{d}t} = \frac{\mathrm{d}w}{\mathrm{d}q} \times \frac{\mathrm{d}q}{\mathrm{d}t}$$

即得元件功率的计算式为

$$p(t) = u(t)i(t) \tag{1-3}$$

显然，在元件上电流电压为非关联参考方向时，应有

$$p(t) = -u(t)i(t) \tag{1-3}'$$

功率的单位为瓦特(W)，简称瓦，1 W＝1 J/s。其他常用的单位有千瓦(kW)、毫瓦(mW)、微瓦(μW)等。

在以上符号体系下，若 $p > 0$，则表示元件(网络)吸收(或称消耗)电功率，系统能量减少而对外做功；若 $p < 0$，则表示元件(网络)释放(或称产生)电功率，外力对系统做功而使其能量增加——功率符号的意义。对于一个封闭的系统而言，能量总是守恒的，即对于一个完整电路中各元件所消耗的功率应和所产生的功率相等，这也可以作为以后对电路求解结果的验算依据。

[**例 1-1**] 求图 1-9 中各元件上所表示的未知量。

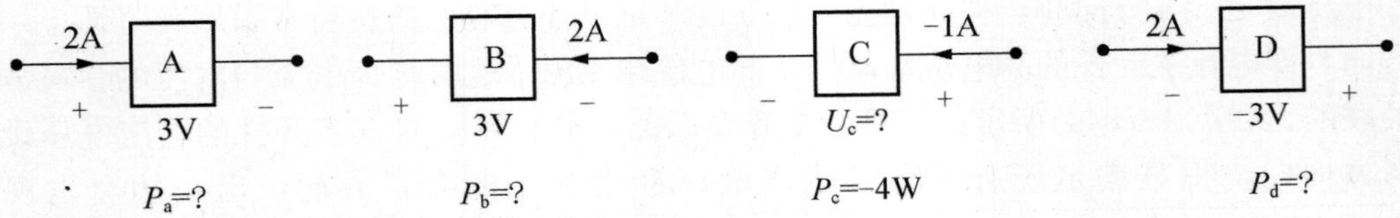

图 1-9   例 1-1 图

解：$P_a = UI = 3 \times 2 = 6W$，吸收（消耗）功率。

$P_b = -UI = -3 \times 2 = -6W$，释放（产生）功率。

$P_c = U_c I = U_c \times (-1) = -4W$，$U_c = 4V$。

$P_d = -UI = -(-3) \times 2 = 6W$，吸收（消耗）功率。

认真理解题中公式的符号和电量符号的处理方法，关于这个问题稍后还会特别强调。

在前面的讨论中，多次提到了电量的辅助单位问题，表 1-2 给出了在国际单位制（SI）中的常用词冠与其因数的对应关系。

表 1-2   常用 SI 词冠

因　数	词冠名称		符　号
	原文（法）	中　文	
10^9	giga	吉	G
10^6	mega	兆	M
10^3	kilo	千	k
10^{-3}	milli	毫	M
10^{-6}	micro	微	μ
10^{-9}	nano	纳	n
10^{-12}	pico	皮	p

1.3   电路的结构约束关系

现在我们来讨论一个给定电路中的响应（电压和电流）由哪些因素决定的问题。对于一个由多个元件按一定结构关系连接而成的电路，其响应受到两方面因素制约，一是电路中元件间的连接关系（拓扑关系），二是每个元件自身的特性。这是一个整体和局部的问题，因为电路由元件组成，整个电路的表现（响应）如何，既要看这些元件是怎样连接而构成一个整体的，又要看其中的每一个元件具有什么特性，二者缺一不可。由连接关系决定的约束关系叫**结构约束**（拓扑约束），与元件的特性无关，即基尔霍夫定律（KCL 和 KVL）；由元件特性决定的约束关系叫**元件约束**，与电路的连接关系无关，即元件上电压电流之间的函数关系（称为元件的**伏安关系，VCR**）。这就是电路分析中最重要的**两类约束关系**，KCL、KVL 和 VCR 二者是各自独立的。为描述的方便，先介绍几个电路术语。

1.3.1　常用电路术语

以图 1-10 为例说明。

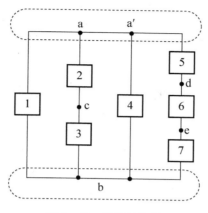

图 1-10　电路结构图

1. 支路

电路中任何一个二端元件即为一条支路。图 1-10 中可以有 7 条支路，但通常把多个元件首尾相连构成的串联电路(其中的每一个元件通以同一个电流)视为一条支路，故一般认为图中仅有 4 条支路。

2. 节点

两条以上支路的连接点。如图 1-10 中的 a(a′与 a 由导线直接连接，为同一个节点)、b、c、d、e，但通常把串联电路内部的节点(图中的 c、d、e)不视为单独的节点，故一般认为图中仅 2 个节点，即 a 和 b。

3. 串联与并联

串联电路最基本的特性为串联电路中每个元件的电流相同，如图中的支路 2-3、支路 5-6-7；两条或两条以上支路的首首、尾尾并行的连接在两节点之间即构成并联电路，并联电路最基本的特性为相并联的每条支路的电压相同，如图中支路 1 与支路 2-3、支路 4、支路 5-6-7 均并联在 a 和 b 两节点之间。

4. 回路

电路中任何一个闭合路径(供电流流通的闭合通道)为回路。图中由元件 1、2、3 以及 1、5、6、7 等构成了 6 个回路。

5. 网孔

内部不含有其他支路的回路。图中由元件 1、2、3，2、3、4，4、5、6、7 构成 3 个网孔。显然，网孔是一种特殊的回路。

1.3.2　基尔霍夫节点电流定律

德国物理学家基尔霍夫(Kirchhoff，1822—1887)，在电路和光谱学等方面做出了重要贡献，电路理论的最重要关系基尔霍夫定律是他基于自然界的基本法则——电荷守恒和能量守恒关系得出的。

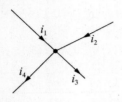

图 1-11　节点电流关系

由电荷守恒关系可得出基尔霍夫节点电流定律（KCL），以图1-11为例，电路中 4 条支路的电流分别为 i_1、i_2、i_3、i_4，各支路汇接点所决定的节点上的电荷既不会产生堆积也不会减少，即在单位时间内流入和流出节点的电荷（即电流）相等，也就是说流出（或流入）节点电荷（即电流）的代数和为零。

故 KCL 可表述为：对于集总电路中的任一节点，在任意时刻，流出（或流入）该节点的所有支路电流的代数和为零。其数学表达式为

$$\sum_{k=1}^{N} i_k = 0 \tag{1-4}$$

式中，i_k 为各支路电流；N 为连接到该节点的支路数。图中电流的参考方向习惯上以流出的方向为正，流入则记为负。

[例 1-2]　设已知图1-11中各支路电流为 $i_1 = 5\text{A}, i_2 = -2\text{A}, i_3 = -3\text{A}$，求电流 i_4。

解： 对节点列写 KCL 有

$$-i_1 - i_2 + i_3 + i_4 = 0$$

即

$$i_4 = i_1 + i_2 - i_3$$

将已知数据代入上式得

$$i_4 = 5 + (-2) - (-3) = 6\text{A}$$

需要注意的是，例中我们遇到了"两套符号"的问题。一是方程中各项（各变量）前的正、负号，取其为正还是为负由所设定的电流正方向与图中标注的参考方向是否一致决定。比如，习惯上将流出节点的电流视为正，则在 KCL 中的 i_1、i_2 为"一"，i_3、i_4 为"+"；二是各电量自身数值的正、负号，即最后一个式子中的 5A、-2A、-3A。对于初学者，尤其是分析复杂电路时，需将这两套符号分开处理，不要混用。比如，我们并没有因为流入节点的电流 $i_2 = -2\text{A}$，其真实方向是流出节点而直接写成 $i_2 = 2\text{A}$。

KCL 还可以推广应用到广义节点上，电路中任何一个封闭的面可视为一个节点，则穿过曲面的各支路电流也遵从基尔霍夫节点电流定律，如图1-12所示。

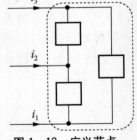

图 1-12　广义节点

1.3.3　基尔霍夫回路电压定律

由能量守恒关系可得出基尔霍夫回路电压定律（KVL），电荷（电流）在一个闭合回路中沿一定方向绕行一周后，必然有由于电场力对外做功而造成的能量减少和克服电场力做功

而获得的能量增加。由势场性质可知，电场(电路)中某点的电势(电位)是由其位置决定的，那么，沿闭合回路绕行一周而回到原点后其能量的变化(电位差，电压之差)为零，即在回路中所减少的能量(电压降低)和所增加的能量(电压升高)相等，也就是说任一闭合回路电压降(或电压升)的代数和为零。

故 KVL 可表述为：对于集总电路中的任一回路，在任意时刻，沿该回路的所有支路电压降(或电压升)的代数和为零。其数学表达式为

$$\sum_{k=1}^{N} u_k(t) = 0 \tag{1-5}$$

式中，u_k 是沿着回路上各支路的电压；N 是电压的项数。式中各项电压的符号，当图中所标注的电压参考方向与绕行方向一致(即从电压的"+"进入，从"−"出去)时取正号，反之取负号。

例如，图 1-13 电路中的 3 个回路可以写出以下 3 个 KVL 方程：

由 d−a−b−c−d 构成的回路

$$u_1 + u_4 - u_3 - u_2 = 0$$

由 a−e−f−b−a 构成的回路

$$u_5 + u_6 - u_4 = 0$$

由 d−a−e−f−b−c−d 构成的回路

$$u_1 + u_5 + u_6 - u_3 - u_2 = 0$$

另外，a、b 两节点间的电压为

$$u_{ab} = u_4 = -u_1 + u_2 + u_3 = u_5 + u_6$$

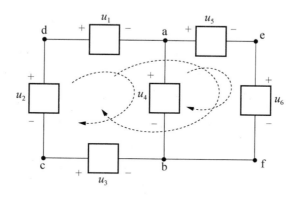

图 1-13　回路的电压

由此可以得到 KVL 的另一种表述：在任意时刻，集总电路中任意两节点间的电压等于该两点间任一路径上所有电压降的代数和，与计算路径无关，即

$$u_{ab} = \sum_{k=1}^{N} u_k \tag{1-5}'$$

式中，u_k 是从 a 点出发到达 b 点过程中各支路的电压；N 是电压的项数。式中各项电压的符号，当图中所标注的电压参考方向与行进方向一致时取正号，反之取负号。

[例 1-3] 在图 1-13 电路中，已知 $u_1 = -4\text{V}$，$u_2 = -5\text{V}$，$u_3 = 3\text{V}$，$u_5 = 5\text{V}$，

$u_6 = -3V$，求 a、b 两点间的电压 $u_{ab} = ?$。

解： 由图 1-13 可知

$$u_{ab} = u_4$$

而由 KVL 有

$$u_4 - u_3 - u_2 + u_1 = 0$$

或

$$u_5 + u_6 - u_4 = 0$$

故

$$u_{ab} = u_4 = -u_1 + u_2 + u_3 = u_5 + u_6$$

将已知数据代入上式得

$$u_{ab} = u_4 = -(-4) + (-5) + 3 = 2V$$

或

$$u_{ab} = 5 + (-3) = 2V$$

应注意在求解过程中"两套符号"也是分开处理的。

实际上，在以上讨论中我们又一次见到了并联电路的基本关系——两点间（如上述的 a、b 点之间）并联的所有支路的电压相等。熟练地求出电路中任意两点间的电压，是今后电路分析中经常需要完成的工作。

1.4 电路的元件约束关系

集总电路（以后简称电路）是由集总参数元件（以后简称元件）连接组成，而每一种元件都只表示一种基本电磁属性，有其确定的物理定义，并可用数学函数关系加以表达，即由此确定每一种元件电压与电流之间的关系——**伏安关系**（VCR）。元件的 VCR 连同基尔霍夫定律（KCL、KVL）构成了集总电路分析的基础，即我们说所的"两类约束"。原则上讲，掌握了两类约束就可以对所有的电路进行求解。以下先行学习几种常用元件的定义及特性，还有一些其他的元件，由于知识衔接的问题需要在以后的内容中逐步介绍。

1.4.1 电阻元件

任何元件都有在其内部所发生的电磁现象（物理过程）以及在其外部电路的表现（外部特性），这就需要我们从物理意义和数学表达两方面来加以定义。物理定义将对元件的本质属性加以描述；而在表达其数学函数关系式时，往往将理想电路元件视为具有两个或多个对外可测端子（**端钮**）的黑盒子，并不关心其内部结构，而仅对其外部特性用数学关系式加以描述，元件的外部特性通常可以表示为 $u-i$ 关系，$q-u$ 关系或 $\Psi-i$ 关系等。显然，物理定义和数学定义是对同一事物的不同表达，二者是统一的、等价的，数学函数是物理性质的精确描述，而物理意义是其数学函数所蕴含的物理规律。

德国物理学家欧姆（Ohm，1787—1854）通过大量的研究发现了电阻器（也包含任何导体）对电流呈现阻力的性质，并具有以下规律：

$$u(t) \propto i(t)$$

即

$$u(t) = Ri(t) \tag{1-6}$$

式中，u 为电阻两端的电压（V）；i 为流过电阻的电流（A）；R 表达电阻器（元件）自身所固有的属性，是电阻的参数，简称电阻，单位为欧姆（简称欧，Ω，$1\ \Omega = 1\ V/A$），R 的参数值由制造电阻器使用的材料、形状和几何尺寸等决定，与其 u、i 无关。

式（1-6）又称为**欧姆定律**，它从物理性质的角度对电阻下了定义——导体所表现的对电流的阻碍作用叫**电阻**。

既然电阻器呈现对电流具有阻力的性质，则电流通过时必然消耗能量而出现电压降，因此，电流与电压降的真实方向总是一致的，即与关联参考方向一致，如图 1-14(a) 所示，这时 u-i 的关系用式（1-6）表示。假如电流与电压的参考方向是非关联的，如图 1-14(b) 所示，则应改用

$$u(t) = -Ri(t) \tag{1-6)'}$$

另外，电阻的属性也可用其倒数来表示，即

$$G = \frac{1}{R} \tag{1-7}$$

式中，G 称为**电导**，即反应导体导电能力大小的物理量，单位为西门子 [S]，简称西。这时欧姆定律可写为

$$u(t) = \frac{1}{G}i(t)$$

即

$$i = Gu \tag{1-8}$$

非关联参考方向时为

$$i = -Gu \tag{1-8)'}$$

(a) 关联的　　　　(b) 非关联的

图 1-14　电阻的符号及 u-i 关系

我们可以建立一个直角坐标系，以元件的电流 i 和电压 u 作为横坐标和纵坐标，俗称 u-i 平面（或 i-u 平面），这时欧姆定律可以表示为 u-i 平面上的一条曲线，如图 1-15 所示。则以此可得出电阻的数学定义——任何以 u-i 平面（或 i-u 平面）上的一条曲线描述其特性的元件叫电阻。即

$$f(u, i) = 0 \tag{1-9}$$

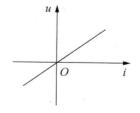

图 1-15　线性电阻的 VCR

由电阻元件的数学定义可知，这个定义并不关心元件的内部组成，只需要 u-i 之间遵从一定的函数关系即可。由图1-15可见，u 与 i 之间具有确定的函数关系，曲线的斜率即为电阻 R，它是实际应用中很多同类电气、电子元器件的一般定义，如灯泡、电炉甚至二极管等。u-i 平面的直线表示**线性**

电阻，曲线表示**非线性**电阻。这条曲线可以是随时间变化的——时变电阻，也可以不随时间变化——非时变电阻；u 随 i 的增加而增加叫正电阻，u 随 i 的增加而减小叫负电阻（如本节稍后介绍的受控源就有可能等效为一个负电阻）。本书在未做特别说明时，讨论非时变线性正电阻，即欧姆定律定义的电阻。欧姆定律既是线性电阻元件的定义式又是它的伏安关系表达式（VCR）。

从电阻的数学定义还可以看出，电阻的电压（或电流）是由同一时刻的电流（或电压）决定的（如 $u(t) = Ri(t)$），而与其上电流电压的"历史"作用无关——无记忆性。有些元件（如电容和电感）具有记忆性，我们以后再做介绍。另外，线性电阻的伏安曲线是关于原点 O 对称的，称为具有双向性；有些电阻元件的伏安曲线关于原点不具对称性，称为具有**单向性**的（如二极管）。

在关联参考方向下，电阻元件的功率为

$$p = ui = Ri^2 = \frac{u^2}{R} \tag{1-10}$$

电阻元件的能量为

$$w(t) = \int_{-\infty}^{t} p(\tau)\mathrm{d}\tau \tag{1-11}$$

对于通常讨论的电阻元件，R 为正值，这时

$$w(t) = \int_{-\infty}^{t} p(\tau)\mathrm{d}\tau \geqslant 0$$

说明该元件为无源元件，即该元件从不向外界提供能量。如果 R 为负值，则

$$w(t) = \int_{-\infty}^{t} p(\tau)\mathrm{d}\tau \leqslant 0$$

说明该元件为有源元件，元件可以向外界提供能量（如受控源有时就是这样）。

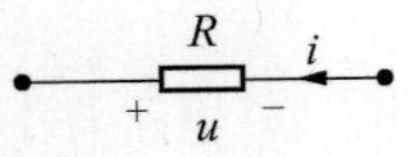

[**例 1-4**] 如图 1-16 所示，已知 $R = 2\Omega$，$u = 6\mathrm{V}$，求 i、p。

解：$i = -\dfrac{u}{R} = -\dfrac{6}{2} = -3\,\mathrm{A}$

图 1-16　例 1-4 图　　$p = -ui = -6 \times (-3) = 18\,\mathrm{W}$

注意电阻两端的电压与电流为非关联参考方向，可见，功率符号与参考方向的选取无关，即电阻的功率总是为正的。

1.4.2　独立电源

独立电源（简称独立源，电源）即电能之源或者信号源，常作为电路的输入或激励。在含电阻的电路中有电流流动时，就会不断地消耗电能，显然，要获得持续稳定的电流就必须要有能量的来源——电源来补充电能。如果没有电源（激励），在一个仅由电阻组成的电路中是不可能存在电流或电压（即响应）的。独立源是集总电路的一种理想化模型，包括电压源和电流源。

1. 理想电压源

大家最熟悉的（实际）电源是电池和实验室使用的稳压电源（一种常用的电工实验设

备），它们都以一定的电压在其端口输出。但是，电池在工作时随其端口连接的负载（决定其输出电流的大小）和新旧程度的不同，输出电压是有所变化的。"稳压电源"在这方面做得要稍好一些，在输出电流不超过一定范围时端口的输出电压基本不变。理想电压源（简称**电压源**）是在实际电源的基础上抽象得出的理想化模型（电路元件），集总电路对其给出的定义是：在任意时刻，元件两端的电压与流过其中的电流无关。

电压源的数学定义可用 u-i 平面上的一条水平线表示，如图 1-17 所示。图中可以清楚看到，$u_s(t)$ 与流过其中的电流 i 的大小和方向均无关，即

$$u(t) = u_s(t) \tag{1-12}$$

电压源的符号如图 1-18(a) 所示，也可以用我们熟悉的电池的符号特指直流电压源，如图 1-18(b) 所示。

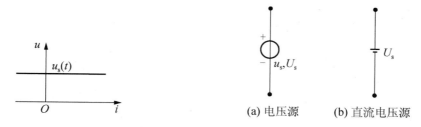

图 1-17　电压源的 VCR　　　　图 1-18　电压源的符号

电压源的电压 u_s 是表示自身固有属性的物理量，表达了其内部将非电能转化为电能的能力，由制造电源的材料、结构、工艺等因素决定，当然与其外界因素包括流过其中的电流无关。如果自身特性发生变化，u_s 是可以变化的（注意，这种变化不是由 i 引起的），如交流电压源就是时间的函数，一般表达为：$u_s(t) = U_m\cos\omega t$。

由电压源的伏安关系（VCR）还可以看出电压源具有以下特点。

(1) 电压源的电压与电流无关，即流过其中的电流不由它本身决定，而是由与之相连接的外部电路决定。也就是说，电流可以由其正端流出，经外电路后由负端流入，这时电压源的功率 $p < 0$，电源对外提供电能；电流也可以由其正端流入，经电源内部后由负端流出（到外电路），这时电压源的功率 $p > 0$，电源从外部电路获得电能（作负载用，如对电池充电）。

(2) 当 $u_s = 0$ 时，相当于短路（可用一条导线代替），如图 1-19 所示。

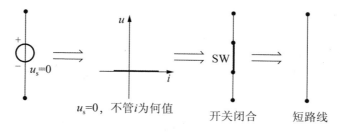

$u_s = 0$，不管 i 为何值　　　　开关闭合　　　　短路线

图 1-19　电压源为 0 时

2. 理想电流源

相比电压源，电流源在日常生活中见得要少一些，一般由专门的电子系统近似实现。电流源也是一种电源，它以一定的电流从其端口输出，集总电路对其给出的定义是：在任意时刻，从元件端口流出的电流与其两端的电压无关。

电流源的数学定义可用 u-i 平面上一条竖线表示。如图 1-20 所示，从图中可以清楚看到，$i_s(t)$ 与其两端电压 u 的大小和方向均无关，即

$$i(t) = i_s(t) \tag{1-13}$$

电流源的符号如图 1-21 所示。同理，电流源的电流 i_s 是表示自身固有属性的物理量，表达了其内部将非电能转化为电能的能力，由制造电源的材料、结构、工艺等因素决定，也与其外界因素包括其两端的电压无关。如果自身特性发生变化，i_s 是可以变化的（这种变化不是由 u 引起的），如交流电流源可以表达为：$i_s(t) = I_m\cos\omega t$。

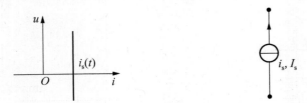

图 1-20　电流源的 VCR　　　图 1-21　电流源的符号

由电流源的伏安关系（VCR）可以看出其具有以下特点。

(1) 电流源的电流与其端电压无关，而是由与之相连接的外部电路决定，即其两端的电压不能由本身求得。也就是说，电流 i 可以由端电压 u 的正端流出，经外电路后由负端流入，这时电流源的功率 $p < 0$，电源对外提供电能；电流也可以由端电压的正端流入，经电源内部后由端电压的负端流向外电路，这时电流源的功率 $p > 0$，电源从外电路获得电能（作负载用）。

(2) 当 $i_s = 0$ 时，相当于开路（可用未连通的两个端钮表示），如图 1-22 所示。

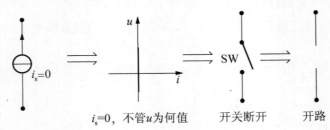

$i_s = 0$，不管 u 为何值　　　开关断开　　开路

图 1-22　电流源为 0 时

[例 1-5] 求图 1-23 中各元件的电压、电流和功率。

解：(1) 图 1-23(a)中，$u = 10\text{ V}$，$i = 10/10 = 1\text{ A}$；$p_{10V} = -ui = -10\text{ W}$，$p_{10\Omega} = ui = 10W$。

(2) 图 1-23(b)中，$u = 10\text{ V}$，$i = -i_s = -(-3) = 3\text{ A}$；$p_{10V} = -ui = -10 \times 3 = -30\text{ W}$，

$p_{-3A} = ui = 10 \times 3 = 30$ W。

（3）图 1-23(c)中，$u = 5$ V，$-i-2+1 = 0$，$i = -1$ A；$p_{5V} = -ui = -5 \times (-1) = 5$ W，$p_{5\Omega} = u^2/5 = 5^2/5 = 5$ W，$p_{2A} = -ui = -5 \times 2 = -10$ W。

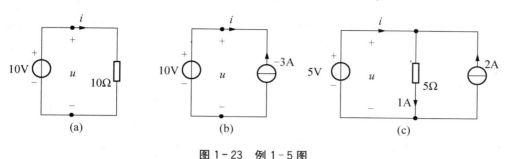

图 1-23 例 1-5 图

1.4.3 受控源

电子系统、自控系统其内部的核心部件是各种电子元器件和集成电路，主要的特点是可以实现输入信号对输出信号的控制，在集总电路中将其抽象为**受控源**（元件）。顾名思义，受控源是一种受控于电路中其他电量（信号）的特殊的"源"，即它不能独立于该控制电量而存在。

受控源具有以下重要特点。

（1）受控源是一种双端口元件，具有两条支路，其一为控制支路（输入），其二为受控支路（输出）。输出信号受到输入信号（电压或者电流）的控制，与其呈现一种函数关系。

（2）从受控源的名称来讲，其带有一个"源"字，即它具有电源的某些属性，受控（输出）信号可以以电压源的形式输出，也可以以电流源的形式输出。

但要特别注意的是，受控源是一种用于反映电子器件控制关系的理想化模型，我们关心的是输出信号受输入信号的控制关系，它并不是真正意义的电源，它不能独立地作为激励作用于电路，也就是说，仅有受控源和电阻元件而没有独立源的电路是不能产生响应的。在实际的电子系统中，作为受控源原型的晶体管、集成电路也需要在外加电源条件下才能实现其放大、处理和控制的功能。在后续第 3 章的学习中将可以看到，在电路分析中受控源最终等效为一个正的或者负的电阻，故由直流电源和电阻、受控源构成的电路（网络）称为直流电阻电路，第 1~3 章分析的就是直流电阻电路的情况。

根据电压源或者电流源的性质，受控源具有以下性质：受控电压源元件的输出电压 u_o 与控制（输入）信号 x 成比例关系，与流过其中的电流无关，如图 1-24(a)所示；受控电流源元件的输出电流 i_o 与控制（输入）信号 x 成比例关系，与其两端的电压无关，如图 1-24(b)所示。受控源与独立源的相同和相异之处在于：独立源的输出电压（或电流）是由其自身将非电场能转换成电能的能力决定，而受控源的输出电压（或电流）是由其控制（输入）信号决定的，都与其输出的电流（或电压）无关。独立源是一种单端口元件，电流电压均发生在其一对端钮（一对端钮构成一个**端口**）之间，而受控源是一种双端口元件，输入对输出的控制是通过元件内部的作用实现的，其电流电压发生在不同的端口之间，它们之间是一种

"转移"函数的关系。另外，作为控制量的信号也可以有电压和电流两种情况，故受控源共有 4 种组合，即电压控制电压源（**VCVS**）、电压控制电流源（**VCCS**）、电流控制电压源（**CCVS**）和电流控制电流源（**CCCS**），如图 1-25 所示。4 种受控源的控制系数中，r 和 g 分别具有电阻和电导的量纲，称为转移电阻和转移电导。μ 和 α 无量纲，分别称为电压增益和电流增益。

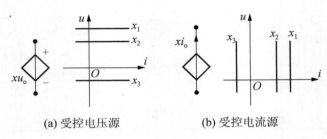

(a) 受控电压源　　　　　(b) 受控电流源

图 1-24　受控源的控制关系

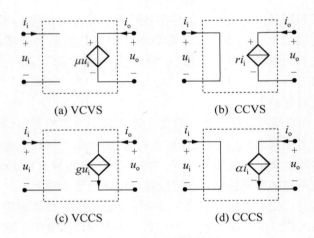

(a) VCVS　　　　　　　(b) CCVS

(c) VCCS　　　　　　　(d) CCCS

图 1-25　4 种受控源

含有受控源的电路是电路分析问题中的难点，一般分两步处理：①在列写电路方程时将受控源先视为独立源；②再以其控制量的关系式作为补充方程即可解出。

[**例 1-6**] 求图 1-26 中的 U_2。

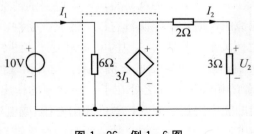

图 1-26　例 1-6 图

解：
$$I_1 = \frac{10}{6} = \frac{5}{3}\ \text{A}$$

$$I_2 = \frac{3I_1}{2+3} = \frac{5}{5} = 1\ \text{A}(\text{式中 } 3I_1 \text{ 即视为一个电压源})$$

$$U_2 = 3I_2 = 3\ \text{V}$$

1.5　简单电路分析

一般而言，在掌握了两类约束关系（**KCL**、**KVL** 和 **VCR**）后，就可以对任意电路求解了，这里我们先介绍直接运用两类约束对简单电路的求解方法，这是对复杂电路求解的基础。

1.5.1　电阻电路的分压与分流

对于图 1-27(a)所示由多个电阻串联构成的 $a \sim b$ 支路，在其两端施加一个电压 u 时，串联支路中每一个电阻所分配得到的电压与总电压之间的关系如下。

由 KVL 及 VCR 有
$$u = u_1 + u_2 = R_1 i + R_2 i$$

即
$$i = \frac{u}{R_1 + R_2}$$

故有
$$u_1 = R_1 i = \frac{u}{R_1 + R_2} R_1 \propto R_1$$

$$u_2 = R_2 i = \frac{u}{R_1 + R_2} R_2 \propto R_2$$

一般地
$$u_k = \frac{u}{\displaystyle\sum_{k=1}^{n} R_k} R_k \tag{1-14}$$

即，电阻串联电路中每个电阻所分得的电压与其值成正比。式(1-14)可称为分压公式。

对于图 1-27(b)所示电路由多个电导（对于并联电路的讨论，使用电导更加方便）并联于 a、b 一对节点之间，在其端口输入一个电流 i 时，并联支路中每一个电导所分配得到的电流与总电流之间的关系如下。

由 KVL 及 VCR 有
$$i = i_1 + i_2 = G_1 u + G_2 u$$

即
$$u = \frac{i}{G_1 + G_2}$$

故有

$$i_1 = G_1 u = \frac{i}{G_1 + G_2} G_1 \propto G_1$$

$$i_2 = G_2 u = \frac{i}{G_1 + G_2} G_2 \propto G_2$$

一般地

$$i_k = G_k u = \frac{i}{\sum\limits_{k=1}^{n} G_k} G_k \qquad (1-15)$$

即，电导并联电路中每个电导所分得的电流与其值成正比。式(1-15)可称为分流公式。

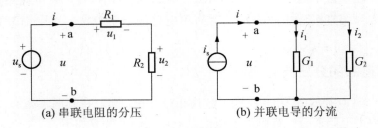

(a) 串联电阻的分压   (b) 并联电导的分流

图 1-27　电阻的分压与分流关系

在实际应用中，有一种称为**电位器**的 3 端电阻元件，电路符号如图 1-28(a)所示。电位器由 1、2 端子间的电阻 R_W 和滑动端子 3 构成。滑动端将整个电阻 R_W 分成两部分，如图 1-28(b)所示，调节滑动端子可以任意调节上下两部分的比例。电位器可以方便地实现分压(图 1-28 (c))和作为可变电阻使用(图 1-28 (d))。

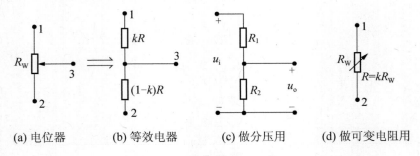

(a) 电位器   (b) 等效电器   (c) 做分压用   (d) 做可变电阻用

图 1-28　电位器及其典型应用

在分析复杂电路尤其是在电子电路中，往往需要关心电路中众多节点的电压关系，为方便分析需要在电路中选择一个统一的参考(节)点，并命参考点的电压(电位)为零，在电路图中一般用符号"⊥"表示，称之为"地"(**GND**，这一点和力学里面描述空间中各点高度的方法类似)。在电子设备中"地"一般接机壳即可，也可以和电力系统一样接入真正的大地。将电路中各节点至参考节点间的电压降(如图 1-29(a)中的 u_{10}、u_{20})定义为该节点的**节点电压**，记为 u_{n1}、u_{n2}(下标中的"n"表示节点，node)；或称为该节点的**电位**，记为 u_1、u_2 或 v_1、v_2。在电路中，一般用 u、U 表示电压，用 v、V 表示电位，这是从电磁学中援引过来的。这时，电路中任一支路两节点之间的电压等于该两节点电位之差，这就是常说的电压就是电位差，就是两点电位之差的意思。

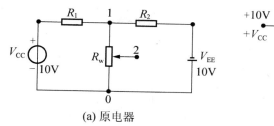
(a) 原电器

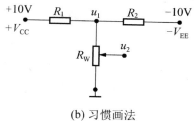
(b) 习惯画法

图 1-29 电位的表示

1.5.2 三个典型最简电路分析

这里介绍三种典型的最简电路及其求解方法，最简电路是构成复杂电路的基本单元，只有知道什么是电路的最简形式，才能够对复杂电路很好地进行分析和化简，这是以后对复杂电路分析中经常要做的工作。

1. 单回路电路

单回路即一个回路，电路中所有元件首尾相连构成一个闭合的串联电路，显然，每一个元件中的电流相同，即只需要一个电路方程就可完成电路的求解。

[例1-7] 在图 1-30 所示的单回路电路中，已知 $u_{s1} = 24\text{V}$、$u_{s2} = 6\text{V}$、$R_1 = 2\Omega$、$R_2 = 1\Omega$、$R_3 = 4\Omega$、$R_4 = 2\Omega$，求电流 i 及电压 u_{ab}。

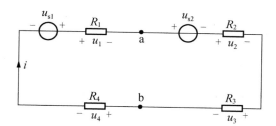

图 1-30 例 1-7 图

解：（1）对回路列 KVL 方程：

$$u_{s2} + u_2 + u_3 + u_4 - u_{s1} + u_1 = 0$$

（2）由 VCR 可得

$$u_{1\sim4} = R_{1\sim4} \times i$$

（3）二式联解的电路方程为

$$(R_1 + R_2 + R_3 + R_4)i = u_{s1} - u_{s2}$$

（4）将已知值代入，并求解得

$$i = \frac{24-6}{2+1+4+2} = 2\text{A}$$

（5）由 KVL 方程可知

$$u_{ab} = u_{s2} + u_2 + u_3 = (6 + (2 \times 1) + (2 \times 4)) = 16\text{V}$$

或

$$U_{ab} = -u_1 + u_{s1} - u_4 = -((2\times2) + 24 - (2\times2)) = 16V$$

在对例 1-7 的求解中注意以下几点：①列写 KVL 方程式，要事先确定回路绕行的方向和起点；②列写 VCR 时要注意参考方向的关联与非关联关系，对于 u_s（或 i_s）由于其值为定值故不需要列出；③将"两套符号"分开处理；④电路中任意两点之间的电压 u_{ab} 等于从其"+"端出发，沿任一支路行进到"-"端所经过的所有电压降之和。

[例1-8] 电路如图 1-31 所示，设受控源为：(1)$2U_1$；(2)$1.5U_2$；(3)$-15I$ 时，求电流 I。

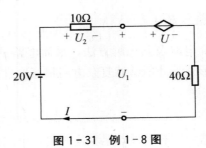

图 1-31　例 1-8 图

解：(1) 对回路运用 KVL 和 VCR，得

$$10I + U + 40I - 20 = 0$$

(2) 当受控源电压 $U = 2U_1$ 时，有

$$10I + 2U_1 + 40I - 20 = 0$$

针对受控源的控制量写补充方程：

$$U_1 = 2U_1 + 40I$$

联解得

$$I = -2/3 \text{ A}$$

(3) 当受控源电压 $U = 1.5U_2$ 时，有

$$10I + 1.5U_2 + 40I - 20 = 0$$

针对受控源的控制量写补充方程：

$$U_2 = 10I$$

联解得

$$I = 4/13 \text{ A}$$

(4) 当受控源电压 $U = -15I$ 时，有

$$10I + (-15I) + 40I - 20 = 0$$

由于受控源的控制量即为待求变量，故不需要另写补充方程。解得

$$I = 4/7 \text{ A}$$

2. 单节点偶电路

单节点偶即一对节点，电路中所有元件(或支路)均并联在一对节点之间，显然，每条支路的电压相同，则也只需一个电路方程即可完成电路的求解。

[**例1-9**] 求图1-32中的电压 u_o 和电流 i。

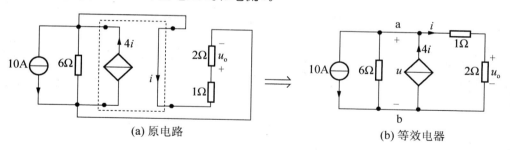

图1-32 例1-9图

解： 在图1-32(a)所示的原电路中，为凸显受控源的控制与受控关系将其画成了明显的双口网络形式，但这样使电路显得不那么规则和简洁。在今后的分析中，一般画成类似图1-32(b)所示比较规范的形式，只需明确注意到受控源的控制量与受控量之间的关系即可。从图1-32(b)可以明显看到，这时所有支路均并联在 a、b 一对节点之间——单节点偶电路。

（1）设 a、b 节点偶之间的电压为 u，对节点a(或节点b)运用两类约束 KCL 及 VCR 列写电路方程，得

$$10 + \frac{u}{6} - 4i + i = 0$$

（2）对受控源写补充方程：

$$i = \frac{u}{1+2} = \frac{u}{3}$$

（3）二式联立得电路方程为

$$10 + \frac{u}{6} - 4\frac{u}{3} + \frac{u}{3} = 0$$

（4）解得

$$u = 12\text{V}, \ i = 4\text{A}, \ u_o = 8\text{V}$$

在解题中应注意到分析含受控源电路的一般方法为：①列写电路方程时，先将受控源视为普通的电源，在本例中将其视为一个电流为 $4i$ 安培的电流源；②以受控源的控制关系(本例为电流 i)作为补充方程；③二式联立即可得到电路方程。

[**例1-10**] 如图1-33所示电路，求电流 I_1、I_2、I_3 和 I_4。

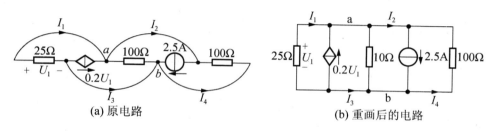

图1-33 例1-10图

解: 为便于观察电路的连接关系, 将图 1-33(a)原电路改画为图 1-33(b)。可见图中 5 条支路均并联在 a、b 两节点之间(单节点偶电路), 各条支路的共同电压为 U_1, 故先求之。

(1) a、b 节点偶之间的电压为 U_1, 对节点 a(或节点 b)运用两类约束 KCL 及 VCR 列写电路方程为

$$\frac{U_1}{25} - 0.2U_1 + \frac{U_1}{10} + 2.5 + \frac{U_1}{100} = 0$$

(2) 解得

$$U_1 = 50\text{V}$$

(3) 故可得各电流为

$$I_1 = -\frac{U_1}{25} = -\frac{50}{25} = -2\text{A}$$

$$I_2 = 2.5 + \frac{U_1}{100} = 2.5 + \frac{50}{100} = 3\text{A}$$

$$I_3 = -I_1 - 0.2U_1 = 2 - 0.2 \times 50 = -8\text{A}$$

$$I_4 = -\frac{U_1}{100} = -\frac{50}{100} = -0.5\text{A}$$

3. 一段任意支路

多个元件(可以有独立源、电阻和受控源等各种元件)构成的一条串联支路, 已知两端的电压(以后简称端电压)u(或电流 i)求电流 i(或电压 u), 是今后经常都要讨论的问题, 故将这样一条含源支路也作为基本的最简电路之一。

[例 1-11] 图 1-34 所示一段含源支路, 已知 $u_{s1} = 6\text{V}$、$u_{s2} = 16\text{V}$、$u_{ab} = 10\text{V}$、$R_1 = 6\Omega$、$R_2 = 4\Omega$, 求电流 i。

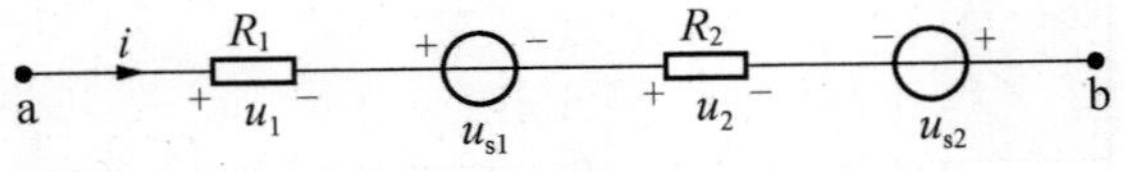

图 1-34 例 1-11 图

解: (1) 列 KVL 方程为

$$u_{ab} = u_1 + u_{s1} + u_2 - u_{s2}$$

(2) 由 VCR 有

$$u_1 = R_1 i \qquad u_2 = R_2 i$$

(3) 两式联立得电路方程为

$$u_{ab} = (R_1 + R_2)i + u_{s1} - u_{s2}$$

(4) 代入解得

$$i = \frac{10 - 6 + 16}{6 + 4} = 2\text{A}$$

需要说明的是, 在图中看起来 a、b 之间的这一段电路没有形成闭合回路, 好似不能形成电流, 但实际上该段电路可视为一个完整电路中的一部分, 电路中的电流是在原电路

中形成的，而此时仅需研究该部分的电压电流关系而已，故将其单独分离出来进行分析。

[例1-12] 图1-35所示为一段含源支路，求电流 $i=1\text{A}$ 时 ab 两端的电压 u_{ab}。

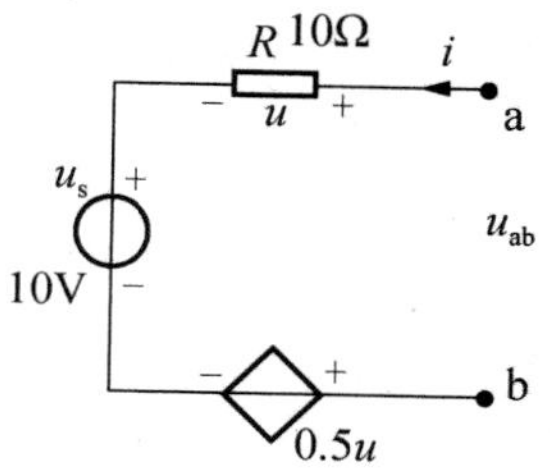

解：（1）列 KVL 方程为

$$u_{ab}=u+u_s-0.5u$$

（2）由 VCR 有

$$u=Ri=10i, u_s=10$$

（3）两式联立得电路方程为

$$u_{ab}=10i+10-0.5\times10i$$

（4）将 $i=1\text{A}$ 代入解得

$$u_{ab}=15\text{V}$$

图1-35 例1-12图

4. 电阻的串并联及分压分流电路

[例1-13] 求图1-36(a)所示电路中 a、b 两端间的等效电阻 R_{ab}。

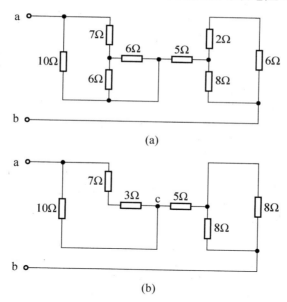

(a)

(b)

图1-36 例1-13图

解：先将电路改画为图1-36(b)，则有

$$R_{ab}=R_{ac}+R_{cb}=[(7+3) /\!/ 10]+[5+8 /\!/ 8]=(5+9)=14\Omega$$

[例1-14] 求图1-37(a)所示电路中 a、b 两端间的等效电阻 R_{ab} 和 b、c 间的等效电阻 R_{bc}。

解：先将电路改画为图1-37(b)，则有

$$R_{ab}=[(7+8) /\!/ 30+15+25] /\!/ 50=55 /\!/ 55=25\Omega$$

$$R_{bc}=(7+8) /\!/ 30 /\!/ (50+15+25)=15 /\!/ 30 /\!/ 90=9\Omega$$

[例1-15] 电路如图1-38所示，求电路中的 U_{ab} 和电流 I。

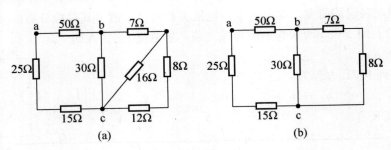

图 1-37 例 1-14 图

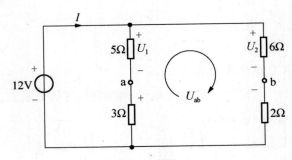

图 1-38 例 1-15 图

解： (1) 先求出电压 U_1 和 U_2，利用分压公式有

$$U_1 = \frac{5}{5+3} \times 12 = 7.5\text{V}$$

$$U_2 = \frac{6}{6+2} \times 12 = 9\text{V}$$

(2) 利用 KCL 列写方程为

$$U_{ab} = U_2 - U_1 = 9 - 7.5 = 1.5\text{V}$$

(3) 利用 KCL 列写方程为

$$I = \frac{U_1}{5} + \frac{U_2}{6} = \frac{7.5}{5} + \frac{9}{6} = 3\text{A}$$

[**例 1-16**] 电路如图 1-39(a) 所示，求电路中的电流 I_1、I_2 和 I_3。

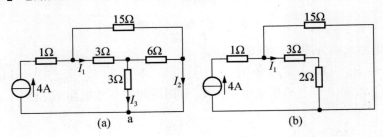

图 1-39 例 1-16 图

解： (1) 先用图 1-39(b) 求 I_1，利用分流公式有

$$I_1 = \frac{15}{15+5} \times 4 = 3\text{A}$$

（2）再由原图 1-39(a)求 I_3，利用分流公式有

$$I_3 = \frac{6}{6+3} \times 3 = 2\text{A}$$

（3）对图 1-39(a)中的节点 a 运用 KCL 列写方程为

$$I_2 = 4 - I_3 = 4 - 2 = 2\text{A}$$

值得注意的是，由于原图在改画为图 1-39(b)时使 I_2 支路消失，故需在利用图1-39 (b)求出 I_1 后仍要还原为原图 1-39(a)才能求出 I_2 和 I_3。

［例 1-17］电路如图 1-40 所示，求电路中的电流 I_0 和 I。

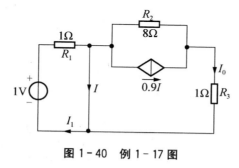

图 1-40 例 1-17 图

解： 在原图中如果将电流 I 流经的短路线缩为一点，这时左边部分电路和右边部分电路可分别求解。

（1）先用左边电路求 I_1 为

$$I_1 = \frac{1}{1} = 1\text{A}$$

（2）再由右边电路求 I_0 为

$$I_0 = \frac{R_2}{R_2 + R_3} \times 0.9I = 0.8I$$

（3）对原图运用 KCL 求 I 为

$$I_1 = I + I_0 = I + 0.8I$$

解得

$$I = 5/9 \text{ A}, \quad I_0 = 0.8I = 4/9 \text{ A}$$

［例 1-18］分压器电路如图 1-41 所示，求电路中的电阻 R_1、R_2 和 R_3，并计算各电阻消耗的功率（在设计和制作电路时选用承受最大功率为 2W 的电阻）。

解：（1）由电路图可知

$$R_3 = \left(\frac{72-60}{0.05}\right)\Omega = 240\Omega$$

$$P_{R3} = 0.05^2 \times 240 = 0.6\text{W} < 2\text{W}$$

（2）由 KCL 有

$$I_{R1} = 50 - 20 = 30\text{mA}$$

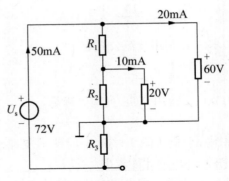

图 1-41　例 1-18 图

$$R_1 = \frac{60-20}{30} = 1.33\text{k}\Omega$$

$$P_{R1} = (0.03^2 \times 1.33 \times 10^3) = 1.197\text{W} < 2\text{W}$$

（3）同理得

$$I_{R2} = 30 - 10 = 20\text{mA}$$

$$R_2 = \frac{20}{20} = 1\text{k}\Omega$$

$$P_{R2} = (0.02^2 \times 1 \times 10^3) = 0.4\text{W} < 2\text{W}$$

电阻元件在电路中要消耗功率（电能）而转化为热量，每一个实际的电阻器由于受到散热条件的限制，能够承受的最大消耗功率是有限的，故在设计和制作实际的电阻电路时需选用最大（允许）承受功率大于在电路中实际消耗功率的电阻器。

1.6　EWB 的简单应用

EWB 是电子电路设计人员对所设计的电路进行仿真和调试的常用软件。利用 EWB 实验平台，一方面可以验证所设计的电路是否达到设计要求；另一方面也可以通过 EWB 的虚拟实验修改设计电路的元器件参数，使之达到最佳的性能。本节应用 EWB 软件对简单的直流电路进行分析。

[**例 1-19**] 图 1-42(a) 所示电路为 1.5 节中的图 1-27(b)。设已知：$i_s = 3\text{A}$，$R_1 = 1\Omega$，$R_2 = 2\Omega$。求 i_1 和 i_2。

解：如图 1-42(a) 所示，根据并联电阻的分流关系，可求得

$$i_1 = \frac{R_2}{R_1 + R_2} i_s = \left(\frac{2}{1+2} \times 3\right) = 2\text{A}$$

$$i_2 = \frac{R_1}{R_1 + R_2} i_s = \left(\frac{1}{1+2} \times 3\right) = 1\text{A}$$

与图 1-42(b) 仿真（软件）电路中电流表显示的数值相同，其中的"一"表示方向，图 1-42(b) 中电流表的粗线端表示负端。

[**例 1-20**] 求图 1-43 电路中流过 3 Ω 电阻的电流。

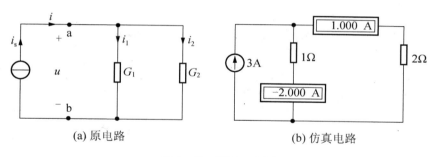

(a) 原电路　　　　　　　　(b) 仿真电路

图 1 - 42　例 1 - 19 图

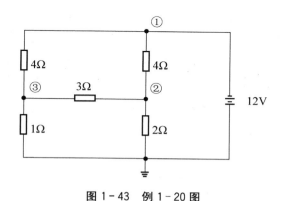

图 1 - 43　例 1 - 20 图

解：方法一：为方便描述，给电路中各节点编号。在 EWB 中选菜单命令 Circuit/Schematic Options/Show Nodes 自动显示节点编号。要得到各节点直流电压，选菜单命令 Analysis/DC Operating Point，分析后在 graph 窗口中得到节点电压和电压源电流，如图 1 - 44 所示。

Node/Branch	Voltage/Current
1	-12.00000
2	-3.58442
3	-2.64935
V1#branch	-4.44156

图 1 - 44　图 1 - 43 电路节点电压和电压源电流

流过 3Ω 电阻的电流 $I = \dfrac{U_2 - U_3}{3} = \dfrac{-3.6 - (-2.6)}{3} \approx -0.3\mathrm{A}$，电流的真实流向从节点 3 流向节点 2。

方法二：选用 EWB 元器件库中的电流表如图 1 - 45 所示进行连接，启动仿真开关后，电流表读数如图 1 - 45 所示，与方法一计算结果相同。

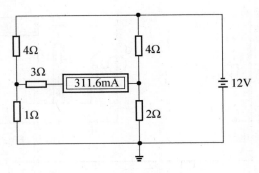

图 1-45　图 1-43 电路接入电流表

本 章 小 结

　　本章着重讨论了电路的基本概念和基本关系，即集总假设、基本电量及其方向和两类约束关系，以及运用两类约束对简单电路的求解方法。这是本课程最基本的基础性问题，深刻理解和牢固掌握这些基本概念、基本关系和基本方法，对电路分析课程的学习是至关重要的。

　　当实际电路的几何尺寸远小于其工作频率所对应的波长时，可以用"集总参数元件"来作为实际电路元器件的模型，每一种元件只反映一种基本电磁现象，并可用数学方法加以定义。集总元件构成的电路称为集总电路，在其中电能的传递是瞬间完成的。

　　电路分析就是对实际电路的集总电路模型的分析，电路模型是实际电气系统的理想化模型，它表征了电路系统的主要物理属性，通常由元件图形符号构成的电路图表示。

　　电路分析的对象是电路变量，即电流和电压。电荷在电场作用下作定向运动即形成电流，其值为单位时间通过导体横截面的电荷量；电压定义为单位正电荷在电路中两点间移动时所失去的能量。为方便分析，一般用参考方向表示电流电压的方向。

　　在电路分析之前必须在电路中设定所有电量的参考方向，如果电流从元件的高电位端流向低电位端则称为电流与电压是关联的参考方向；反之为非关联的参考方向。

　　单位时间内能量的变化量称为功率，电功率等于元件端电压与其流过电流的乘积。功率为正时表示电路消耗功率，反之为产生功率。

　　电路分析的依据是两类约束关系，即电路结构约束（KCL、KVL）和元件约束（VCR），原则上利用两类约束即可对所有电路求解。

　　结构约束关系：

　　基尔霍夫电流定律（KCL）——　$\sum i = 0$

　　基尔霍夫电压定律（KVL）——　$\sum u = 0$

　　元件约束关系（VCR）：

　　线性电阻——端电压与流过电阻的电流成正比，$u = Ri$

　　电压源——端电压值与流过元件的电流无关

电流源——元件的电流值与其两端的电压无关

受控源——元件的输出电压(或电流)受控于电路中另一支路电量(电流或电压)。

单回路电路、单节点偶电路和一段含源支路是电路的三种最简形式，利用两类约束仅需一个电路方程即可求解。

习　　题

1-1　接在图1-46所示电路中的电流表A的读数随时间变化关系如图所示。试确定 $t=1s$、2s、3s 时的电流 i。

1-2　已知某元件上取关联参考方向时的电压 u 和电流 i 的波形如图1-47所示。求(画出)该元件的功率 p 和能量 w 的波形。

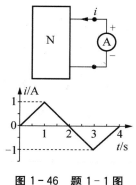

图 1-46　题 1-1 图

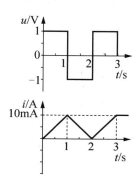

图 1-47　题 1-2 图

1-3　对于图1-48中所示各元件：

(1) 若元件 A 吸收功率为 10 W，求 u_a。

(2) 若元件 B 消耗功率为 10 W，求 i_b。

(3) 若元件 C 的功率为 -10 W，求 i_c。

(4) 求元件 D 的功率，并回答产生还是消耗功率。

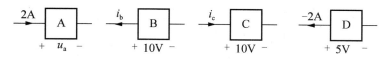

图 1-48　题 1-3 图

1-4　图1-49所示电路中，各元件为电源或者负载。通过测量得知：

$I_1=-2\,A$，$I_2=3\,A$，$I_3=5\,A$；$U_1=70\,V$，$U_2=-45\,V$，$U_3=30\,V$；$U_4=-40\,V$；$U_5=-15\,V$。

(1) 试指出各元件电流的实际方向和各电压的实际极性。

(2) 判断哪些元件是电源，哪些元件是负载。

(3) 计算各元件的功率，并验证功率平衡关系。

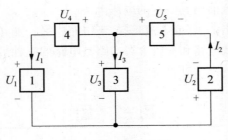

图 1-49　题 1-4 图

1-5　图 1-50 所示电路中 5 个元件上电流电压的参考方向如图所示。试根据表 1-3 中给出的已知变量，求其中的未知变量。

表 1-3　题 1-5 图中各元件参数

变量	元件 1	元件 2	元件 3	元件 4	元件 5
U	+100V	?	+25V	?	?
I	?	+5mA	?	?	?
P	1W	?	?	−0.75W	?

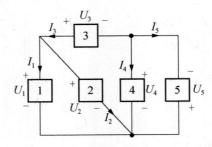

图 1-50　题 1-5 图

1-6　对某电路写出的结构约束方程如下（各电量均为关联的参考方向）：

$$i_1+i_2-i_3=0 \qquad u_1-u_2=0$$
$$i_3+i_4+i_5=0 \qquad u_2+u_3-u_4=0$$
$$u_4-u_5=0$$

请画出方程所对应的电路图，并在图中标明各元件电流电压的参考方向。

1-7　利用 KCL 求图 1-51 所示电路中的电流 i。

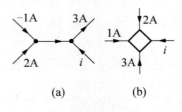

(a)　　　　　(b)

图 1-51　题 1-7 图

1-8 如图 1-52 所示电路中，求电流 I 和电压 U。

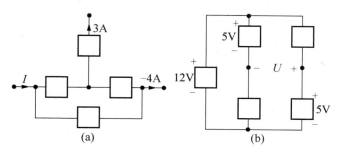

图 1-52 题 1-8 图

1-9 图 1-53 电路中 u_3 的参考方向已确定，若该电路的两个 KVL 方程为

$$\begin{cases} u_1 - u_2 - u_3 = 0 \\ -u_2 - u_3 + u_5 - u_6 = 0 \end{cases}$$

(1) 试确定 u_1、u_2、u_5 和 u_6 的参考方向。

(2) 能否进一步确定 u_4 的参考方向？

(3) 若给定 $u_2 = 10$ V，$u_5 = 5$ V，$u_6 = -4$ V，试计算其余各电压。

1-10 先用 KVL 求出图 1-54 电路中所有电阻上的电压，再利用这些电压值和 KCL 求出包含电压源在内所有元件的电流。

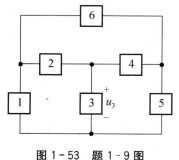

图 1-53 题 1-9 图

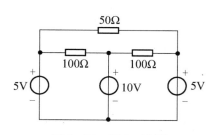

图 1-54 题 1-10 图

1-11 求图 1-55 所示电路中 A、B、C 点的电位。

1-12 求图 1-56 所示局部电路中，当 ab 端子所接外电路开路时的电压 u_{ac} 和 u_{bd}。

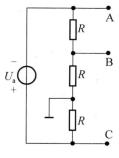

图 1-55 题 1-11 图

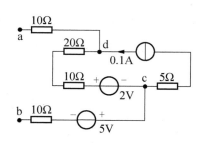

图 1-56 题 1-12 图

1-13　求图 1-57 所示电路中的电流 i 和电压 u。

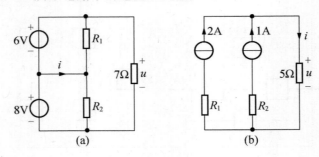

图 1-57　题 1-13 图

1-14　求图 1-58 所示电路中的电流 i、电压 u 和元件 x 的功率。

1-15　在图 1-59 电路中，5A 电流源提供 125W 的功率，求 R 和 G 的值。

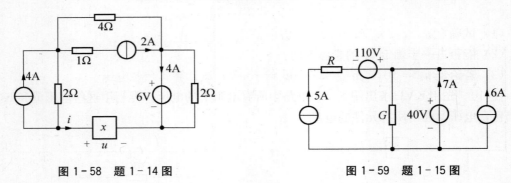

图 1-58　题 1-14 图　　　　　　　图 1-59　题 1-15 图

1-16　求图 1-60 电路中各元件吸收的功率。

1-17　求图 1-61 电路中各元件的功率，并核算功率平衡关系。

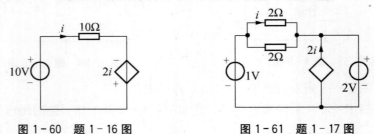

图 1-60　题 1-16 图　　　　　　　图 1-61　题 1-17 图

1-18　图 1-62 中电子开关的特性由表 1-4 给出：

表 1-4　题 1-18 图中电子开关特性

参　　数	符　　号	最小值	典型值	最大值	单　　位
开关导通电压	V_{GH}	2	4.5	5.5	V
开关截止电压	V_{GL}			0.8	V
开关导通电阻	R_{ON}		75	200	Ω
开关截至电阻	R_{OFF}		100		$M\Omega$

（1）用这些数据建立一个典型开关的模型，并计算图 1-62 中电子开关导通和截断时的 u_o 值。

（2）用 EWB 软件中的压控模拟开关（voltage-controlled analog witch）实现上述电子开关，并仿真图示电路的工作过程。

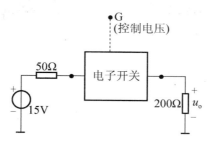

图 1-62 题 1-18 图

1-19 图 1-63 所示电路中包含一个需求设计的接口电路，用它来满足不同的负载要求。

（1）设计接口电路，使得流过 2kΩ 负载的电流为 1mA。

（2）设计接口电路，使 2kΩ 负载两端电压为 10V。

（3）限制只使用 1kΩ±5% 的电阻，设计接口电路，使 2kΩ 负载上电压为（10±0.5）V。

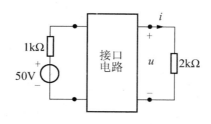

图 1-63 题 1-19 图

1-20 （1）求图 1-64 所示分压器无负载时的电压 u_1 及 u_2。

（2）求分压器负载电阻均为 100Ω 时的电压 u_1 及 u_2。

（3）用 EWB 仿真软件的参数扫描仪分析功能，绘出 u_1 随负载电阻 R_1 阻值变化的曲线。

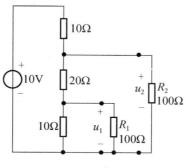

图 1-64 题 1-20 图

1-21 求图 1-65 所示电路中的和电压 u 和电压 u_{ab}。

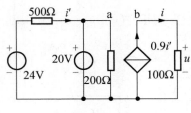

图 1-65 题 1-21 图

1-22 在某些应用中，当电路中的一个或多个元件发生故障时，保证电路的性能可维持在一个最低限度上是非常重要的。假定我们有大量阻值为 $10\ k\Omega$ 的电阻可用，并假定当电阻元件损坏时变成为开路。

(1) 试用这些电阻设计一个满足下列要求的分压器。

①当没有电阻损坏时，对 15V 输入产生 5V 电压输出。

②当有一个电阻损坏时，对 15V 输入可产生 4～7V 范围内的输出电压。

提示：可以将电阻并联使用。

(2) 用 EWB 建立仿真电路，设其中任意一个电阻的故障(fault)为开路(open)，验证设计结果。

1-23 计算图 1-66 所示各电路的 u_a。

(a) 电路一   (b) 电路二

图 1-66 题 1-23 图

1-24 设计一个电气布线系统，使其能够从两个或更多的位置控制某一个电器，这是经常需要用到的。例如，控制楼梯顶端和底端的照明设备，常用 3 路或 4 路开关实现控制。3 路开关是三端、两位置开关，4 路开关是四端、两位置开关。开关示意图如图 1-67 所示，图 1-67(a)是 3 路开关，图 1-67(b)是 4 路开关。

(1) 试说明两个 3 路开关应该怎样连接在图 1-67(c)的 a、b 两点之间，才能够从两个不同位置控制灯泡 L 的亮和灭。

(2) 如果需要从更多位置控制灯泡(或电器)，可将 4 路开关与两个 3 路开关联合起来使用。如果超出两个位置，则每增加一个位置，就需要增加一个 4 路开关。试说明使用一个 4 路开关加两个 3 路开关在图 1-67(c)所示电路的 a、b 两点之间应该怎样连接，才能够从 3 个位置控制电灯(提示，4 路开关连接于两个 3 路开关之间)。

1-25 电路如图 1-68 所示，若 $u_s = -19V$，$u_1 = 1V$，试求 R。

1-26 电路如图 1-69 所示，$g = 2S$，求 u 和 R。

1-27 电路如图 1-70 所示：

(1) 图(a)所示电路中，要使 $i = 2/3\ A$，$R = ?$

(2) 图(b)所示电路中，要使 $i = 2/3\ A$，$R = ?$

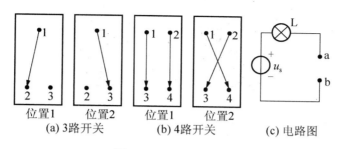

图 1-67 题 1-24 图

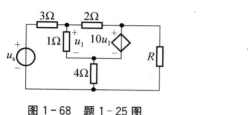

图 1-68 题 1-25 图

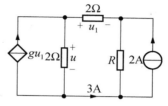

图 1-69 题 1-26 图

（3）图(c)所示电路中，要使 $u=2/3$ V，$R=?$

（4）图(d)所示电路中，要使 $u=2/3$ V，$R=?$

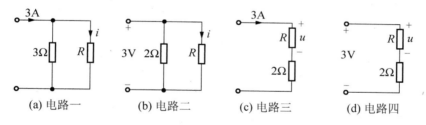

图 1-70 题 1-27 图

1-28 计算图 1-71 所示各直流电路，S 打开及闭合时的 U_a、U_b 及 U_{ab}。

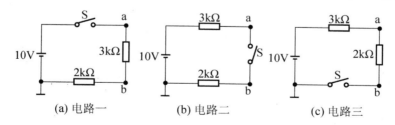

图 1-71 题 1-28 图

1-29 电路如图 1-72 所示，若 $u_1=10$ V，$u_2=-5$ V，试求电压源的功率。

1-30 试求图 1-73 所示电路的电流 i。

1-31 按图 1-74 所示电路设计一个多量程伏特（电压）表，表头等效为一个 $R_0=1$ kΩ 电阻，表头指针偏转满幅电流（最大允许电流）$I_0=50\mu A$。计算图中位置电阻的值，并用 EWB 仿真软件验证你的设计。

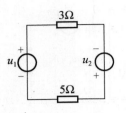

图 1-72　题 1-29 图

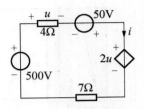

图 1-73　题 1-30 图

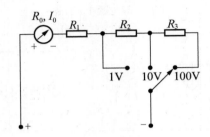

图 1-74　题 1-31 图

1-32　按图 1-75 所示电路设计一个安培（电流）表。表头未接分流电阻时，流过 0.5mA 电流可以使指针偏转满刻度，表头电阻 $R_M=50\Omega$。设计计算分流电阻 R_1 和 R_2，使得当开关位于位置 A 时，$i_x=10$mA 为满刻度电流；当开关位于 B 时，$i_x=50$mA 为满刻度电流，并用 EWB 软件仿真验证你的设计。

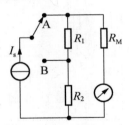

图 1-75　题 1-32 图

第 2 章

电路方程及分析方法

基本内容：本章着重讨论利用电路方程组对复杂电路求解的方法。根据所选取的求解对象(变量)是支路电流、网孔电流还是节点电压的不同，讨论了复杂电路的一般求解方法——支路分析、网孔分析和节点分析，这是对复杂电路各支路电压电流系统化求解的方法。

基本要求：熟练掌握根据电路写方程的方法；熟记网孔方程、节点方程的一般格式，熟练运用网孔法、节点法求解复杂电路。

电路分析的典型问题是，给定电路的结构、元件特性以及各独立源(激励)的电流或电压，求电路中所有的支路电流和支路电压(响应)。正如前述，任一给定电路的响应由结构约束和元件约束这两类约束关系确定，在第 1 章介绍了直接运用两类约束对简单电路的求解方法，而对于复杂电路则需要将这两种约束关系结合起来建立电路方程组进行求解。但是，当电路结构比较复杂、规模较大时，需要求解的电路变量数量众多，电路方程组也将变得比较复杂，另外，随着电路的不同，分析目的的不同，对方程变量的选取也会有所不同。这就需要解决两个问题：一是如何得到足够的独立方程数以使电路得到唯一的解，二是如何找到有规可循和易于掌握的、方便而高效的求解方法。目前，在电路理论中已经有许多称为"系统化"或"规范化"建立电路方程的方法，并可借助计算机软件来进行分析或仿真。本章介绍用观察法对电路进行分析，基于对电路特性和具体问题的理解，根据电路列写电路方程组，便于手工计算的方法——支路分析、网孔分析和节点分析。

2.1 KCL、KVL 的独立性

电路中任何一条支路上都有其端电压和流过其中的电流两个变量，则由 b 条支路构成的复杂电路总共就有 $2b$ 个变量，显然，我们就需要找到 $2b$ 个独立的方程才能够解出这些变量。前面说过，掌握了两类约束就可以对任何电路进行求解，那么，两类约束能够为我们提供足够的独立方程使之得出唯一的解吗？下面对这一问题做一个简单的说明。

对于一个有 b 条支路 n 个节点的一般电路，可以证明有以下结论。

(1) 对其运用 KCL 可得到 $(n-1)$ 个独立方程。

(2) 对于平面电路应存在 $[b-(n-1)]$ 个网孔，对其运用 KVL 可得到 $[b-(n-1)]$ 个独立方程。

（3）对于每一条支路运用 VCR 可得到一个独立方程，即可得到 b 个独立方程。

（4）故总共可得到：$(n-1)+[b-(n-1)]+b=2b$ 个独立的方程。

综上所述，利用两类约束得到的电路方程组是独立的、完备的，给定电路可以得到唯一的解。对于非平面电路，也可得到类似结论。

2.2　支路分析

所谓"支路分析"，是指把电路中所有支路作为对象的分析、求解方法。对于含有 b 条支路的电路，存在 $2b$ 个需要求解的电流和电压，根据电路列写出 2.1 节所述的 $2b$ 个联立方程，从而解出 $2b$ 个支路电流、电压的方法称为 **$2b$ 分析**或 $2b$ 法。从概念上讲，$2b$ 分析是其他所有分析方法的基础，尤其在计算机辅助电路分析中因具有易于形成方程的优点而得到重视。另外，若电路在 b 条支路中有 b_s 条支路是独立源（其电流、电压是已知的），则由 KCL、KVL 列出其中的 b 个方程，再由非电源支路的 VCR 列出 $(b-b_s)$ 个方程，共得到 $(2b-b_s)$ 个独立的电路方程，电路即可得到求解。

显然，对于复杂电路 $2b$ 分析往往存在大量的联立方程，有时仅求解这些联立方程就是一个比较头痛的事情，所以，需要寻找减少这些方程的个数从而使电路的求解变得更加方便的方法，这也是本书后续章节中一个比较重要的研究内容。实际上，我们并不一定需要同时解得各支路的电流和电压，而只需要先求得支路电流（或支路电压），再利用 VCR，则各支路的电压（或电流）就自然确定。这样对于具有 b 条支路的电路来讲，就仅需 b 个方程即可解出，故称为 **$1b$ 分析**或 $1b$ 法。所以，一般只要求出了电路的所有支路电流（或支路电压），我们就可以认为电路已经得到了求解。

以电路中所有支路电流作为求解对象及方程变量的方法叫**支路电流分析法**。

[例 2-1] 求图 2-1 所示电路中各支路的电流和电压。

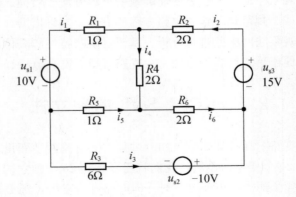

图 2-1　例 2-1 图

解：（1）设定支路电流变量 $i_1 \sim i_6$。

（2）对任意 3 个节点列 KCL 方程：

$$i_1 - i_2 + i_4 = 0$$
$$-i_4 - i_5 + i_6 = 0$$

$$-i_1 + i_3 + i_5 = 0$$

（3）对任意 3 个回路列 KVL 方程：

$$-R_1 i_1 + R_4 i_4 - R_5 i_5 - u_{s1} = 0$$
$$-R_2 i_2 + u_{s3} - R_6 i_6 - R_4 i_4 = 0$$
$$R_5 i_5 + R_6 i_6 + u_{s2} - R_3 i_3 = 0$$

即

$$-i_1 + 2i_4 - i_5 - 10 = 0$$
$$-2i_2 + 1 - 2i_6 - 2i_4 = 0$$
$$i_5 + 2i_6 + (-10) - 6i_3 = 0$$

（4）联解以上 6 个方程，即可得到 $i_1 \sim i_6$ 电路的解。

（5）利用支路（元件）的 VCR 即可得到所有支路电压。

例 2-1 的求解实际上是按照 2.1 节的方法进行的：①对每一条支路设定一个支路电流（电路方程的变量）即 $i_1 \sim i_6$，并将参考方向标注在图中；②对任意 $n-1$ 个节点列写 KCL 方程，本题得到了 3 个 KCL 方程，但对于 6 个变量来讲还差 3 个方程；③对任意 $[b-(n-1)]$ 个回路列 KVL 方程，又可得到 3 个方程（对网孔列 KVL 最方便）；④需要注意到的是，本例在列写 KVL 方程时已将欧姆定律结合运用，共得到 6 个电路方程，联解即得到 $i_1 \sim i_6$，至此即可认为电路已得到了唯一的解，如有需要，再利用元件的 VCR 即可求得每个电阻的电压；⑤在题中也是将"两套符号"分开处理。

例 2-1 是一个不算太复杂的电路，但可见到，仅对 6 个方程联立求解就比较费时费力，在以后的电路分析中，我们总希望得到的电路方程个数在满足求解要求的前提下尽量少一些，显然，这就需要想办法减少变量的个数。下面介绍的两种方法——网孔分析和节点分析，就是为此目的提出来的。

2.3 网孔分析

一般而言，网孔的个数比支路的个数少。为方便求解，针对电路网孔进行分析并引入一种假想的网孔电流沿着每个网孔边界构成的闭合路径流动，这样以网孔电流为变量的方程个数就可以减少。对于有 b 条支路 n 个节点的平面电路，网孔（电流）个数为 $[b-(n-1)]$ 个，可以证明，网孔电流是一组完备独立的电流变量。网孔电流的完备性体现在：所有支路电流均可以用其表示，即由这些网孔电流可以求得所有支路电流唯一的解（作为练习读者可以自行验证）。网孔电流的独立性可以理解为：每个网孔电流沿着闭合的网孔流动，在流入某节点后，又必将从该节点流出，在为该节点所列写的、以网孔电流表示的 KCL 方程中彼此抵消。因此，网孔电流不受 KCL 方程约束，求解网孔电流所需的方程组只能由 KVL 和 VCR 获得。

以电路中所有网孔电流作为求解对象及电路方程变量的方法叫**网孔（电流）分析法**。

2.3.1 网孔方程

针对网孔可列出 $[b-(n-1)]$ 个独立的 KVL 方程，结合 VCR 将支路电压用网孔电流表示，可以为网孔电流建立足够的方程使之得以求解。

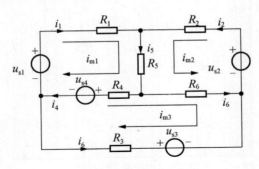

图 2-2　网孔电流

以图 2-2 所示电路为例，为其设定网孔电流 $i_{m1} \sim i_{m3}$ 及其参考方向后，对图中的 3 个网孔列写电路方程如下。

对网孔运用 KVL 列写方程。

网孔 1 　　　　　$R_1 i_1 + R_5 i_5 + R_4 i_4 + u_{s4} - u_{s1} = 0$　　　　　　　　(1)

网孔 2 　　　　　$R_2 i_2 + R_5 i_5 + R_6 i_6 - u_{s2} = 0$　　　　　　　　　(2)

网孔 3 　　　　　$R_6 i_6 - u_{s3} - R_3 i_3 - u_{s4} - R_4 i_4 = 0$　　　　　　　(3)

考虑到支路电流 $i_1 \sim i_6$ 与网孔电流 $i_{m1} \sim i_{m3}$ 的关系，则有

$$i_1 = i_{m1}, \ i_2 = i_{m2}, \ i_3 = -i_{m3}$$

$$i_4 = (i_{m1} - i_{m3}), \ i_5 = (i_{m1} + i_{m2}), \ i_6 = (i_{m2} + i_{m3})$$

将以上关系代入式 (1) ～式 (3)，从而转化为以网孔电流 $i_{m1} \sim i_{m3}$ 表达的电路方程，即

$$\begin{cases} R_1 i_{m1} + R_5(i_{m1} + i_{m2}) + R_4(i_{m1} - i_{m3}) = u_{s1} - u_{s4} & (1)' \\ R_2 i_{m2} + R_5(i_{m1} + i_{m2}) + R_6(i_{m2} + i_{m3}) = u_{s2} & (2)' \\ R_6(i_{m2} + i_{m3}) - R_3(-i_{m3}) - R_4(i_{m1} - i_{m3}) = u_{s3} + u_{s4} & (3)' \end{cases}$$

整理得到的网孔电流方程组为

$$\begin{cases} (R_1 + R_5 + R_4)i_{m1} + R_5 i_{m2} - R_4 i_{m3} = u_{s1} - u_{s4} \\ (R_2 + R_5 + R_6)i_{m2} + R_5 i_{m1} + R_6 i_{m3} = u_{s2} \\ (R_3 + R_4 + R_6)i_{m3} - R_4 i_{m1} + R_6 i_{m2} = u_{s3} + u_{s4} \end{cases} \tag{2-1}$$

分析得知，网孔方程组式 (2-1) 具有以下特点。

(1) 网孔方程是以网孔电流为变量针对每个网孔列写的 KVL 方程，式中的每一项均为电压，其中，电阻的电压以电压降为正写在等号的左边，电源的电压以电压升为正写在等号的右边。

(2) 式 (2-1) 中括号中的电阻为当前网孔所有电阻之和，称为自电阻，自电阻与自身网孔电流的乘积称为自电阻压降。当前网孔与相邻网孔公共支路上的共用电阻称为互电阻，互电阻与相邻网孔电流的乘积称为互电阻压降；当流过互电阻的两网孔电流同向时互电阻压降取正号，反之取负号；互电阻压降可以有多项。

(3) 等号右边为当前网孔中所有电源电压升之和。

由以上分析可得出网孔方程的一般格式为

$$自电阻压降 \pm \sum 互电阻压降 = \sum 电源的电压升 \qquad (2-2)$$

以后在用网孔法求解电路时，直接对每一个网孔按照式(2-2)的格式列写出各自网孔的网孔方程即可。需要注意的是，由于网孔概念的限制，网孔法仅适合于平面电路。

2.3.2 用网孔法求解电路

[例2-2] 仍以图2-1为例，在给每一个网孔设定网孔电流后如图2-3所示，求各支路电流 $i_1 \sim i_6$。

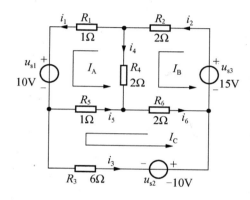

图2-3 例2-2图

解：(1) 设定网孔电流 $I_A \sim I_C$ 并将参考方向标注在图中。

(2) 按照网孔方程的一般格式，针对每个网孔列写网孔方程。

网孔1　　　$(R_1 + R_5 + R_4)I_A - R_4 I_B - R_5 I_C = -u_{s1}$

网孔2　　　$(R_2 + R_4 + R_6)I_B - R_4 I_A - R_6 I_C = u_{s3}$

网孔3　　　$(R_3 + R_6 + R_5)I_C - R_5 I_A - R_6 I_B = u_{s2}$

(3) 将已知量代入上式。

$$(1+1+2)I_A - 2I_B - I_C = -10$$
$$(2+2+2)I_B - 2I_A - 2I_C = 15$$
$$(6+2+1)I_C - I_A - 2I_B = -10$$

解得

$$I_A = -1.5\,A, I_B = 2.5\,A, I_C = -1\,A$$

(4) 由 $I_A \sim I_C$ 可轻松求得所有支路电流。

$$i_1 = I_A = -1.5\,A, i_2 = I_B = 2.5\,A, i_3 = I_C = -1\,A$$
$$i_4 = I_B - I_A = 2.5 - (-1.5) = 4\,A$$
$$i_5 = I_A - I_C = -1.5 - (-1) = -0.5\,A$$
$$i_6 = I_B - I_C = 2.5 - (-1) = 3.5\,A$$

从例2-2的求解应注意到其求解步骤为：①对每个网孔设定一个网孔电流，并将参考方向标注在图中；②直接运用网孔方程的一般格式对每个网孔列写网孔方程；③由解出

的网孔电流 $I_A \sim I_C$ 即可得到所有支路电流 $i_1 \sim i_6$，其中，与待求电流同向的网孔电流取正号，反之取负号。

另外，从网孔方程可见，电源的标准形式是电压源，直接将其电压在等号右边（以电压升取正号）求代数和即可。如果电源是电流源或者电路含有受控源时，可采取 2.3.3 节及 2.3.4 节中的办法处理。

2.3.3 在网孔法中对电流源支路的处理

1. 将电流源移到网孔的外侧支路

[**例 2 - 3**] 求图 2 - 4(a) 电路中流过电阻 R_3 的电流 I。

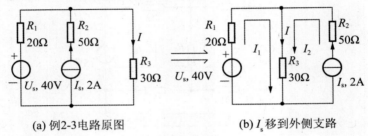

(a) 例2-3电路原图   (b) I_s 移到外侧支路

图 2 - 4　例 2 - 3 图

解：（1）由例 2 - 2 可知，网孔外侧支路的电流就等于当前网孔的电流，则处理电流源支路的办法之一就是将电流源移到网孔的外侧支路，这时该网孔电流就被电流源 I_s 自然确定，而不需要再列写方程进行求解。

（2）列网孔方程。

网孔 1 $$(R_1 + R_3)I_1 + R_3 I_2 = U_s$$

网孔 2 $$I_2 = I_s = 2\,\text{A}$$

（3）解得

$$I_1 = -0.4\,\text{A}$$

则

$$I = I_1 + I_2 = -0.4 + 2 = 1.6\,\text{A}$$

如此将电流源移到网孔外侧支路后，利用当前网孔电流被电流源电流自然确定的关系，可减少一个方程使求解变得更简单。但是，这种移动必须保证电路的结构关系不变，从而确保求出的结果和原电路是一样的，如果对这种移动没有把握，则可采用以下的一般处理方法。

2. 电流源支路的一般处理方法

[**例 2 - 4**] 求图 2 - 5 电路中的各网孔电流。

解：（1）电流源 I_{s1} 处于网孔 B 的外侧支路，按例 2 - 3 方法处理即可，但由于电流源 I_{s2} 处于两网孔的中间支路，故需先为其设定一个端电压 u，在列写方程时将其视为一个电压为 u 的电源即可，如图 2 - 5(b) 所示。

（2）列网孔方程。

$$\begin{cases} (R_1 + R_2)I_A - R_2 I_B = U_{s1} - u \\ I_B = I_{s1} = 2 \\ (R_3 + R_4)I_C + R_3 I_B = u \end{cases}$$

（3）对电流源 I_{s2} 列写补充方程。

$$I_C - I_A = 3$$

（4）联解得

$$I_A = 1\,\text{A}, \quad I_B = 2\,\text{A}, \quad I_C = 4\,\text{A}$$

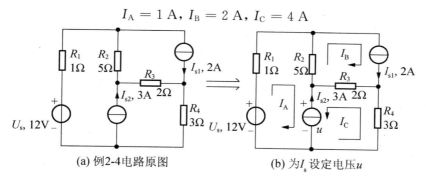

(a) 例2-4电路原图　　　　　(b) 为 I_s 设定电压 u

图 2-5　例 2-4 图

在求解中针对电流源 I_{s2} 设定一个未知量 u 是为满足网孔方程等号右边是电压之和的要求，但由于增加了一个变量故需写一个补充方程加以解决。需要注意的是，补充方程必须以电路方程的变量即网孔电流来表达。

2.3.4　网孔法中特殊情况的处理方法

1. 受控源的处理方法

与第1章所述一样，对受控源的处理方法遵循两条原则：①列写电路方程时暂时将受控源视为普通的电源；②针对受控源的控制量写出补充方程。

［例 2-5］ 求图 2-6 电路的网孔电流。

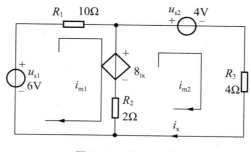

图 2-6　例 2-5 图

解：（1）列网孔方程。

$$\begin{cases} (R_1 + R_2)i_{m1} - R_2 i_{m2} = u_{s1} - 8i_x \\ (R_2 + R_3)i_{m2} - R_2 i_{m1} = -u_{s2} + 8i_x \end{cases}$$

（2）列补充方程。

$$i_x = i_{m2}$$

（3）联解得

$$i_{m1} = -1\,A, \quad i_{m2} = 3\,A$$

从例 2-5 中可见：①列网孔方程时先将受控电压源视为电压为 $8i_x$ 的普通电压源，直接在方程等号右边求和；②用网孔电流表达其控制量 i_x，得到补充方程。

[例 2-6] 求图 2-7 电路中各网孔电流及受控源的端电压 u。

解：（1）例网孔方程。

$$\begin{cases} I_1 = 15 \\ (R_1 + R_3 + R_4)I_2 - R_1 \times 15 - R_4 I_3 = 0 \\ (R_2 + R_4 + R_5)I_3 - R_2 \times 15 - R_4 I_2 = u \end{cases}$$

（2）针对（受控）电流源写补充方程。

$$2U_x = I_3 - I_1 = I_3 - 15$$

（3）针对受控源的控制量写补充方程。

$$U_x = R_4 I_2 = 3I_2$$

（4）联解得

$$I_1 = 15A, \quad I_2 = 2.5A, \quad I_3 = 0A, \quad u = -37.5V$$

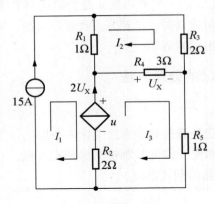

图 2-7 例 2-6 图

从例 2-6 中可见：①列写网孔方程时为（受控）电流源设电压变量 u 后，视为电压源写在方程等号右边；②针对电流源写补充方程；③针对受控源的控制量 U_x 写补充方程；④联解即得结果。

2. 含交流电源时的处理方法

[例 2-7] 试用网孔法求图 2-8 电路的电压 u。

解：（1）列网孔方程。

$$\begin{cases} 9i_1 - 4i_2 = 6 + 2\cos 5t - 5 \\ -4i_1 + 8i_2 = 5 \end{cases}$$

（2）解得

$$\begin{cases} i_2 = (0.14\cos5t + 0.875)\,\text{A} \\ u = (0.28\cos5t + 1.75)\,\text{V} \end{cases}$$

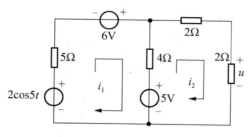

图 2-8 例 2-7 图

2.4 节点分析

对于一个具有 n 个节点的电路，针对其节点进行分析时任意选择一个节点作为参考节点，而余下的 $(n-1)$ 个节点称为独立节点，每个独立节点与参考节点之间的电压称为该节点的**节点电压**(电位)。显然，独立节点(节点电压)的个数比支路的个数少，这样以节点电压为变量进行分析也因方程个数减少而更加方便。可以证明，节点电压是一组完备独立的电压变量。其完备性体现在：所有支路电压均可以用节点电压表示，这一特点是明显的，因为任何支路必在某两个节点 i、j 之间，即电路中任一支路电压可表示为 $u_{ij} = u_i - u_j$，进而由支路电压和元件约束可以唯一确定支路电流。节点电压又具有独立性：各节点电压相互独立，彼此没有约束关系。因为节点电压是从独立节点到参考节点的电压，仅由节点电压不能构成 KVL 所要求的闭合路径，因此，节点电压不受 KVL 约束，求解节点电压所需的方程组只能由 KCL 和 VCR 获得。

以电路中所有节点电压作为求解对象及电路方程变量的方法叫**节点(电压)分析法**。

2.4.1 节点方程

针对独立节点可列出 $(n-1)$ 个独立的 KCL 方程，结合 VCR 将支路电流用节点电压表示，可以为节点电压建立足够的方程使之得以求解。

以图 2-9 电路为例，在选择节点 0 作为参考节点后，各独立节点与参考节点之间的电压分别为 u_{10}、u_{20} 和 u_{30}，即各节点的节点电压(电位)。为方便，以后直接记为 u_1、u_2 和 u_3。对图中的 3 个独立节点列写电路方程如下。

对节点 1～3 运用 KCL 列写方程为

$$\begin{cases} I_1 + I_2 - I_{s1} = 0 \\ -I_2 + I_3 + I_4 = 0 \\ -I_1 - I_3 + I_{s2} = 0 \end{cases}$$

利用 VCR 可得到支路电流与节点电压的关系，则有

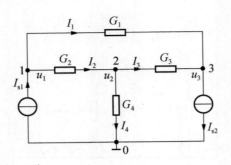

图 2-9　节点电压

$$\begin{cases} I_1 = G_1(u_1 - u_3) \\ I_2 = G_2(u_1 - u_2) \\ I_3 = G_3(u_2 - u_3) \\ I_4 = G_4(u_2 - 0) \end{cases}$$

将以上关系代入前面得到的 KCL 方程组，即可将其转化为以节点电压 $u_1 \sim u_3$ 表达的电路方程，即

$$\begin{cases} G_1(u_1 - u_3) + G_2(u_1 - u_2) - I_{s1} = 0 \\ -G_2(u_1 - u_2) + G_3(u_2 - u_3) + G_4 u_2 = 0 \\ -G_1(u_1 - u_3) - G_3(u_2 - u_3) - I_{s2} = 0 \end{cases}$$

整理得到的**节点电压方程组**为

$$\begin{cases} (G_1 + G_2)u_1 - G_2 u_2 - G_1 u_3 = I_{s1} \\ (G_2 + G_3 + G_4)u_2 - G_2 u_1 - G_3 u_3 = 0 \\ (G_1 + G_3)u_3 - G_1 u_1 - G_3 u_3 = -I_{s2} \end{cases} \tag{2-3}$$

分析得知，节点方程组式（2-3）具有以下特点。

（1）节点方程是以节点电压为变量针对每个独立节点列写的 KCL 方程，式中的每一项均为电流，其中，电导的电流写在等号的左边，电源的电流写在等号的右边。

（2）式（2-3）中括号中的电导为连接到当前节点的所有电导之和，称为自电导，自电导与自身节点电压的乘积称为自电导的电流，自电导的电流总是为正。当前节点与相邻独立节点跨接支路上的共用电导称为互电导，互电导与相邻节点电压的乘积称为互电导的电流，互电导的电流总是为负；互电导的电流可以有多项。

（3）等号右边为连接到当前节点上的所有电源流入该节点电流之和。

（4）需要特别注意的是，节点方程中的自电导电流、互电导电流与支路电流的关系、意义和计算方法并不完全一样，式（2-3）中的计算方法是经过整理后的结果。式中仅需计算当前节点与相邻独立节点间的互电导电流即可，而与参考节点间的互电导电流总是为 0 的，如图 2-9 中的 G_4，按以上方法计算，其互电导电流应为 $G_4 \times 0 = 0$，故无须计入。

由以上分析可得出节点方程的一般格式为

$$\text{自电导电流} - \sum \text{互电导电流} = \sum \text{电源流入该节点的电流} \tag{2-4}$$

以后在用节点法求解电路时，直接针对每一个独立节点按照式（2-4）的格式列写出各自节点的节点方程即可。节点分析对于非平面电路也适用，故具有更加广泛的意义。

2.4.2 用节点法求解电路

[**例 2-8**] 求图 2-10 电路中节点 1、2 的节点电压和流过 R_1 的电流 I。

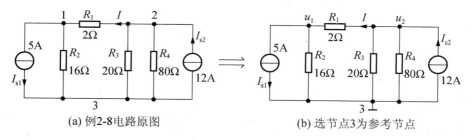

(a) 例2-8电路原图   (b) 选节点3为参考节点

图 2-10 例 2-8 图

解：（1）选节点 3 为参考节点，得到节点 1、2 为两个独立节点。

（2）列写节点方程。

$$\begin{cases} \left(\dfrac{1}{R_1}+\dfrac{1}{R_2}\right)u_1 - \dfrac{1}{R_1}u_2 = -I_{s1} \\[2mm] \left(\dfrac{1}{R_1}+\dfrac{1}{R_3}+\dfrac{1}{R_4}\right)u_2 - \dfrac{1}{R_1}u_1 = I_{s2} \end{cases}$$

（3）解得

$$u_1 = 48 \text{ V}, \ u_2 = 64 \text{ V}$$

由欧姆定律可得

$$I = \frac{u_2 - u_1}{R_1} = \frac{64 - 48}{2} = 8 \text{ A}$$

从例 2-8 的求解可知：①对具有 n 个节点的电路选取一个参考节点后，余下 $(n-1)$ 个独立节点可得到 $(n-1)$ 个节点电压，在没有特别要求时参考节点的选取可以是任意的；②直接运用节点方程的一般格式对每个独立节点列写节点方程；③由解出的节点电压结合 VCR 即可得到所有支路电流。

另外，从节点方程可见，电源的标准形式是电流源，直接将其电流在等号右边（以流入节点取正号）求代数和即可。如果电源是电压源或者电路含有受控源时，可采取 2.4.3 节和 2.4.4 节的办法处理。

2.4.3 节点法中电压源支路的处理方法

通过以下求图 2-11 电路中节点 1 的节点电压和 $i_1 \sim i_3$ 的两种解法，可得到处理电压源的两种方法。

1. 方法一，选择电压源的某一端为参考节点

[**例 2-9**] 求图 2-11 电路中节点 1 的节点电压和 $i_1 \sim i_3$。

解：（1）选电压源的公共端节点 0 为参考点，如图 2-12 所示。

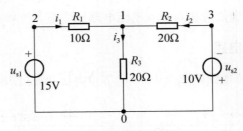

图 2-11 电压源的处理方法

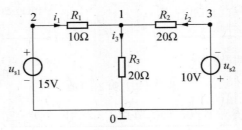

图 2-12 例 2-9 图

(2) 对节点 1~3 列写节点方程。

节点 1
$$\left(\frac{1}{R_1}+\frac{1}{R_2}+\frac{1}{R_3}\right)u_1-\frac{1}{R_1}u_2-\frac{1}{R_2}u_3=0 \tag{1}$$

节点 2
$$u_2=u_{s1}=15\text{V}$$

节点 3
$$u_3=-u_{s2}=-10\text{V}$$

联解得
$$u_1=5\text{V}$$

(3) 由 VCR 可求得

$$i_1=\frac{u_2-u_1}{R_1}=\frac{15-5}{10}=1\text{A}$$

$$i_2=\frac{u_3-u_1}{R_2}=\frac{-10-5}{20}=-0.75\text{A}$$

$$i_3=\frac{u_1-0}{R_3}=\frac{5-0}{20}=0.25\text{A}$$

从以上方法应注意到：①电路本来有 4 个节点，选 1 个节点为参考节点后，余下（$n-1$）$=3$ 个独立节点，按理应该需要 3 个节点电压方程。但由于巧妙地选择了电压源的公共端节点 0 为参考节点，则节点电压 u_2 和 u_3 被电压源自然确定而无须列写方程，使之仅对节点 1 列写 1 个节点方程就可以了。同学们可以试想如果选择其他节点作为参考节点（如节点 1）作为参考节点有无这种效果？②由解出的节点电压结合 VCR 即可得到所有的支路电压及支路电流。

2. 方法二，将电压源变换为电流源

[例 2-10] 求图 2-11 电路中节点 1 的节点电压和 $i_1\sim i_3$。

解： (1) 将图 2-11 电路改画成图 2-13(a)的形式，显然，电路结构关系是没有发生变化的，只是将 R_1、u_{s1} 和 R_2、u_{s2} 视为一条串联支路，则电路变成了 3 条支路并联在节点 0

和节点 1 组成的一对节点之间的单节点偶电路。

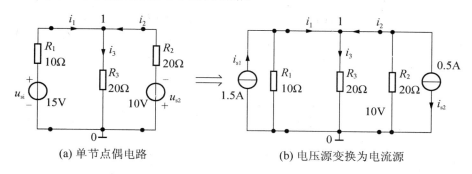

(a) 单节点偶电路　　　　　　　(b) 电压源变换为电流源

图 2 - 13　例 2 - 10 图

（2）将电路改画成图 2 - 13(a)形式的重要目的在于便于进行电路的变换，这里先告诉大家一个重要结论：凡电阻 R 和电压源 u_s 构成的串联支路可等效地变换为电阻 R 与电流源 i_s 的并联支路（详细内容可参见第 3.4 节电源的等效变换），如图 2 - 14 所示。需要特别注意的是，单纯的电压源与电流源之间没有这种变换关系。

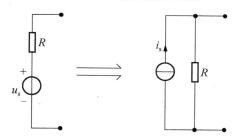

图 2 - 14　电源变换关系

R 由与 u_s 串联变为与 i_s 并联，其值不变。$i_s = u_s/R$，方向由 u_s 的"一"流向"十"。利用这种关系变换得到的电路如图 2 - 13(b)所示。

（3）列节点方程。

节点 1
$$\left(\frac{1}{R_1} + \frac{1}{R_2} + \frac{1}{R_3}\right)u_1 = i_{s1} - i_{s2} \qquad (2)$$

即

$$\left(\frac{1}{10} + \frac{1}{20} + \frac{1}{20}\right)u_1 = 1.5 - 0.5$$

解得

$$u_1 = 5V$$

（4）支路电流 $i_1 \sim i_3$ 的求解方法同方法一。

从以上方法应注意到：①单节点偶电路仅需 1 个节点方程即可求解；②比较一下方法二中的式（2）与方法一中的式（1）有何异同；③思考为何该节点方程中只有自电导电流项而没有互电导电流项。

3. 电压源支路的一般处理方法

对于跨接在两独立节点间的纯电压源，不便用以上方法解决，可采用为电压源 u_s 增设电流变量 i 的方法处理。

[**例 2 - 11**] 求图 2 - 15 所示电路中的 U_{R1}。

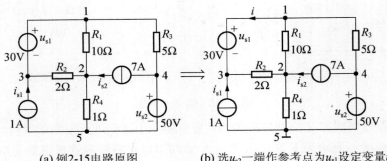

(a) 例2-15电路原图　　　　(b) 选u_{s2}一端作参考点为u_{s1}设定变量i

图 2 - 15　例 2 - 11 图

解：（1）选择节点 5 为参考节点。

这时，$u_4 = u_{s2} = 50\text{V}$ 无须列写方程，但由于 u_{s1} 跨接于两独立节点之间，故需为其设定一个电流变量 i，如图 2 - 15(b) 所示。

（2）列节点方程。

$$\begin{cases} \left(\dfrac{1}{R_1} + \dfrac{1}{R_3}\right)u_1 - \dfrac{1}{R_1}u_2 - \dfrac{1}{R_3}u_4 = -i \\ \left(\dfrac{1}{R_1} + \dfrac{1}{R_2} + \dfrac{1}{R_4}\right)u_2 - \dfrac{1}{R_1}u_1 - \dfrac{1}{R_2}u_3 = i_{s2} \\ \dfrac{1}{R_2}u_3 - \dfrac{1}{R_2}u_2 = i_{s1} + i \\ u_4 = u_{s2} = 50\text{V} \end{cases}$$

代入数值后为

$$\begin{cases} \left(\dfrac{1}{10} + \dfrac{1}{5}\right)u_1 - \dfrac{1}{10}u_2 - \dfrac{1}{5}50 = -i \\ \left(\dfrac{1}{10} + \dfrac{1}{2} + \dfrac{1}{1}\right)u_2 - \dfrac{1}{10}u_1 - \dfrac{1}{2}u_3 = 7 \\ \dfrac{1}{2}u_3 - \dfrac{1}{2}u_2 = 1 + i \\ u_4 = u_{s2} = 50\text{V} \end{cases}$$

针对 u_{s1} 的补充方程为

$$u_1 - u_3 = u_{s1} = 30\text{V}$$

（3）联解得

$u_1 = 40\text{V}$，$u_2 = 10\text{V}$，$u_3 = 10\text{V}$，$u_4 = 50\text{V}$，$U_{R1} = u_1 - u_2 = 30\text{V}$

在求解中针对跨接于两独立节点间的电压源 u_{s1} 设定一个未知量 i 是为满足节点方程

等号右边是电流之和的要求，但由于增加了一个变量故需写一个补充方程加以解决。需要注意的是，补充方程必须以电路方程的变量即节点电压来表达。

2.4.4 含受控源电路的处理方法

[**例2-12**] 求图2-16所示电路中的电流 I。

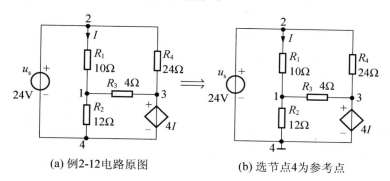

(a) 例2-12电路原图   (b) 选节点4为参考点

图2-16 例2-12图

解： (1) 选两电压源的公共端节点4为参考节点，如图2-16(b)所示；

(2) 列节点方程。

$$\begin{cases} \left(\dfrac{1}{R_1} + \dfrac{1}{R_2} + \dfrac{1}{R_3}\right)u_1 - \dfrac{1}{R_1}u_2 - \dfrac{1}{R_3}u_3 = 0 \\ u_2 = u_s = 24 \\ u_3 = 4I \end{cases}$$

或仅写一个节点方程

$$\left(\frac{1}{R_1} + \frac{1}{R_2} + \frac{1}{R_3}\right)u_1 - \frac{1}{R_1} \times 24 - \frac{1}{R_3} \times 4I = 0$$

即

$$\left(\frac{1}{10} + \frac{1}{12} + \frac{1}{4}\right)u_1 - \frac{1}{10} \times 24 - \frac{1}{4} \times 4I = 0$$

(3) 针对受控源的控制量 I 列写补充方程。

$$I = \frac{u_2 - u_1}{R_1} = \frac{24 - u_1}{10}$$

(4) 联解得

$$u_1 = 9 \text{ V}, \ I = 1.5 \text{ A}$$

从对例2-12的求解中可见，在选择了两个电压源(图中的电流控制电压源 $4I$ 也视为一个电压源)的公共端节点4作为参考节点后，实际上就只有一个节点电压需要求解了，故仅列写一个节点方程即可解出。当然，针对受控源写出补充方程还是必不可少的。

2.4.5 节点分析与网孔分析的对照

[**例2-13**] 以图2-5为例，分别用网孔法和节点法求电阻 R_2 中的电流。

（1）解法一：网孔分析法。

$$I_{R2} = I_A - I_B = 1 - 2 = -1\ \text{A}$$

求解过程见例 2-4。

（2）解法二：节点分析法。

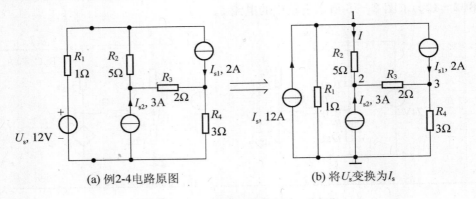

(a) 例2-4电路原图　　　　　　(b) 将 U_s 变换为 I_s

图 2-17　用节点法求解例 2-4 电路

（1）选参考节点，并将 U_s 变换为 I_s。

（2）列节点方程。

$$\begin{cases} \left(\dfrac{1}{R_1} + \dfrac{1}{R_2}\right)u_1 - \dfrac{1}{R_2}u_2 = I_s - I_{s1} \\[2mm] \left(\dfrac{1}{R_2} + \dfrac{1}{R_3}\right)u_2 - \dfrac{1}{R_2}u_1 - \dfrac{1}{R_3}u_3 = I_{s2} \\[2mm] \left(\dfrac{1}{R_3} + \dfrac{1}{R_4}\right)u_3 - \dfrac{1}{R_3}u_2 = I_{s1} \end{cases}$$

即

$$\begin{cases} \left(1 + \dfrac{1}{5}\right)u_1 - \dfrac{1}{5}u_2 = 12 - 2 \\[2mm] \left(\dfrac{1}{5} + \dfrac{1}{2}\right)u_2 - \dfrac{1}{5}u_1 - \dfrac{1}{2}u_3 = 3 \\[2mm] \left(\dfrac{1}{2} + \dfrac{1}{3}\right)u_3 - \dfrac{1}{2}u_2 = 2 \end{cases}$$

（3）联解得

$$u_1 = 11\text{V},\ u_2 = 16\text{V},\ u_3 = 12\text{V}$$

$$I = \frac{u_1 - u_2}{R_2} = \frac{11 - 16}{5} = -1\text{A}$$

请思考，节点方程等号的右边为什么没有计入电流 I。

2.5　电路的对偶关系

将网孔方程式(2-2)与节点方程式(2-4)进行比较，会发现一个有趣的关系：把网孔方程式(2-2)中的网孔电流换成节点电压，电阻换成电导，电压源换成电流源就可以得到节点方程式(2-4)，反之亦然。电路中还存在很多这种类似的对应转换关系，通过类似的对应量之间的变换，可以由一种方程转换成为另一种方程。例如，电阻串联电路的等效公式和分压公式与电导并联的等效公式和分流公式之间也存在这种对应关系。这种对应关系称为电路的**对偶性**，常见的电路对偶元素见表2-1，常用的电路对偶关系见表2-2。

表 2-1　电路的一些对偶元素

电荷	磁链	GLC 并联	RLC 串联
电阻	电导	短路	开路
电感	电容	VCVS	CCCS
导纳	阻抗	VCCS	CCVS
电压	电流	节点	网孔
电流源	电压源	节点电压	网孔电流

表 2-2　电路的一些对偶关系

$u = Ri$	$i = Gu$	$u_L = L\dfrac{\mathrm{d}i_L}{\mathrm{d}t}$	$i_C = C\dfrac{\mathrm{d}u_C}{\mathrm{d}t}$
$\displaystyle\sum_{k=1}^{n} u_k = 0$	$\displaystyle\sum_{k=1}^{n} i_k = 0$	$R_{eq} = \displaystyle\sum_{k=1}^{n} R_k$	$G_{eq} = \displaystyle\sum_{k=1}^{n} G_k$
$u_k = \dfrac{R_k}{R_{eq}} u$	$i_k = \dfrac{G_k}{G_{eq}} i$	节点方程	网孔方程
$p = i^2 R$	$p = u^2 G$	$P_{Lmax} = \dfrac{U_{OC}^2}{4R_o}$	$P_{Lmax} = \dfrac{I_{OC}^2}{4G_o}$

自然界中有很多物理现象或物理规律虽处于不同的系统，具有不同的物理属性，但又具有其相似性，如果描述两种物理现象的方程具有相同的数学形式，则它们解的数学形式也是相同的，这就是**对偶原理(dual principle)**。它表明两事物若互为对偶，则两事物的对应物理量必定互为对偶，发生在两事物中的过程和描述这些过程的方程及其解也必定互为对偶。这是自然界中普遍存在的一种重要属性。常见的对偶关系有，电磁学中在无源情况下或引入磁单极概念后的有源情况下 Maxwell 方程具有严格的对偶性；信号分析与处理工具中的傅里叶变换，在建立了信号或序列在时域与频域之间完善的映射关系后，形成了完美的时-频对偶性；对偶的概念甚至可以扩展到现实空间与虚拟空间之间的对偶关系，即三维物理空间与信息空间共存的"物理-信息对偶空间"。在电路分析中对偶关系也是线性电路的重要特性，"对偶"即指网络间所存在的变量、图形，电路定理、定律，分析方法及其解之间所存在的相类似的、一一对应的置换关系，利用这些对应置换关系(对偶关系)可以从一个元件(网络)的特性得到另外一个元件(网络)的特性，这将为我们进行网络分析带来便利。

2.6 EWB 电阻电路仿真

本节通过几个示例来介绍 EWB 仿真软件的分析方法，同时加深对线性电路特性的理解。利用 EWB 仿真软件，可以对在直流电源激励下的线性电阻电路进行各种分析，可以直接求解较为复杂电路的支路电压、电流和作为手工计算后的验算工具，也可以分析元器件参数变化对电路特性的影响。

[例 2-14] 利用 EWB 分析例 2-1 电路中各支路的电压和电流。

解： 在例 2-1 中已经利用支路电流法求解出了各支路的电压和电流。利用 EWB 仿真软件分析，只需在元器件库中找到电压表和电流表，将电流表与电阻串联，电压表与电阻并联连接到电路中，如图 2-18 所示。图中电压表和电流表的粗线端为负端。

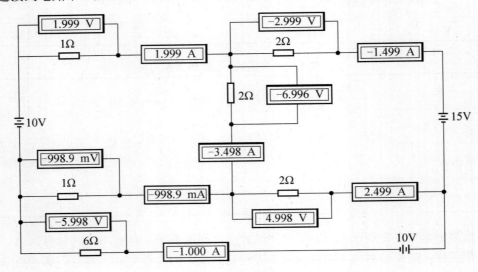

图 2-18　例 2-14 图

启动 EWB 仿真开关，图 2-18 中各电压表和电流表的读数即为电路各支路的电压和电流值。采用 EWB 分析电路具有直观、清晰、简便的优点。

[例 2-15] 若将例 2-14 中 15V 电源换为 10V 电源，电源极性不变，则电路中各支路的电压电流将发生什么样的变化。

解： 在 EWB 中将 15V 电源的 Value 改为 10V，启动 EWB 仿真开关，则图 2-19 中各电压表和电流表的读数即为电路改变后各支路的电压和电流值。采用 EWB 可以方便灵活地改变电路参数，分析电路特性。

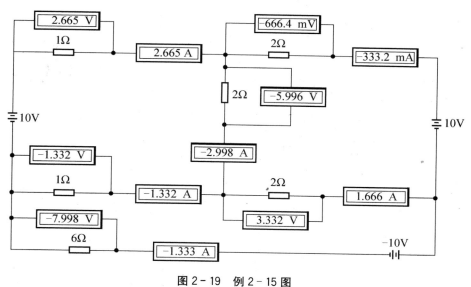

图 2-19　例 2-15 图

本 章 小 结

　　本章着重讨论了利用电路方程组对复杂电路求解的一般方法——网孔法和节点法，这是对复杂电路各支路电压电流系统化求解的方法。深刻理解基本概念，牢记网孔方程和节点方程的一般格式，熟练掌握分析方法和步骤以及特殊问题的处理方法将是非常重要的。

　　电路分析的 2b 方法是两类约束的直接运用，是列写电路方程的基础。支路电流法（或支路电压法）是以电路的所有支路电流（或电压）为求解对象的分析方法。但由于支路电流法的未知量太多，而使求解显得不太方便，于是便提出了网孔分析和节点分析。

　　网孔法是以网孔电流为求解对象的分析方法，网孔方程的一般格式为

自电阻压降 $\pm \sum$ 互电阻压降 $= \sum$ 电源的电压升

　　网孔方程实际上是针对每一个网孔以网孔电流为变量写出 KVL 方程，式中的每一项均为电压。

　　当前讨论网孔中所有电阻之和为自电阻，自电阻与自身网孔电流的乘积为自电阻压降；当前网孔与相邻网孔公共支路上的共用电阻为互电阻，互电阻与相邻网孔电流的乘积为互电阻压降；当流过互电阻的两网孔电流同向时互电阻压降取正号，反之取负号；互电阻压降可以有多项。

　　网孔法中电源的标准形式为电压源，方程的等号右边为当前网孔中所有电源电压升之和；当电源为电流源时可采取将电流源移动到外侧支路或为其引入一个电压变量 u 的方法解决；当电路含有受控源时可参照第 1 章的方法分两个步骤处理。

　　网孔法仅适合于平面电路。

　　节点法是以节点电压为求解对象的分析方法，节点方程的一般格式为

$$自电导电流 - \sum 互电导电流 = \sum 电源流入该节点的电流$$

节点方程实际上是针对每一个独立节点以节点电压为变量写出 KCL 方程，式中的每一项均为电流。

当前讨论节点上所有电导之和为自电导，自电导与自身节点电压的乘积为自电导电流；当前节点与相邻独立节点之间的共用电导为互电导，互电导与相邻节点电压的乘积为互电导电流；互电导电流总为负并可以有多项。

节点法中电源的标准形式为电流源，方程的等号右边为当前节点上所有电源流入该节点电流之和；当电源为电压源时可采取：①选取电压源的某一极为参考节点；②为其引入一个电流变量 i；③将电压源与电阻串联的结构变换为电流源与电阻并联的结构加以解决。当电路含有受控源时可参照第 1 章的方法分两个步骤处理。

节点法可运用于非平面电路。

对于复杂电路的求解是采用网孔法还是节点法，应该选择列写方程个数最少的方法，或者根据待求量是电流还是电压确定，当然还可以依据个人的习惯选择认为方便的方法。

习　题

2-1　对图 2-20 电路列写出求 u_1、u_2、i_1 和 i_2 所需的电路方程组，并解出相应电量的值。

2-2　试用支路电流法求解图 2-21 中的支路电流 i_1、i_2 和 i_3。

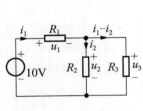

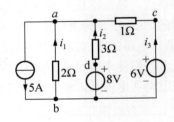

图 2-20　题 2-1 图　　　　　　　　图 2-21　题 2-2 图

2-3　用网孔分析法求解图 2-22 电路中的 I_1、I_2 和 I_3。

2-4　用网孔分析图 2-23 电路中的电流 I_1、I_2 和 I_3。

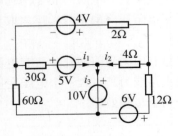

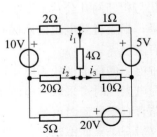

图 2-22　题 2-3 图　　　　　　　　图 2-23　题 2-4 图

2-5　用网孔法求图 2-24 电路中的 i_x、u_x。

2-6　用网孔分析求图 2-25 所示电路中的 u_1 及 u_2。

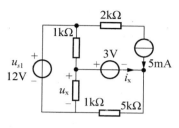

图 2-24　题 2-5 图

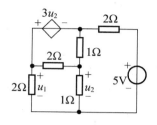

图 2-25　题 2-6 图

2-7　用网孔法两种方法求图 2-26 所示电路中的 I_a 及受控电源的功率。

2-8　用网孔法求图 2-27 电路中的电流 i 和电压 u。

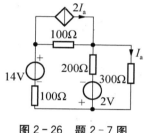

图 2-26　题 2-7 图

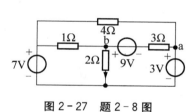

图 2-27　题 2-8 图

2-9　图 2-28 所示电路中若 $R_1=1\Omega$，$R_2=3\Omega$，$R_3=4\Omega$，$i_{s1}=0$，$i_{s2}=8A$，$u_s=24V$，试求各网孔电流。

2-10　电路如图 2-29 所示，用网孔法求 u_1。已知 $u_s=5V$，$R_1=R_2=R_4=R_5=1\Omega$，$R_3=2\Omega$，$\mu=2$。

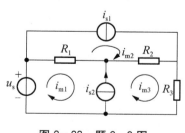

图 2-28　题 2-9 图

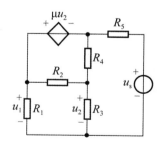

图 2-29　题 2-10 图

2-11　用节点法求图 2-30 中的 u_a、u_b 及 u_c。

2-12　电路如图 2-31 所示：

(1) 列写出电路的节点方程组。

(2) 在 $R_1=3k\Omega$，$R_2=4k\Omega$，$R_3=6k\Omega$，$R_4=12k\Omega$，$R_x=5k\Omega$，$u_s=12V$ 时，求 u_x 和 i_x。

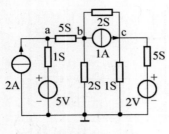

图 2-30　题 2-11 图

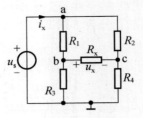

图 2-31　题 2-12 图

2-13　用节点法求图 2-32 电路中 u_x 和 i_x，并求 u_{s1} 的功率。

2-14　用节点分析法计算图 2-33 所示电路中的 V_a 与 V_b。

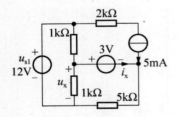

图 2-32　题 2-13 图

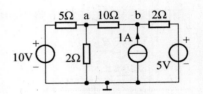

图 2-33　题 2-14 图

2-15　应用节点分析法求图 2-34 中的 $u_a(R_5 = 50\text{k}\Omega)$。

2-16　应用节点分析法求图 2-35 中的 V_o。

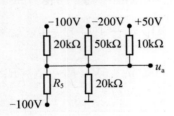

图 2-34　题 2-15 图

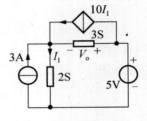

图 2-35　题 2-16 图

2-17　用节点法或网孔法求解出 2-36 图中的 V_a 及 I_b。

2-18　用节点或网孔法求图 2-37 中的 I_1。

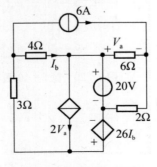

图 2-36　题 2-17 图

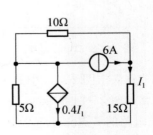

图 2-37　题 2-18 图

2-19　选择最方便的方法对图2-38所示电路求出下列结果，简要说明选择的理由，列出主要计算步骤。

（1）R_5 两端电压。

（2）已知 $u_x = 5V$，求 R_5。

（3）已知 u_s，求使 $I_x = 0$ 的 I_s 值。

（4）使 u_x 不受 u_s 影响的 g 值。

2-20　用 EWB 软件验算图2-39的结果。

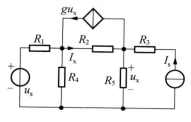

图2-38　题2-19图

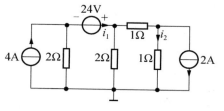

图2-39　题2-20图

2-21　用 EWB 软件验算题2-40的结果。

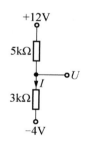

图2-40　题2-21图

第3章

电路定理及分析方法

基本内容：本章着重讨论利用电路定理对复杂电路求解的方法。首先，介绍了线性电路的三个重要概念——叠加概念、分解概念和变换概念。一个假设、两类约束和三大基本概念构成了本书的基本结构。然后，介绍利用叠加的方法、分解和变换的方法对复杂电路进行求解，这特别适合于仅需对复杂电路的某一支路或某一元件的电流电压求解的情况。

基本要求：掌握线性电路的性质和用叠加方法求解电路；掌握单口网络的概念和伏安关系，以及常见单口网络的等效关系；掌握戴维南定理、诺顿定理并能快速准确地求出其等效模型参数；熟练运用分解和变换方法求解复杂电路。

通过前面两章的学习，运用两类约束以及网孔分析和节点分析的方法，可以较好地完成对线性电阻电路的系统化分析和求解。但是，在今后的电路分析问题中，经常会有这样一类特殊问题需要我们来解决。例如，对一个含有多个信号源的电阻电路，需要研究每一个信号源（激励）对输出（响应）究竟有多大的影响和贡献；或者，在一个复杂的电路系统中仅对其中某些局部的，甚至是某一条支路、某一个元件的电流电压感兴趣时，可能就会感觉到用原来的分析方法不太方便，或者由于联立的方程数太多使计算过于烦琐；又比如，对于电子电路的分析严格说属于非线性电路，而往往又希望能够利用现有的（线性）电路分析方法对其进行求解，这就需要对电路进行适当的分解和变换才行。这都需要我们寻找针对这些问题的更加方便和有效的分析方法。

在两类约束基础上，本书将再引入线性电路的三个重要概念——叠加概念、分解概念和变换概念，以及由此形成的三大基本分析方法。一个假设、两类约束和三大基本概念构成了本书的基本结构（一、二、三的基本架构）。叠加方法可使多个激励或复杂激励电路转化为简单激励电路进行求解；而分解方法和变换方法可将复杂结构电路转化为简单结构电路进行求解。叠加方法仅适合于线性电路，而分解和变换的方法可以应用到对非线性电路的求解上。

3.1　线性性质及网络函数

线性性质是线性电路的最基本性质，它包括齐次性和叠加性。

3.1.1　线性电路的齐次性

线性电路的齐次性是指若电路中所有激励都同时增大(或减小)k 倍，则电路的响应也增大(或减小)k 倍。当电路中只含有一个激励时，则电路的响应与激励成正比，即 $y = kx$，故又称为比例性。

[**例 3-1**] 求图 3-1 电路中的电压 u。

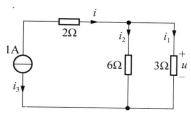

图 3-1　例 3-1 图

解：利用比例性质，用反证法求解。

(1) 若设 $u = 3\,\text{V}$，易得 $i_1 = 1\,\text{A}$，$i_2 = 0.5\,\text{A}$，$i = 1.5\,\text{A}$

(2) 即当 $i_s = -i = -1.5\,\text{A}$ 时，$u = 3\,\text{V}$，即

$$u = -\frac{3}{1.5}i_s = -2i_s$$

(3) 所以，当 $i_s = 1\,\text{A}$ 时，有 $u = -2\,\text{V}$

[**例 3-2**] 求图 3-2 电路中 u_s/i。

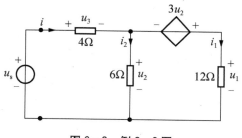

图 3-2　例 3-2 图

解：根据线性电路的比例性，电流(响应)i 与电压源(激励)u_s 成比例，即 $i \propto u_s$，或 $k = u_s/i$ 为一定值，与 u_s 和 i 的具体数值无关，即仅需求出 k 即可。

设 $i_1 = 1\,\text{A}$(任一方便计算的数值均可)，则可得

$$u_1 = 12\,\text{V}$$

而

$$3u_2 + u_2 = u_1 = 12\,\text{V}$$

即

$$u_2 = 3\,\text{V}, \quad i_2 = u_2/6 = 0.5\,\text{A}$$

则有

$$i = i_1 + i_2 = 1.5\,\text{A}, \quad u_3 = 4i = 6\,\text{V}$$

所以

$$u_s = u_2 + u_3 = 9\,\text{V}$$

故得

$$u_s/i = 9/1.5 = 6\,\Omega$$

实际上，$u_s/i = (9/1.5) = 6\,\Omega$ 即为图中端口右边部分的单口网络的等效电阻。

由以上两个例子的求解可见，利用齐次性求解电路时，可以不用列写电路方程，直接根据数值比例关系即可计算出结果，过程非常简便。

3.1.2 网络函数

电路网络(network)都通过其端子(端钮)与外界相连接，如果网络与外界联系的端钮有两个，则称为二端网络，相应的还有三端、四端以及多端网络。二端网络从一个端钮流入的电流一定等于从另一端钮流出的电流(集总电路性质)，且在其两端形成一个电压(端电压)，这种在端电压的两个端钮上流过同一个电流的一对端钮构成一个**端口(port)**，只有一个端口的网络称为单端口网络，简称**单口网络**，相应的还有二端口网络(**双口网络**)和多口网络等，如图3-3(a)、(b)所示。而如图3-3(c)所示电路端钮上的4个电流不满足这种成对的关系，则仅能称为四端网络。

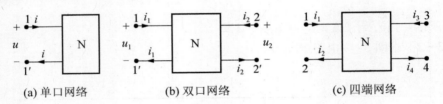

(a) 单口网络　　　　(b) 双口网络　　　　(c) 四端网络

图3-3　电路网络

对单一激励的线性、时不变网络，指定的响应对激励之比定义为**网络函数**，记为 H，即

$$H = \frac{\text{响应}}{\text{激励}} \tag{3-1}$$

激励可以是电压源电压或电流源电流，响应可以是网络任一支路的电压或电流。如果响应与激励在同一端口，则为**策动点(driving point)函数**；若响应与激励在不同的端口则为**转移(transfer)函数**。故策动点函数有两种情况，而转移函数有四种情况，见表3-1。

表3-1　线性电阻电路网络函数 H 的分类

	响　应	激　励	名称及符号
策动点函数	电流	电压	策动点电导 G_i
	电压	电流	策动点电阻 Z_i

续表

	响　应	激　励	名称及符号
	电流	电压	转移电导 G_T
转移函数	电压	电流	转移电阻 R_T
	电流	电压	转移电流比 H_i
	电压	电流	转移电压比 H_u

　　任何线性电阻电路网络函数都是实数，网络函数 H 由组成电路的元件的参数和连接方式决定，是电路所固有的属性，与激励无关。

　　[**例3-3**] 图 3-4 所示电桥电路中，在激励 u_s 作用下得到的响应为 u_o，求电路的转移电压比 u_o/u_s。

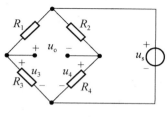

图 3-4　例 3-3 图

　　解： 以电压源 u_s 的负极为参考点，可得

$$u_o = u_3 - u_4$$

又由分压公式有

$$u_3 = \frac{R_3}{R_1 + R_3} u_s$$

$$u_4 = \frac{R_4}{R_2 + R_4} u_s$$

故有

$$u_o = \left(\frac{R_3}{R_1 + R_3} - \frac{R_4}{R_2 + R_4} \right) u_s$$

即

$$H = \frac{u_o}{u_s} = \frac{R_2 R_3 - R_1 R_4}{(R_1 + R_3)(R_2 + R_4)}$$

　　由上式可见，当 $R_1 R_4 = R_2 R_3$ 时，$H = 0$，此时有输入而无输出，称为平衡电桥。即电桥的平衡条件是：当两相对臂电阻的乘积相等时，电桥的输出为零。

3.2　叠加定理

　　可加性是线性系统的又一重要性质，它表示线性电路的响应与多个激励之间的叠加性关系，电路分析中用叠加定理描述。

3.2.1 叠加定理的表述

以图3-5所示具有两个激励的电路为例，N_0表示不含独立源的无源线性网络，考察其中任一支路的电流i。则由线性电路的可加性可知，如果两个独立源u_s和i_s单独作用于N_0所产生的电流分别为i'和i''，则总电流为

$$i = i' + i'' = k_1 u_s + k_2 i_s$$

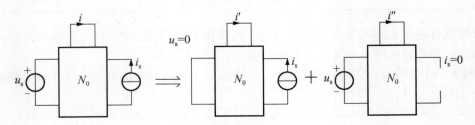

图3-5 两个激励所产生的响应

即，在任何含有多个独立源的线性电路中，每一元件(支路)的电流(或电压)可视为各个独立源单独作用时，在该元件(支路)上所产生的电流(或电压)的代数和——**叠加定理**的表述。即，在线性电路中，任意支路的响应(电流或电压)$y(t)$，与电路各个激励$x_m(t)$关系的数学表达为

$$y(t) = \sum_M H_m x_m(t) \tag{3-2}$$

式中，$x_m(t)$为作用于电路的电压源电压或电流源电流；M为独立源的个数；H_m为各独立源单独作用时所对应的网络函数。

对于叠加定理的适用性和处理方法至少应注意以下几点。

(1) 叠加性质既是线性电路的性质又是线性电路的判别依据，即只要是线性电路一定满足叠加定理。

(2) 在求某个独立源单独作用响应时，需将其余独立源置为零值。零值电压源相当于短路，零值电流源相当于开路，如图3-6和图3-7所示。

(3) 受控源作为无源元件处理，既不能单独作用于电路，也不能在求响应时将其置零。

(4) 叠加定理只对线性电路的电压和电流变量成立，而功率不服从叠加定理。

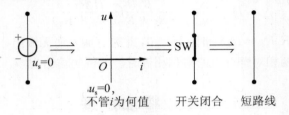

图3-6 电压源为0时

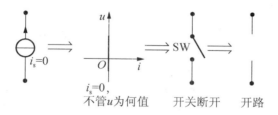

图 3-7 电流源为 0 时

3.2.2 叠加方法的应用

叠加方法作为电路分析的基本分析方法之一，可使复杂激励问题转化为简单激励问题，利用简单的重复运算即可对复杂激励电路的响应进行求解。结合网络函数的概念，可以简化响应与激励的关系。叠加性及叠加方法是线性电路的基本属性和分析方法，将贯通穿于全书内容之中。

用叠加方法求解电路的步骤如下。

（1）选定一个独立源，做出将其余独立源置零后的等效电路。

（2）根据等效电路求该独立源作用所产生的（分）响应。

（3）重复以上步骤，求出每一个独立源单独作用的分响应。

（4）求所有分响应的代数和即得到总响应（结果）。

下面举例说明如何用叠加定理简化线性电路的分析。

［例 3-4］ 求图 3-8(a)电路中的电流 I 及 9Ω 电阻的功率 P。

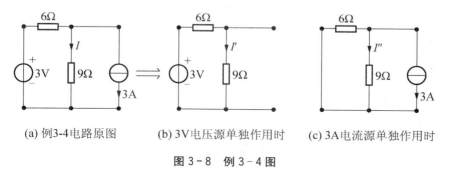

(a) 例3-4电路原图　　　(b) 3V电压源单独作用时　　　(c) 3A电流源单独作用时

图 3-8 例 3-4 图

解： 根据叠加定理，分别求出 3V 电压源和 3A 电流源单独作用时的电流分量，最后求其代数和即为最终结果。作为比较，同时求出电压源电流源单独作用时的功率，看看与最终的功率有何不同。

（1）设 3V 电压源单独作用，将 3A 电流源置零后的等效电路如图 3-8(b)所示，计算出电流和功率分量为

$$I' = \left(\frac{3}{6+9}\right) = 0.2\text{A}$$

$$P' = (0.2^2 \times 9) = 0.36\text{W}$$

（2）设 3A 电流源单独作用，将 3V 电压源置零后的等效电路如图 3-8(c)所示，计算

出电流和功率分量为

$$I'' = -\frac{6}{6+9} \times 3 = -1.2\text{A}$$

$$P'' = 1.2^2 \times 9 = 12.96\text{W}$$

（3）将以上两电流分量进行叠加得到的总电流为

$$I = I' + I'' = 0.2 + (-1.2) = -1\text{A}$$

（4）可见，流过 9 Ω 电阻的总电流为 −1A，则其功率应为

$$P = I^2 R = (-1)^2 \times 9 = 9\text{W} \neq P' + P''$$

可见，功率计算不符合叠加关系。

从例 3-4 的求解应注意到：①每次保留一个独立源，作出将其余独立源置零后的等效电路；②求出该独立源单独作用时的分电流；③按照分电流与总电流的参考方向关系求分电流的代数和即为结果；④功率的计算不满足叠加关系，只能用最终的（总）电流（或电压）求得。道理很简单，因为电阻的功率与流过其中的电流（或两端的电压）的平方成正比，而非正比例（线性）关系。

[**例 3-5**] 含受控源的电路如图 3-9(a)所示，用叠加定理求电流 I 及 10V 电压源的功率。

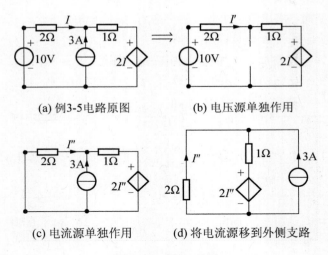

(a) 例3-5电路原图   (b) 电压源单独作用

(c) 电流源单独作用   (d) 将电流源移到外侧支路

图 3-9 例 3-5 图

解：（1）设 10V 电压源单独作用，将 3A 电流源置零后的等效电路如图 3-9(b)所示，对单回路电路列 KVL 方程：

$$(1+2)I' + 2I' - 10 = 0$$

解得

$$I' = 2\text{A}$$

（2）设 3A 电流源单独作用，将 10V 电压源置零后的等效电路如图 3-9(c)所示，这是一个二网孔电路，为列写网孔方程的方便，将电流源移到外侧支路后如图 3-9(d)所示，对左边网孔列网孔方程：

$$(1+2)I''+1\times3=-2I''$$

解得

$$I''=-0.6\text{A}$$

（3）将以上两电流分量进行叠加得到的总电流为

$$I=I'+I''=2+(-0.6)=1.4\text{A}$$

（4）电压源功率为

$$P=-IU_s=-1.4\times10=-14\text{W}$$

从例 3-5 的求解应注意到：①分响应仅独立源起作用，受控源不能作为激励单独起作用；②求每一个独立源的分响应时，受控源均应保留在电路中；③10V 电压源与流过其中的电流 I 是非关联参考方向，故在功率计算式中加"一"。

[**例 3-6**] 图 3-10 所示网络 N 为含源线性网络（其内部可能有至少一个未知的独立源）。已知当激励 $i_{s1}=8\text{A}$，$i_{s2}=12\text{A}$ 时，响应 $u_o=80\text{V}$；当 $i_{s1}=-8\text{A}$，$i_{s2}=4\text{A}$ 时，响应 $u_o=0$；当 $i_{s1}=i_{s2}=0$ 时，响应 $u_o=-40\text{V}$。求当 $i_{s1}=i_{s2}=20\text{A}$ 时的响应 u_o。

解：根据线性电路的比例性和叠加性性质，设网络 N 内部的所有独立源共同作用时所产生的分响应为 u'''_o，而外围的两个激励 i_{s1} 和 i_{s2} 所产生的分响应分别为 Ai_{s1} 和 Bi_{s2}，则有

$$u_o=Ai_{s1}+Bi_{s2}+u'''_o$$

将已知条件代入得

$$\begin{cases}8A+12B+u'''_o=80\\-8A+4B+u'''_o=0\\0A+0B+u'''_o=-40\end{cases}$$

解得

$$A=0,\ B=10,\ u'''_o=-40\text{V}$$

则当 $i_{s1}=i_{s2}=20\text{A}$ 时的响应为

$$u_o=0\times20+10\times20+(-40)=160\text{V}$$

从例 3-6 的求解应注意到：①比例性和叠加性性质是线性电路最重要的性质，线性电路对于各个激励共同作用所产生的响应是各个激励的加权和；②求分响应时既可以每一个激励单独作用，也可以几个响应分组作用，如在本例中含源网络 N 中的激励是未知的（包括激励的个数和数值），我们将其共同作用的响应看成 u'''_o，再与外部的两个激励 i_{s1} 和 i_{s2} 所产生的分响应 Ai_{s1} 和 Bi_{s2} 进行叠加。

3.3 分解方法和变换方法

对于复杂网络的分析尤其是只对其中某一条支路或者某些局部电路的电流电压感兴趣时，如果运用电路方程联立求解的方法，会觉得联立方程数太多而显得烦琐。解决办法之一是将这种复杂的"大"网络分解成若干个比较简单的"小"网络，即若干个子网络（subnet），然后，对这些子网络逐一求解从而得到所需的结果。最常见的办法是将我们感

兴趣的支路(或局部电路)作为一个单口网络从复杂网络 N 中分离出来,使之成为由两个单口网络 N_1 和 N_2 构成的系统,如图 3-10 所示。只要把每一个子网络的问题都搞清楚了,那么,复杂网络 N 的问题就迎刃而解了。所以,搞清任意单口网络的特性和等效、置换关系以及功率传递关系,将是本章后续内容中重点关心的问题。

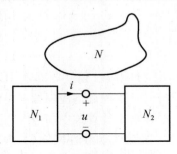

图 3-10 网络 N 的分解

3.3.1 分解方法

以一个非常简单的电路为例,用分解方法求图 3-11 电路中 $11'$ 处的电流和电压。

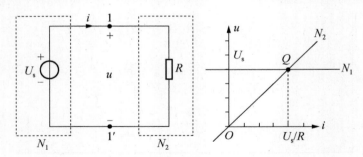

图 3-11 分解方法

(1) 将电路分解成两个子网络 N_1 和 N_2。

(2) 分别写出 N_1 和 N_2 的端口伏安关系 VCR。

N_1 的 VCR 为

$$u = U_s$$

N_2 的 VCR 为

$$u = Ri$$

(3) 在同一个坐标系中作出二式的曲线,则曲线的交点即为电路的解;或将二式联解得到电路的解

$$u = U_s, \quad i = U_s/R$$

通过以上求解可以看到用分解方法求解电路主要有三个步骤:分解、求得各单口网络的VCR和还原联解。两个单口网络连接后,其端口电压电流为一组共同的变量,即为二单口网络 VCR 的联解。

从全面求解网络的角度来看,从何处划分子网络一般是任意的,可视方便而定,但

是，在许多工程实际问题中，电路往往应看成由两个既定的单口网络（如系统设备和负载）组成，这时两个单口网络连接处的端口电压电流往往就是最主要的甚至是唯一的分析对象。所以，一般将待求对象作为一个子网络，其余电路作为另一个子网络进行分解比较合适。

元件或者单口网络的伏安关系由其自身特性决定，与外界电路无关。它们的 VCR 可以用一般分析方法求得甚至用测量的方法得到。本章后面将着重讨论一般单口网络 VCR 的描述、求得方法和等效关系。

3.3.2 变换方法

在得到了分解出来的单口网络以后，需要做的工作就是写出（求出）每一个单口网络的 VCR，然后再联立求解。如果仅这样进行，有时还不能将一个复杂的问题转化为一个简单的问题，尤其是对一个任意的、复杂的单口网络求得它的 VCR 往往是比较复杂的和困难的，这就需要我们进一步寻找解决办法，变换方法就是一种行之有效的方法。所谓变换就是在满足一定的条件下，用一种更加简单结构的网络或者更加简单的运算工具对复杂电路进行求解。当然，条件就是用不同结构电路或者不同运算工具求解所得到的结果不变，即实现的效果相等，就是所谓"等效"的概念。也就是说，在保证等效的条件下，可以用简单结构电路代替复杂结构电路，或者用简单运算工具代替复杂运算工具对电路求解。比如，电路的等效变换有实际电源模型的变换和戴维南定理、诺顿定理等；运算工具的变换有相量分析法和傅里叶变换、拉普拉斯变换等。等效和变换的方法是科学研究中经常采用的一种行之有效的方法，在电路分析中占有非常重要的地位。

用变换方法求解电路一般有以下步骤。

（1）变换——寻找一种有效降低求解难度的电路结构或运算工具替代原来的问题。

（2）求解——在变换（域）条件下求解，得到的往往是一种等效电路或者中间变量。

（3）反变换——即还原，对等效电路求解或者对中间变量求逆运算得到需要的结果。

本章介绍电路结构的等效变换，即将复杂结构电路等效变换为简单结构电路的方法，运算工具的变换将在本书的第 5 章和第 7 章介绍。

3.4 单口网络的伏安关系

用分解和变换的方法对电路求解，一个最重要的工作就是得到任意单口网络的伏安关系（VCR）。如果在单口网络中不含有任何能通过电的或者非电的方式与网络之外的某些变量相耦合的元件，如不包含控制变量在该网络之外的受控源、与网络之外的绕组有磁场耦合关系的变压器绕组或者与外界光源有耦合关系的光敏元件等，则该单口网络称为是明确的。在未做特别说明时，本书讨论明确的单口网络。

3.4.1 单口网络 VCR 的描述

在电路分析中对于一个任意的给定单口网络，可能很多时候并不明确其内部情况（如一个复杂的系统设备）或者其本身就是一个不可分割的整体（如集成电路），使之不便或不能对其内部情况进行分析。实际上，单口网络与外部电路连接后的表现可以完全由其端口电压电流之间的关系——伏安关系（**VCR**）确定（通常称为网络的**外特性**），也就是说在电路求解过程中，只要掌握了单口网络的**VCR**，就不必关心其内部情况如何，可以将其视为一个"黑盒子"，它仅以其端口的两个端钮与外界发生联系，其全部表现由自身端口的伏安关系确定。

单口网络的伏安关系通常用以下几种方式表达。

（1）电路模型——具体的电路图。

（2）端口 u-i 的约束关系——即 VCR，一般为方程、曲线或表格，可以通过计算或者测量得到。

（3）等效电路——与其电路模型具有相同 VCR 的电路。

以上三种表达方式是同一函数（电路也是一种函数）的不同表达形式，显然是等价并可以互换的。

3.4.2 单口网络 VCR 的获得

[**例 3-7**] 试求图 3-12(a)所示含源单口网络的 VCR 及伏安特性曲线。

解： 为得到单口网络端口的 u-i 函数关系 VCR（而不是一个确定的数值），需要外接一个适当的电路使之构成一个完整的电路系统。而单口网络的 VCR 是由其自身特性确定的，与外界电路无关，因此可以在其端口上外接一个任意的电路 X（图中端口 11 右边部分）来求的它的 VCR。在列写出整个电路的方程后，消去除 u、i 以外的所有变量即可得到单口网络端口的 u-i 函数关系——VCR。

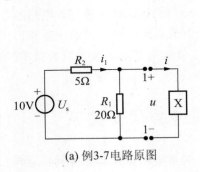

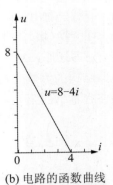

(a) 例3-7电路原图　　　　(b) 电路的函数曲线

图 3-12　例 3-7 图

（1）方法一：外接任意电路 X。

列写电路方程为

$$5i_1 + u = 10$$
$$u = 20(i_1 - i)$$

消去 i_1 可得

$$u = 8 - 4i$$

上式为在所设 u、i 参考方向下的该单口网络端口的 VCR，做出的函数曲线如图 3-13(b) 所示。

（2）方法二：外加电源法。

可以假设外接电路是一个独立源，通过外加一个电流源 i_s（设参考方向由上向下）求 u-i (i_s) 的函数关系，或者外加电压源 u_s（设参考方向上正下负）求 i-u (u_s) 的函数关系，这两种方法统称为外加电源法。

列写节点方程为

$$\left(\frac{1}{5}+\frac{1}{20}\right)u-\frac{1}{5}\times 10=-i_s$$

即

$$\frac{1}{4}u-2=-i$$

解得

$$u=8-4i$$

从例 3-7 的求解应注意到：①在单口网络端口外接任意电路 X 的目的是使之形成闭合回路，从而在端口形成任意的 u、i 变量间的 VCR 函数关系式；②外加电流源 i_s 求 u-i 或者外加电压源 u_s 求 i-u 的函数关系时，外加电源应是一个可以任意变化的变量而不是一个确定的数值；③外加电源法是求解无源单口网络（内部仅有电阻和受控源）VCR 的最有效办法。

[例 3-8] 求图 3-13 所示含源单口网络（图中实线部分）的 VCR。

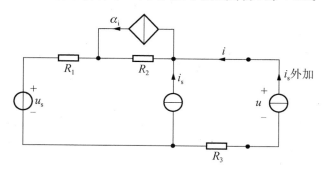

图 3-13 例 3-8 图

解： 在单口网络端口外加电流源 $i_{s外加}$ 后直接运用两类约束写出电路方程为

$$\begin{aligned}
u &= (i+i_s-\alpha i)R_1+(i+i_s)R_1+u_s+iR_3\\
&= [u_s+(R_1+R_2)i_s]+[R_1+R_3+(1-\alpha)R_2]i\\
&= [u_s+(R_1+R_2)i_s]+[R_1+R_3+(1-\alpha)R_2]i
\end{aligned} \qquad (3-3)$$

式（3-3）即为单口网络的 VCR。从本例和例 3-7 均可见到含源单口网络的 VCR 总是可以表示为 $u=A+Bi$ 的形式，以后将对这个结论的一般性进一步说明。

3.5 置 换 定 理

3.5.1 置换定理的表述

置换定理(substitution theorem)又称为替代定理，其表述为：若网络 N 由两个单口网络 N_1 和 N_2 连接组成(图3-14(a))，且已得知端口电压 $u = \alpha$ 和电流 $i = \beta$，则网络 N_2(或 N_1)用一个电压为 α 的电压源或者用一个电流为 β 的电流源置换(替代)后，不会影响网络 N_1(或 N_2)中各支路电流电压原有的数值，如图 $3-14$(b)、(c)所示。

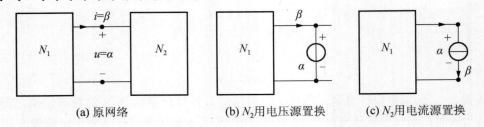

(a) 原网络   (b) N_2用电压源置换   (c) N_2用电流源置换

图 3-14 置换关系

下面通过两个例子来验证置换定理并说明其特点。

[**例 3-9**] 用例 $2-9$ 的电路及结果验证置换定理，电路重画于图 $3-15$。

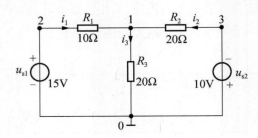

图 3-15 例 3-9 图

解： 在例 $2-9$ 中已经求得 $i_1 \sim i_3$ 分别为 1A、-0.75A 和 0.25A，根据置换定理用 0.25A 电流源置换电阻 R_3，求 i_1 和 i_2，如图 $3-16$ 所示。

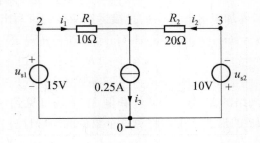

图 3-16 用 0.25A 电流源置换电阻 R_3

对其列写节点方程（这是一个单节点偶电路，仅需一个节点方程即可完成求解）为

$$\left(\frac{1}{10}+\frac{1}{20}\right)u_1 = \frac{u_{s1}}{10} - \frac{u_{s2}}{20} - 0.25$$

解得

$$u_1 = 5\text{V}$$

易得

$$i_1 = \frac{u_{s1} - u_1}{R_1} = \frac{15-5}{10} = 1\text{A}$$

$$i_2 = \frac{u_{s2} - u_1}{R_2} = \frac{-10-5}{20} = -0.75\text{A}$$

可见，与例 2-9 的结果完全相同。

再通过一个简单的例子，看看置换定理的特点（性质）。

[**例 3-10**] 电路如图 3-17(a)所示，观察 N_1 用简单模型置换后，N_2 中的电流、电压关系。

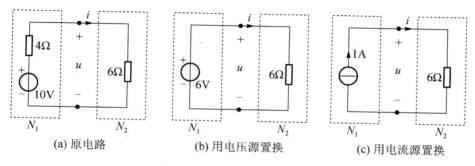

图 3-17　例 3-10 图

解：（1）分别写出 N_1 和 N_2 的 VCR。

N_1 的 VCR 为

$$u = 10 - 4i$$

N_2 的 VCR 为

$$u = 6i$$

联解得

$$u = 6\text{ V}, i = 1\text{A}$$

（2）建立 u-i 平面，作出 N_1 和 N_2 电路方程（VCR）的曲线，即图 3-18 中曲线 1 和曲线 2，两曲线交点 Q 的坐标为(6V，1A)，即为电路的解，与上步得出的结果一样。

（3）用 6V 电压源置换 N_1，其曲线为 $1'$ 与 N_2 的曲线 2 的交点也为 Q 点(6V，1A)。

（4）用 1A 电流源置换 N_1，其曲线为 $1''$ 与 N_2 的曲线 2 的交点同样为 Q 点(6V，1A)。

由以上可知，在 u-i 平面上过 Q 点（坐标为 U_Q，I_Q）可以画出很多条直线，也就是说，在 N_2 不变的情况下，用任意一个伏安特性曲线通过 Q 点的单口网络来置换 N_1 都不会影响 N_2 端口及其内部的结果。所以，我们可以用比较简单的二端电路去置换 N_1 让 N_2 的分析得以简化，最常用的替代方案是用过 Q 点的水平线 $I_s = I_Q$，或者用过 Q 点的垂直线 $U_s =$

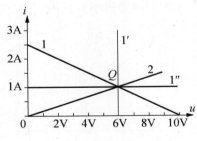

图 3－18　例 3－10 的图

U_Q，甚至用过 Q 点和原点的斜线为 $R = U_Q/I_Q$ 的任意一条 VCR 曲线所代表的电流源 I_s、电压源 U_s 和电阻 R（但这时要保证替代后整个系统中至少有一个激励）去替代 N_1，所得到的结果是不变的。

　　由此可知，置换是一种基于工作点 Q 相同的"等效"替代，所以，置换定理在应用中最重要的就是要保证 N_1 和 N_2 连接端口处的工作点 Q 点的坐标（U_Q，I_Q）不变。

3.5.2　置换定理的应用

　　另外，在得到了 N_1 和 N_2 的端口电压、电流后，即可将原电路（图 3－15(a)）分解成如图 3－19 和图 3－20 所示的两个子网络，从而实现对 N_1 和 N_2 中所有支路电流、电压的求解。

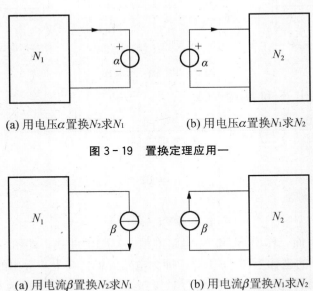

(a) 用电压α置换N_2求N_1　　　　　　(b) 用电压α置换N_1求N_2

图 3－19　置换定理应用一

(a) 用电流β置换N_2求N_1　　　　　　(b) 用电流β置换N_1求N_2

图 3－20　置换定理应用二

[例 3－11] 用分解方法求图 3－21 电路中的 i_1 和 u_2。

解：（1）将原网络 N 分解成两个子网络 N_1 和 N_2，如图 3－21 虚线处。
（2）分别求出 N_1 和 N_2 的 VCR。

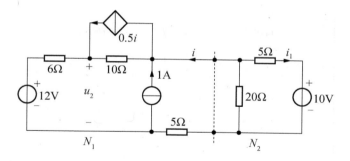

图 3-21 例 3-11 图

实际上，N_2 即为例 3-7（图 3-13）电路，已得

$$u = 8 - 4i$$

而 N_1 即为例 3-8（图 3-14）电路，已得

$$u = [u_s + (R_1 + R_2)i_s] + [R_1 + R_3 + (1 - \alpha)R_2]i$$
$$= [12 + (6 + 10) \times 1] + [6 + 5 + (1 - 0.5) \times 10]i$$
$$= 28 + 16i$$

（3）两式联解得

$$i = -1 \text{A}, \quad u = 12 \text{V}$$

（4）以 12V 电压源置换 N_1，求得 N_2 中的电流 i_1 为

$$i_1 = \frac{12 - 10}{5} = 0.4 \text{ A}$$

以 -1A 电流源置换 N_2，求得 N_1 中的电压 u_2，注意到，N_1 端口电流为 -1A 时，流过其中 6Ω 电阻的电流即为 0，所以

$$u_2 = 6 \times 0 + 12 = 12 \text{ V}$$

3.6　单口网络的等效

前面我们已经建立了一些有关"等效"的概念，本节将进一步研究等效的定义、应用和一些十分有用的等效关系。

3.6.1　等效的概念

在 3.4 节已经得知，单口网络的特性完全由其端口电压电流之间的关系——伏安关系确定。那么，如果一个单口网络 N 与另外一个单口网络 N' 的端口电压电流关系（VCR）完全相同，即它们在 u-i 平面上的伏安特性曲线完全重叠，则两单口网络是等效的——等效的定义，如图 3-22 所示。

若已知单口网络 N 和 N' 是等效的，则它们交换地与外电路 M 连接后，其端口上以及 M 内部的电压电流关系不变——等效的应用，如图 3-23 所示。

关于等效的概念需要注意的是：①等效是就单口网络的外部特性（端口）而言的，N 和

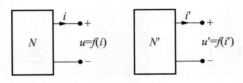

图 3-22　等效的定义

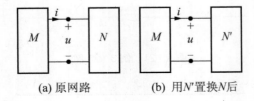

(a) 原网路　　　　　(b) 用 N' 置换 N 后

图 3-23　等效的应用

N' 内部的结构和变量分布可能是不同的，正因为如此，我们才能用简单的等效网络替代原来复杂的网络使求解得到简化（电路的等效化简）；②对于任何不同的外电路 M，只要保证 N 和 N' 的 VCR 是相同的，N 和 N' 都可以相互替代，而不会影响对 M 端口及其内部电压电流的求解；③这里给出的是等效的一般概念，而 3.5 节所言的"等效"仅是工作点处（u-i 平面上的一个特定点）的等效。也就是说严格的等效定义是两个单口网络的函数关系相同，u-i 平面上的函数曲线完全重叠，而前述的工作点等效仅保证 u-i 平面上某点的位置坐标（U_Q，I_Q）不变而已，属于等效概念的特例。

从等效的概念可知，在电路分析中利用等效关系可以用简单的网络替代复杂的网络使电路得到化简，关键是要求得二者的等效关系。常用的求任意单口网络（最简）等效电路的方法有：①设法求出（甚至是测量出）需等效电路端口 u-i 关系表达式 VCR（或函数曲线），再将 VCR 函数化简为 $u = A + Bi$ 的最简形式，则可由此画出最简函数的电路——最简等效电路，即 3.4 节的方法。②根据事先推导出的电路元件基本连接组合的等效关系，利用这种关系将电路逐步变形、合并、化简——即等效变换。③利用 3.7 节介绍的戴维南定理和诺顿定理获得。

下面讨论等效变换中常用的二端电路（元件）基本连接组合的等效关系及其结论。

3.6.2　电阻电路的等效

1. 电阻串联的等效

电阻的串联电路如图 3-24 所示。

对网络 N 列电路方程（VCR）有

$$u = R_1 i + R_2 i + \cdots + R_n i$$
$$= (R_1 + R_2 + \cdots + R_n)i$$

对网络 N' 列 VCR 有

$$u = R_{eq} i$$

根据等效的定义，如果需要用 N' 等效置换 N，则必须满足网络 N 的 VCR 式与网络

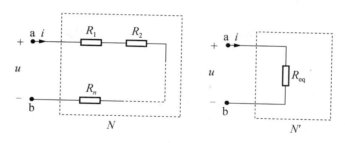

图3-24 电阻串联的等效

N'的 VCR 式相等，即当满足

$$R_{eq} = (R_1 + R_2 + \cdots + R_n) = \sum_{i=1}^{n} R_i \tag{3-4}$$

时，网络 N' 与网络 N 是等效的。式(3-4) 称为电阻串联电路的等效公式，R_{eq} 称为 $R_1 \sim R_n$ 串联电路的等效电阻，电阻串联电路的等效电阻等于支路中所有串联电阻之和，即任意由 n 个电阻构成的串联电路可以等效为 R_{eq} 这一个电阻。

2. 电阻并联的等效

电阻的并联电路见图3-25所示。

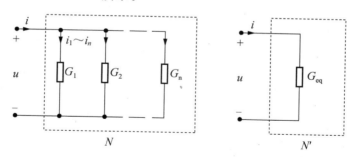

图3-25 电导(电阻) 并联电路

对网络 N 列电路方程(VCR)有

$$i = G_1 u + G_2 u + \cdots + G_n u$$
$$= (G_1 + G_2 + \cdots + G_n)u$$

对网络 N' 列 VCR 有

$$i = G_{eq} u$$

根据等效的定义，如果需要用 N' 等效置换 N，则必须满足网络 N 的 VCR 式与网络 N' 的 VCR 式相等，即当满足

$$G_{eq} = (G_1 + G_2 + \cdots + G_n) = \sum_{i=1}^{n} G_i \tag{3-5}$$

时，网络 N' 与网络 N 是等效的。式(3-5)称为电导(电阻)并联电路的等效公式，G_{eq} 称为 $G_1 \sim G_n$ 并联电路的等效电导，电导并联电路的等效电导等于网络中所有并联电导之和，即任意由 n 个电导构成的并联电路可以等效为 G_{eq} 这一个电导。

当 $n = 2$ (即两个电阻并联)时

$$G_{\text{eq}} = G_1 + G_2$$

即

$$\frac{1}{R_{\text{eq}}} = \frac{1}{R_1} + \frac{1}{R_2}$$

故有

$$R_{\text{eq}} = \frac{R_1 R_2}{R_1 + R_2} \qquad (3-6)$$

式(3-6)就是我们最熟悉的电阻并联公式。

但是,在很多时候电阻的连接关系并不能够完全用串联和并联来表示。例如,图3-26(a)、(b)所示电路,它们分别称为Y形(星形)连接和△形(三角形)连接电路,下面介绍二者之间的等效变换关系。

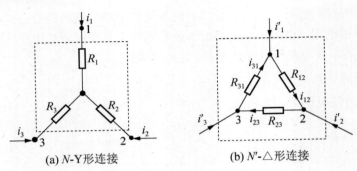

(a) N-Y形连接 　　　　(b) N'-△形连接

图3-26　Y形和△形电路的等效

3. 电阻 Y 形连接和△形连接的等效变换

对于△形连接电路(网络 N'),各电阻的电流为

$$i_{12} = \frac{u_{12}}{R_{12}}, \; i_{23} = \frac{u_{23}}{R_{23}}, \; i_{31} = \frac{u_{31}}{R_{31}}$$

又由 KCL,端钮 1、2、3 的电流分别为

$$\begin{cases} i'_1 = \dfrac{u_{12}}{R_{12}} - \dfrac{u_{31}}{R_{31}} \\[2mm] i'_2 = \dfrac{u_{23}}{R_{23}} - \dfrac{u_{12}}{R_{12}} \\[2mm] i'_3 = \dfrac{u_{31}}{R_{31}} - \dfrac{u_{23}}{R_{23}} \end{cases} \qquad (1)$$

对于 Y 形连接电路(网络 N),由 KCL、KVL 和欧姆定律可写出其端钮电流电压的关系为

$$i_1 + i_2 + i_3 = 0$$

$$R_1 i_1 - R_2 i_2 = u_{12}$$

$$R_2 i_2 - R_3 i_3 = u_{23}$$

解得

$$\begin{cases} i_1 = \dfrac{R_3 u_{12}}{R_1 R_2 + R_2 R_3 + R_3 R_1} - \dfrac{R_2 u_{31}}{R_1 R_2 + R_2 R_3 + R_3 R_1} \\[4mm] i_2 = \dfrac{R_1 u_{23}}{R_1 R_2 + R_2 R_3 + R_3 R_1} - \dfrac{R_3 u_{12}}{R_1 R_2 + R_2 R_3 + R_3 R_1} \\[4mm] i_3 = \dfrac{R_2 u_{31}}{R_1 R_2 + R_2 R_3 + R_3 R_1} - \dfrac{R_1 u_{23}}{R_1 R_2 + R_2 R_3 + R_3 R_1} \end{cases} \tag{2}$$

根据等效的概念，要使网络 N（Y 形连接）与网络 N'（△形连接）之间实现等效互换，则必须保证不论 u_{12}、u_{23}、u_{31} 为何值，两个网络端钮的电流均分别相等，即式(1)＝式(2)，整理可得

$$\begin{cases} R_{12} = \dfrac{R_1 R_2 + R_2 R_3 + R_3 R_1}{R_3} \\[4mm] R_{23} = \dfrac{R_1 R_2 + R_2 R_3 + R_3 R_1}{R_1} \\[4mm] R_{31} = \dfrac{R_1 R_2 + R_2 R_3 + R_3 R_1}{R_2} \end{cases} \tag{3-7}$$

和

$$\begin{cases} R_1 = \dfrac{R_{12} R_{31}}{R_{12} + R_{23} + R_{31}} \\[4mm] R_2 = \dfrac{R_{23} R_{12}}{R_{12} + R_{23} + R_{31}} \\[4mm] R_3 = \dfrac{R_{31} R_{23}}{R_{12} + R_{23} + R_{31}} \end{cases} \tag{3-7$'$}$$

式(3-7)即为电阻的 Y 形连接和△形连接网络之间的互换关系式，为便于记忆，可写成以下形式

$$\text{Y 形电阻} = \frac{\text{△形相邻电阻的乘积}}{\text{△形电阻之和}}$$

$$\text{△形电阻} = \frac{\text{Y 形电阻两两乘积之和}}{\text{Y 形电阻不相邻电阻}} \tag{3-8}$$

特例，若 Y 形连接中的 3 个电阻相等，即 $R_1 = R_2 = R_3 = R_Y$，则等效△形连接中的 3 个电阻也相等，它们等于

$$R_\triangle = R_{12} = R_{23} = R_{31} = 3R_Y$$

或

$$R_Y = \frac{1}{3} R_\triangle$$

4. 任意无源单口网络的等效

任意只含有电阻和受控源的无源单口网络可等效为一个电阻，如图 3-27 所示。

求得一般无源单口网络等效电阻的方法有以下几种。

(1) 只含有普通线性电阻时，可利用电阻的等效公式或一般电路方程求得其等效电阻 R_{eq}。

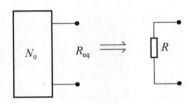

图 3-27 无源单口网络的等效

（2）在含有受控源时，可先利用求单口网络伏安特性的一般方法——外加电源法求得单口网络的 u-i 关系式（VCR），则 $R_{eq} = \dfrac{u}{i}$。

3.6.3 独立源的串并联

在电路分析中经常会遇到多个独立源相连接的情况，就其端口而言，可以将多个独立源等效地用一个独立源替代。

1. 电压源的串联

多个独立电压源构成的串联电路如图 3-28（a）所示。

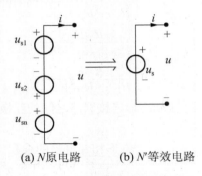

(a) N 原电路   (b) N' 等效电路

图 3-28 电压源串联电路的等效

对于网络 N：

$$u = u_{s1} - u_{s2} + u_{s3} = \sum_{k=1}^{n} u_k$$

对于网络 N'：

$$u = u_s$$

根据等效的概念，若 N 与 N' 等效，则必有

$$u_s = \sum_{k=1}^{n} u_k \qquad (3-9)$$

即，由多个电压源构成的串联电路可用一个电压源等效置换，该电压源的值等于原来网络中所有电压源的代数和。在式（3-9）中，u_k 与 u_s 方向一致时取"+"号，方向相反时取"－"号。

2. 电流源的并联

多个独立电流源构成的并联电路如图 3-29(a)所示。

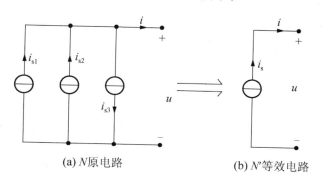

(a) N原电路　　　　(b) N'等效电路

图 3-29　电流源并联电路的等效

对于网络 N：

$$i = i_{s1} + i_{s2} - i_{s3} = \sum_{k=1}^{n} i_k$$

对于网络 N'：

$$i = i_s$$

根据等效的概念，若 N 与 N' 等效，则必有

$$i_s = \sum_{k=1}^{n} i_k \tag{3-10}$$

即，由多个电流源构成的并联电路可用一个电流源等效置换，该电流源的值等于原来网络中所有电流源的代数和。在式(3-10)中，i_k 与 i_s 方向一致时取 "＋" 号，方向相反时取 "－" 号。

需要特别注意的是，不同的电压源不能够直接并联，不同的电流源不能够直接串联，这是由并联和串联电路的基本特性决定的。

3. 独立源与任意元件的混联

独立源与任意元件(或网络)的混联等效关系，可由网络端口伏安关系以及电压源和电流源自身的定义得到。

由图 3-30 可见，凡是直接与电压源相并联的元件(或网络)不起作用，可以直接去掉。

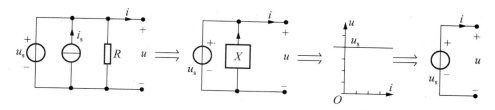

图 3-30　电压源与任意网络并联的等效

由图 3-31 可见，凡是直接与电流源相串联的元件（或网络）不起作用，可以用短路线替代。

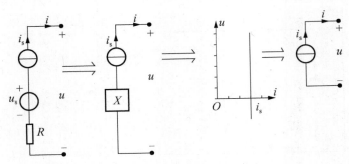

图 3-31　电流源与任意网络串联的等效

3.6.4　实际电源模型及变换

前面讨论的独立电源都是理想电源的情况，即电压源的电压与流过其中的电流无关，电流源的电流与其两端的电压无关。但是在实际应用中的各种电源，不可能具有如此理想的特性。比如，最常见的干电池新的时候和旧的时候以及所带的负载发生变化时，它的输出电压（即端口电压）是要随之发生变化的；又比如，实验室使用的稳压电源在采取了"稳压"的措施后，虽然它的输出电压可以在电流不超过额定值时基本不变，但电流的方向也是不能随意改变的。下面讨论实际电源的特性及其等效模型。

1. 实际电源的伏安特性

图 3-32(a) 为一个在其输出端接有负载电阻 R 的实际电源电路，当负载电阻 R 在 $0\sim\infty$ 变化时，测量得到的实际电源端口伏安特性曲线如图 3-32(b) 所示。从图 3-32 中可见，端口（输出）电压 u 将随输出电流 i 的变化而变化，不能再用之前的电压源或者电流源的特性加以定义。我们取曲线上的任意一点 Q（坐标为 (i, u)）来分析实际电源的伏安特性，显然，当 $i\neq 0$ 时，$u<u_s$（小于理想电压源的电压），或者当 $u\neq 0$ 时，$i<i_s$（小于理想电流源的电流）。造成这种变化的原因可以有以下两种解释，或者说可以用两种电路模型来加以描述。

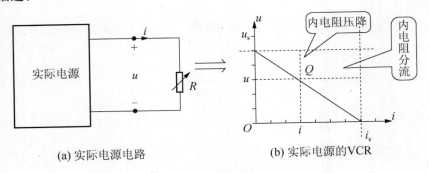

(a) 实际电源电路　　　　　　　　　(b) 实际电源的VCR

图 3-32　实际电源电路及伏安特性

2. 实际电源的两种模型

实际电源内部存在一个电压源 u_s，在其端口接上负载电阻 R 而形成回路后即产生输出电流 i，但由于电源内部与 u_s 相串联的内电阻 R_s（或称为电源的输出电阻 R_o）的存在，输出电流 i 在其上所产生的内电阻压降使输出电压 u 减小。即，实际电源可等效为电压源 u_s 与内电阻 R_s 相串联的电路组合——**戴维南模型**，如图 3-33(a) 所示。

显然有

$$u = u_s - R_s i \qquad (3-11)$$

或者说，实际电源内部存在一个电流源 i_s，在其端口接上负载电阻 R 而形成回路后即产生输出电流 i，但由于电源内部与 i_s 相并联的内电阻 R_s 的存在，电源将在其上产生分流而使输出电流 i 减小。即，实际电源可等效为电流源 i_s 与内电阻 R_s 相并联的电路组合——**诺顿模型**，如图 3-33(b) 所示。同理，有

$$i = i_s - \frac{u}{R_s} \qquad (3-12)$$

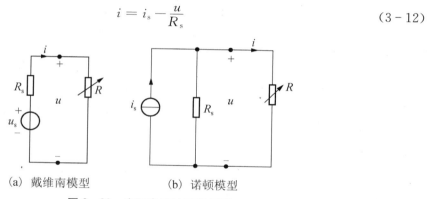

(a) 戴维南模型　　　　(b) 诺顿模型

图 3-33　实际电源的两种模型

3. 两种模型的等效变换

戴维南模型和诺顿模型是对同一个对象（任意实际电源，即图 3-32 所示的伏安特性曲线）的两种不同解释，显然，二者是等效的，可以互换的。两种模型的互换关系如图 3-34 所示，互换时需注意电压源与电流源的参考方向关系。

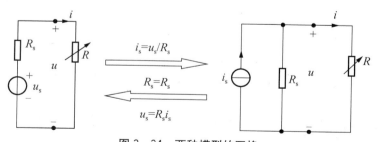

图 3-34　两种模型的互换

3.6.5　含源单口网络的等效变换(化简)

含源单口网络等效变换的方法是：对于串联结构关系的含源支路需使用戴维南模型合

并化简；对于并联结构关系的含源支路需使用诺顿模型合并化简。

对于一个由电阻和独立源组成的含源单口网络，先利用戴维南模型和诺顿模型的等效变换关系将其变换为规则的串、并联支路，再根据电阻、独立源的串并联等效关系将其合并（化简），反复运用以上方法可以将任意一个不含受控源的含源单口网络，化简为一个戴维南模型或者诺顿模型。

[例 3 - 12] 利用等效变换方法求图 3 - 35 电路的电压 U。

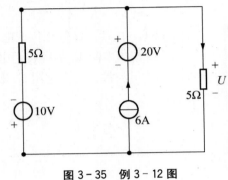

图 3 - 35　例 3 - 12 图

解： 变换过程及最简结果如图 3 - 36 所示。

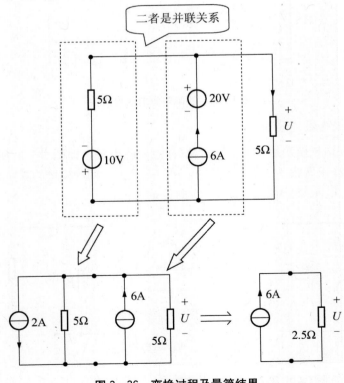

图 3 - 36　变换过程及最简结果

$$U = 2.5 \times 6 = 15 \text{ V}$$

从以上变换(化简)过程可见：①与 6A 电流源串联的 20V 电压源不起作用，直接用短路线代替；②两个电源支路之间是并联结构关系，故需统一变换为以电流源为核心的诺顿模型；③最终合并为仅含一个电流源和一个电阻的诺顿模型。

[**例 3 - 13**] 将图 3 - 37 电路化简为最简电路。

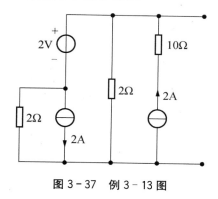

图 3 - 37　例 3 - 13 图

解： 变换过程如图 3 - 38 所示。

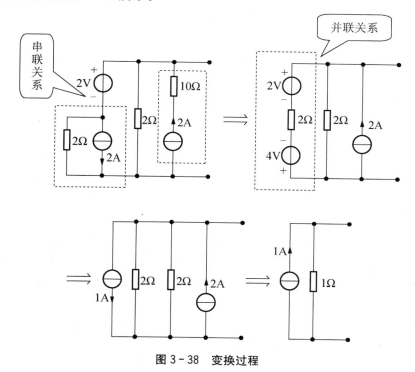

图 3 - 38　变换过程

从以上变换过程可见：①电路左边 2A 电流源与 2Ω 电阻并联构成的诺顿模型和其上部的 2V 电压源是串联结构，需变换为戴维南模型便于合并，另外，右边支路中与 2A 电流源串联的电阻不起作用；②第一步变换后得到的三条支路为并联关系，故需统一变换为诺顿模型以便于合并；③最终合并为仅含一个电流源和一个电阻的诺顿模型；④实际上也可以等效为由一个 1V 电压源与 1Ω 电阻相串联的戴维南模型。

[**例 3 - 14**] 将图 3 - 39 电路化简为最简电路。

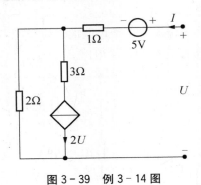

图 3 - 39　例 3 - 14 图

解：（1）将左边虚线内电路化简为一个 $4U$（图 3 - 40）的受控电压源与 2Ω 电阻相串联的戴维南模型，则这时整个电路仅有一条支路。

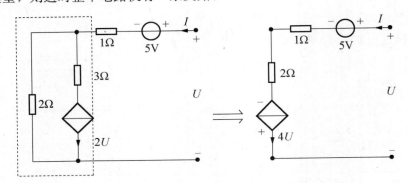

图 3 - 40　变换为一个便于求解的单回路电路

（2）得到如图 3 - 40 一段含源支路电路后，由于含有受控源使电路的进一步合并化简变得困难，这时可以对这段支路列写电路方程：

$$U = 5 + (1 + 2)I - 4U$$

即

$$U = 1 + 0.6I$$

3.4 节中的例 3 - 8 说过，含源单口网络的 VCR 总可以表示为 $u = A + Bi$ 的形式，所以上式即为一个含源单口网络的端口伏安关系式 VCR，据此画出的等效电路如图 3 - 41 所示，这就是图 3 - 39 化简后的最简等效电路。

实际上，由受控电压源与电阻串联的戴维南模型和由受控电流源与电阻并联的诺顿模型之间也是可以等效变换的，例 3 - 14 的第一步就利用了这个关系，只是由于含有受控源而使电路的进一步合并化简变得困难。对于任意复杂的单口网络的等效及化简，使用下面介绍的戴维南定理和诺顿定理可以更加方便和更具一般性地对其进行求解。

图 3 - 41　例 3 - 14 的最简
等效电路

3.7 戴维南定理及诺顿定理

戴维南定理(Thevenin's theorem，法国科学家 L·C·戴维南，1857—1926，于 1883 年提出的著名电路定理)和诺顿定理(Norton's theorem，贝尔实验室工程师爱德华·罗里·诺顿，1898—1983，于 1926 年提出，是戴维南定理的一个延伸或另一种表述)提供了求含源单口网络端口伏安关系式及等效电路的更具普遍性的形式和方法，是本章学习的重点内容。

3.7.1 定理的表述

任一含源线性单口网络 N，就其端口而言，可等效为一个电压源串联电阻组合支路(戴维南模型)；其电压源的电压等于该网络 N 端口开路时的电压 u_{oc}，串联电阻等于网络 N 中所有独立源置零时(这时可称为 N_0)的等效电阻 R_0——戴维南定理的表述。在端口电压 u 与端口电流 i 取如图 3-43 所示非关联参考方向时，可表示为

$$u = u_{oc} - R_0 i \tag{3-13}$$

或者说，任一含源线性单口网络 N，就其端口而言，可等效为一个电流源并联电阻组合电路(诺顿模型)；其电流源的电流等于该网络 N 端口短路时从端口流出的电流 i_{sc}，并联电阻等于网络 N 中所有独立源置零时的等效电阻 R_0——诺顿定理的表述。在端口电压 u 与端口电流 i 取如图 3-42 所示非关联参考方向时，可表示为

$$i = i_{sc} - G_0 u \tag{3-14}$$

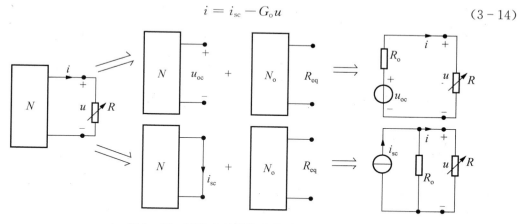

图 3-42 网络 N 的戴维南模型和诺顿模型

其中，式(3-14)中 $G_0 = 1/R_0$，戴维南定理和诺顿定理为任意含源线性单口网络给出了一个具有普遍意义的、简单明确的结果，也就是说，对于一个任意的含源线性单口网络，无论其结构如何复杂，就其外电路而言，总可以用由一个独立电源和一个电阻组成的最简电路组合等效置换。当然，关键就是如何求得这些电压源(或电流源)和电阻的值，这也是用戴维南定理(或诺顿定理)解题时需要解决的主要问题。

3.7.2 等效电路参数的求得

由上述可知，只要求得了单口网络 N 等效电路的参数开路电压 u_{oc}、短路电流 i_{sc} 和等效电阻 R_o，就可以根据需要得出网络 N 的戴维南模型或者诺顿模型，求得这些参数的常用方法有：等效变换化简法、二步法和一步法。

(1) 利用等效变换关系直接将单口网络化简——适合于不含受控源的情况（参见 3.6 节）；

(2) 二步法，即通过两个步骤求得 u_{oc} 或 i_{sc} 和 R_o。第一步用电路分析一般方法求 u_{oc} 或 i_{sc} 或 u_{oc} 和 i_{sc}；第二步求等效电阻（内阻）R_o，方法有两个

①由定义出发，命网络 N 中所有独立源为零，求出 N_0 的等效电阻，即为 R_o。此法建议在网络 N 不含受控源时使用。

②在网络 N 中含有受控源时，建议在第一步中同时求出 u_{oc} 和 i_{sc}，则等效电阻 $R_o = u_{oc}/i_{sc}$。

(3) 一步法，用求单口网络端口伏安关系的一般方法得到其 VCR 表达式，并将其整理为以下标准形式：

$$u = A + Bi$$

显然，其中的 A 即为 u_{oc}，B 即为 R_o，即

$$u = u_{oc} + R_o i$$

注意：在上式中，u 与 i 为关联的参考方向。

求解等效参数的方法有很多，在上述 3 种方法中，之所以方法一适合于不含受控源的情况，可以参见例 3-14。在二步法中的第二步求等效电阻时，如果电路不含有受控源，则 N_0 即为纯电阻网络，利用电阻的串并联关系可以轻松求得等效电阻 R_o；但是如果 N_0 含有受控源，则需采用"外加电源法"才能求得（参见 3.4 节），这时就不如用第二种方法方便。一步法可以仅需一个步骤就求出等效电路的所有参数，对于不太复杂的网络是比较方便的，但是在电路结构比较复杂时，可能仅写出电路的 VCR 就是比较困难的事情。

[例 3-15] 求图 3-43 电路中的电流 I。

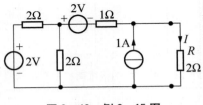

图 3-43 例 3-15 图

解：(1) 分解。将待求支路分离，得到含源单口网络 N，如图 3-44 所示。

(2) 等效变换。将含源单口网络等效化简为一个戴维南模型或者诺顿模型。

解法一：用等效变换方法，变换过程及诺顿模型如图 3-45 所示。

解法二：用二步法，分以下两步进行。

第一步，求网络 N 的端口开路电压 u_{oc}，开路电压即为端口支路电流为零时的端口电

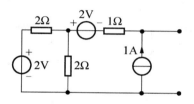

图 3-44 分离得到的单口网络 N

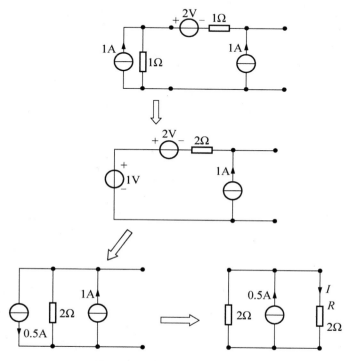

图 3-45 变换过程及诺顿模型

压，即

$$u_{oc} = 1 \times 1 - 2 + 1 \times (1+1) = 1 \text{ V}$$

第二步，将网络 N 中所有独立源置零得无源网络 N_0（图 3-46），易得

$$R_o = 2 /\!/ 2 + 1 = 2 \ \Omega$$

在得到开路电压 u_{oc} 和等效电阻 R_o 后，即可画出戴维南模型如图 3-47 所示。

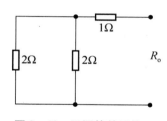

图 3-46 无源等效网络 N_0

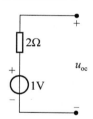

图 3-47 戴维南模型

（3）还原求解。将第一步分离出去的待求支路 2Ω 电阻还原到网络 N（即以上得到的戴维南模型或诺顿模型）中，得到一个单回路或者单节点偶电路，以此求解电流 I。

$$I = \frac{1}{2+2} = 0.25 \text{ A}$$

或

$$I = \frac{1}{2} \times 0.5 = 0.25 \text{ A}$$

[**例 3 - 16**] 试证明，若含源单口网络的开路电压为 u_{oc}，短路电流为 i_{sc}，则其等效电阻 $R_o = u_{oc}/i_{sc}$。

解： 由戴维南定理可知，任意含源单口网络 N 可等效为一个电压源 u_{oc} 与电阻 R_o 的串联电路，如图 3 - 48 所示。

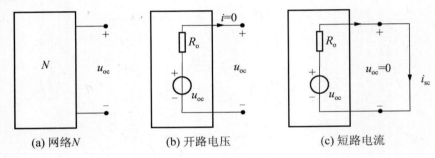

(a) 网络 N　　(b) 开路电压　　(c) 短路电流

图 3 - 48　例 3 - 16 图

则该网络 N 端口短路时从端口流出的电流为

$$i_{sc} = u_{oc}/R_o$$

即

$$R_o = u_{oc}/i_{sc}$$

得证。

[**例 3 - 17**] 求图 3 - 49 电路中的电压 U_o。

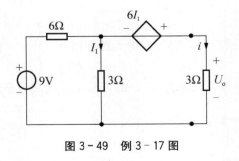

图 3 - 49　例 3 - 17 图

解：（1）分解。将待求支路 3Ω 分离，得单口网络 N，如图 3 - 50 所示。

（2）求等效电路。

解法一，二步法，分以下两步进行。

第一步，求开路电压 u_{oc} 和短路电流 i_{sc}，用图 3 - 50 电路求开路电压。

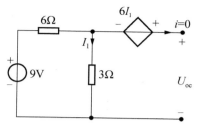

图 3-50　开路电压

$$u_{oc} = 6I_1 + 3 \times I_1$$
$$I_1 = 9/(6+3) = 1\ A$$

解得

$$u_{oc} = 9\ V$$

用图 3-51 电路求短路电流(用网孔法)。

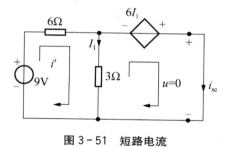

图 3-51　短路电流

左网孔

$$(6+3)i' - 3i_{sc} = 9$$

右网孔

$$3i_{sc} - 3i' = 6I_1$$

补充方程

$$I_1 = i' - i_{sc}$$

解得

$$i_{sc} = 1.5\ A$$

第二步，求等效电阻 R。

$$R_o = u_{oc}/i_{sc} = 9/1.5 = 6\ \Omega$$

解法二，一步法。直接对分离得到的单口网络列写 $u\text{-}i$ 伏安关系式，为方便将端口电流的参考方向改为流入，并引入电流 i'(图 3-52)，有

$$u = 6I_1 + 3I_1$$

又

$$\begin{cases} I_1 = i + i' \\ i' = \dfrac{9 - 3I_1}{6} \end{cases}$$

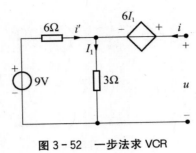

图 3 - 52　一步法求 VCR

联解得

$$u = 9 + 6i$$

即

$$u_{oc} = 9\text{ V}, \quad R_o = 6\text{ }\Omega$$

(3) 还原求解。将待求支路 3Ω 电阻还原的等效电路如图 3 - 53 所示。

由图 3 - 54 可知

$$U_o = \frac{3}{6+3} \times 9 = 3\text{ V}$$

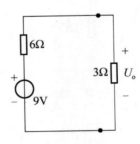

图 3 - 53　还原求 U_o

从以上求解过程可见，由于本例电路中含有受控源，故不宜用等效变换化简的方法求等效电路和将网络中独立源置零后求等效电阻的方法求解，而使用二步法或者一步法比较方便。

[**例 3 - 18**] 重做例 3 - 14，将图 3 - 40 电路化简为一个戴维南模型或者诺顿模型电路（见图 3 - 54）。

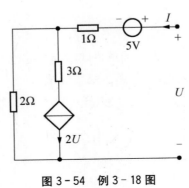

图 3 - 54　例 3 - 18 图

解： 由于电路含有受控源，宜用二步法或者一步法求解，另外，先利用等效变换的方法将电路变换为一个单回路(一段含源支路)或者单节点偶电路，以方便求解。

（1）将图 3 - 55 左边虚线内电路化简为一个 $4U$ 的受控电压源与 2Ω 电阻相串联的戴维南模型，这时整个电路即为一个单回路电路。

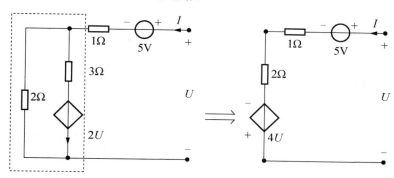

图 3 - 55 变换为一个便于求解得单回路电路

（2）在得到如图 3 - 55 单回路(一段含源支路)电路后，用二步法或者一步法求等效电路的参数。

解法一，二步法，分以下两步进行。

第一步，求开路电压和短路电流。

开路电压为（$I = 0$）

$$u_{oc} = 5 + (1+2)i - 4u_{oc}$$

解得

$$u_{oc} = 1\,\text{V}$$

短路电流为（$U = 0$）

$$i_{sc} = (5 - 4U)/(1+2) = 5/3\,\text{A}$$

第二步求等效电阻。

$$R_o = u_{oc}/i_{sc} = 0.6\,\Omega$$

解法二，一步法。直接对端口列写 $u\text{-}i$ 伏安关系式有

$$U = 5 + (1+2)I - 4U$$

整理得

$$U = 1 + 0.6I$$

即

$$u_{oc} = 1\,\text{V}, R_o = 0.6\,\Omega$$

由以上求解过程可见，对复杂电路的求解可以各种方法结合使用，尽量将电路变换为结构简单、关系清楚的形式后再行求解，这样可以使求解更加方便，也可以减少出错的机会。

3.8 最大功率传输定理

从电源将电能(信号)传输到负载通常需要关心两个问题。一是强调功率传输的效率。比如,电力供电系统就是最好的例子,电能从发电厂产生、经传输送到每个用户,如果功率传输效率低,则将有很大部分电能被消耗在电力传输系统中,这将造成浪费同时对电力传输系统本身也造成威胁。二是强调功率传输时负载能否获得最大功率。这在电子、通信系统中最能说明问题,因为在电子系统中(尤其是系统前端)传输的信号是非常微弱的,则在传输过程中信号能量(功率)的充分利用就显得十分重要。下面就最大功率传输问题进行讨论。

戴维南定理和诺顿定理指出,任意含源线性单口网络(包括实际电源和信号源)可以等效为一个独立源和一个电阻的电路组合,则在其端口上连接负载电阻 R_L 后可等效为如图 3-56 所示电路。简单分析可知,当负载电阻 R_L 很大时由于流过其中的电流 i 较小,因而负载功率 i^2R_L 并不大;当电阻 R_L 减小时电流 i 随之增大,但当负载电阻 R_L 很小时,负载功率也是不大的;只有在 R_L 和 i 都有一个合适的数值时,负载功率才可能达到最大值,即,当负载电阻 R_L 在 $0 \sim \infty$ 之间变化时将有一个合适的电阻值可使其得到最大的功率。下面以图 3-56(b) 电路为例,讨论电路的最大功率传输问题。

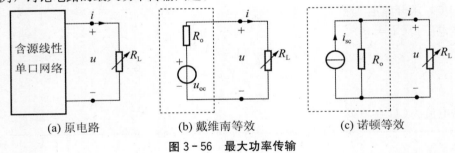

(a) 原电路   (b) 戴维南等效   (c) 诺顿等效

图 3-56 最大功率传输

由图 3-56(b) 电路可知,负载电阻的功率为

$$p = i^2 R_L = \left(\frac{u_{oc}}{R_o + R_L}\right)^2 R_L$$

对上式求导,在 $\mathrm{d}p/\mathrm{d}R_L = 0$ 时,可得到使 p 最大的 R_L 值,即

$$\frac{\mathrm{d}p}{\mathrm{d}R_L} = u_{oc}^2 \left[\frac{(R_o + R_L)^2 - 2(R_o + R_L)R_L}{(R_o + R_L)^4}\right]$$

$$= \frac{u_{oc}^2 (R_o - R_L)}{(R_o + R_L)^3} = 0$$

即

$$R_L = R_o \tag{3-15}$$

且由于

$$\left|\frac{\mathrm{d}^2 p}{\mathrm{d}R_L^2}\right|_{R_L = R_o} = -\frac{u_{oc}^2}{8R_o^3} < 0$$

则，p 为最大值，这时

$$p_{\max} = \frac{u_{oc}^2}{4R_L} \tag{3-16}$$

显然，使用诺顿等效电路时有

$$p_{\max} = \frac{i_{Sc}^2}{4G_L} \tag{3-16}'$$

可见，当含源线性单口网络所接负载电阻 R_L 等于戴维南（或诺顿）等效电阻 R_o 时可实现最大功率传输——最大功率传输定理。即，当满足条件 $R_L = R_o$ 时（这种情况称为负载电阻 R_L 与电源内阻 R_o 相匹配），负载电阻可得到最大功率，这时的功率由式（3-16）确定。

[例3-19] 电路如图 3-57(a)所示。

(1) 求 R_L 在为何值时可得到最大功率，这时的 $p_{\max}$ 为多少。

(2) 当 R_L 得到最大功率时，求 360V 电源产生的功率有多少传输给了 R_L（传输效率 η）。

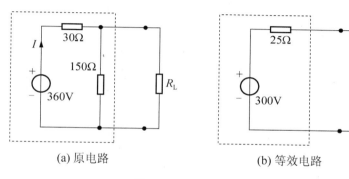

(a) 原电路 (b) 等效电路

图 3-57 例 3-19 图

解： 先将原电路等效变换为图 3-57(b)所示电路，即

$$u_{oc} = 300\ V,\ R_o = 25\ \Omega$$

(1) 根据最大功率传输定理，当 $R_L = R_o = 25\ \Omega$ 时，R_L 可得到最大功率，其功率为

$$p_{\max} = \frac{300^2}{4 \times 25} = 900\ W$$

或

$$p_{\max} = \frac{150^2}{25} = 900\ W$$

(2) 当 $R_L = 25\ \Omega$ 时，其端电压（即含源单口网络的输出电压）为开路电压 u_{oc} 的一半，即 150V。于是，原电路中流过 360V 电压源的电流为

$$I = \frac{360 - 150}{30} = 7\ A$$

则 360V 电压源所产生的功率为

$$P_S = -360 \times 7 = -2520\ W$$

这时电路的传输效率为

$$\eta = \frac{p_{\max}}{P_{\mathrm{S}}} = \frac{900}{2520} \times 100\% = 35.71\%$$

例 3–19 澄清了一个容易引起误读的重要事实，我们计算负载最大功率时是使用等效电路求解的，一般认为，当满足 $R_{\mathrm{L}} = R_{\mathrm{o}}$ 条件使负载电阻得到最大功率时，电源内阻 R_{o} 得到的功率也相同，即传输效率为 50%。实际上，假如原电路确实就是一个含有内阻为 R_{o} 的电压源，那么，在负载电阻得到最大功率时，传输效率确实为 50%。但是，一般地单口网络(图 3–57(a))与它的等效电路(图 3–57(b))就其功率而言是不等效的，由等效电阻 R_{o} 求得的功率一般并不等于网络内部消耗的功率(比如，本例中等于 1470W + 150W = 1620W)，因此，当负载电阻得到最大功率时，其功率传输效率未必为 50%。

[**例 3–20**] 在图 3–58(a)电路中，电阻 R 可调，当 $R = 1\Omega$ 时，所得到的最大功率 $p_{\max} = 36$ W，求受控源的控制系数 β 和电流源 I_{s} 的值。

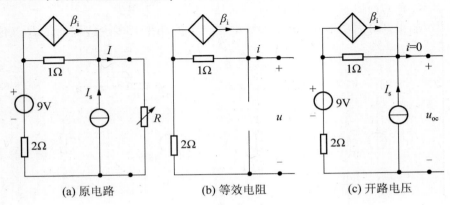

(a) 原电路　　　　(b) 等效电阻　　　　(c) 开路电压

图 3–58　例 3–20 图

解: (1) 由已知条件，先求等效电阻 R_{o} 比较方便。将原电路中所有独立源置零后的等效电路如图 3–58(b)所示，采用外加电源法求等效电阻 R_{o} 有

$$u = \beta i - (1 + 2)i = (\beta - 3)i$$

即

$$R_{\mathrm{o}} = -\frac{u}{i} = 3 - \beta \qquad (u、i \text{ 为非关联参考方向})$$

根据最大功率传输条件

$$R = R_{\mathrm{o}} = 3 - \beta = 1\ \Omega$$

故得

$$\beta = 2$$

(2) 由图 5–38(c)可求得开路电压 u_{oc}

$$u_{\mathrm{oc}} = (1 + 2)I_{\mathrm{s}} + 9$$

由于已知最大功率为 36W，故有

$$p_{\max} = \frac{u_{\mathrm{oc}}^2}{4R_{\mathrm{L}}} = \frac{u_{\mathrm{oc}}^2}{4 \times 1} = 36\mathrm{W}$$

解得

$$u_{\text{oc}} = 12 \text{ V}$$

又由

$$u_{\text{oc}} = (1+2)I_{\text{s}} + 9 = 12\text{V}$$

解得

$$I_{\text{s}} = 1 \text{ A}$$

3.9 特勒根定理及互易定理

本节介绍两个小定理——特勒根定理和互易定理，并引入几个有用的概念和方法。

3.9.1 特勒根定理

特勒根定理有两种表述。

特勒根定理表述 1(功率定理)：对于一个有 n 个节点、b 条支路的电路，若各支路电压电流取关联的参考方向，则在任意时刻 t，有

$$\sum_{k=1}^{b} u_k i_k = 0 \tag{3-17}$$

这实际上描述的是，在一个完整的电路系统中，所有元件功率的代数和为零——功率守恒。所以很多时候我们可以利用功率守恒关系作为计算结果的检验工具。

特勒根定理表述 2(拟功率定理)：有两个拓扑结构相同但所用元件不同的，具有 n 个节点、b 条支路的电路，若各支路电流电压取关联的参考方向，则在任意时刻 t，有

$$\sum_{k=1}^{b} u_k \hat{i}_k = 0 \tag{3-18}$$

$$\sum_{k=1}^{b} \hat{u}_k i_k = 0 \tag{3-18}'$$

在式(3-17)中是不同网络的电压电流的乘积，它们不能理解为功率守恒关系，故称为"拟功率定理"。对拟功率定理的证明(从略)仅需基尔霍夫定律即可完成，也就是说它与元件约束无关，对于任何集总电路，不管它包含何种元件，是线性的还是非线性的，有源的还是无源的，时变的还是非时变的，拟功率定理均成立。

完全由线性电阻元件构成的，具有两个端口的纯电阻网络 N_{R}，与电源和负载电阻构成网络 N 和 $\hat{N}$(如图3-59(a)、(b)所示)，对其运用特勒根定理表述2可得

$$u_1(-\hat{i}_1) + u_2\hat{i}_2 + \sum_{k=1}^{b-2} u_k \hat{i}_k = 0$$

$$\hat{u}_1(-i_1) + \hat{u}_2 i_2 + \sum_{k=1}^{b-2} \hat{u}_k i_k = 0$$

其中，网络 N 中第 k 条支路的电压为 $u_k = R_k i_k$，网络 $\hat{N}$ 中第 k 条支路的电压为 $\hat{u}_k = R_k \hat{i}_k$，故有

$$\sum_{k=1}^{b-2} u_k \hat{i}_k = \sum_{k=1}^{b-2} R_k i_k \hat{i}_k = \sum_{k=1}^{b-2} \hat{u}_k i_k$$

结合前式可得

$$u_1(-\hat{i}_1) + u_2\hat{i}_2 = \hat{u}_1(-i_1) + \hat{u}_2 i_2 \tag{3-19}$$

这是拟功率定理的又一种表述。

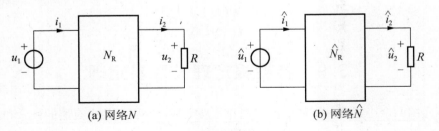

(a) 网络N (b) 网络$\hat{N}$

图 3-59　特勒根定理的又一表述

[例 3-21] 图 3-60(a)、(b)电路中的 N 仅由电阻构成，已知 $u_{s1} = 10\,\mathrm{V}$ 时，$i_1 = 2\,\mathrm{A}$，$i_2 = 1\,\mathrm{A}$。当接入 $u_{s2} = 5\,\mathrm{V}$ 电源后，求流经 u_{s1} 的电流 i_1'。

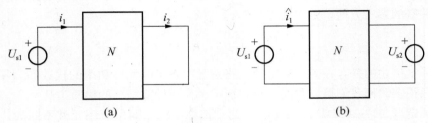

图 3-60　例 3-21 图

解：根据拟功率定理：

$$u_1(-\hat{i}_1) + u_2\hat{i}_2 = \hat{u}_1(-i_1) + \hat{u}_2 i_2$$

其中，$u_1 = u_{s1} = 10\,\mathrm{V}$，$u_2 = 0$，$\hat{u}_1 = u_{s1} = 10\,\mathrm{V}$，$\hat{u}_2 = u_{s2} = 5\,\mathrm{V}$，故有

$$-10\hat{i}_1 = 10 \times (-2) + 5 \times 1$$

解得

$$\hat{i}_1 = 1.5\,\mathrm{A}$$

3.9.2　互易定理

先通过图 3-60 只有一个独立源的线性电阻电路的例子来看看线性电路"因果互易"的性质。

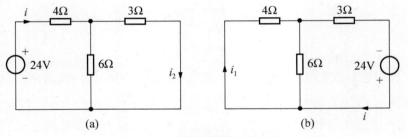

(a)   (b)

图 3-61　线性电路的互易关系

图 3-61(a)中 24V 电压源在 3Ω 电阻支路的电流 i_2 为

$$i_2 = \frac{6}{6+3} \times \frac{24}{4+6 /\!/ 3} = \frac{8}{3} \text{ A}$$

将 24V 电压源移至电流 i_2 位置，其原处用短路线代替后的电流为 i_1，如图 3-61(b)所示，这时电流 i_1 为

$$i_1 = \frac{6}{6+4} \times \frac{24}{3+6 /\!/ 4} = \frac{8}{3} \text{ A}$$

计算得出了 $i_1 = i_2$ 的结果。一般地，对于一个不含受控源的线性纯电阻电路，在单个激励情况下，当激励与响应互换位置后，其响应将保持不变——互易定理。互易定理有以下三种表现形式。

（1）形式一：如图 3-62(a)所示电路中，如果电压源 u_s 在某支路的响应为 i_2，当激励与响应互换位置后有 $i_1 = i_2$，如图 3-62(b)所示。

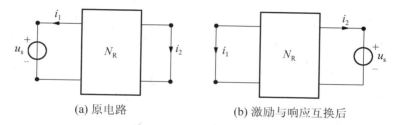

(a) 原电路　　　　　　　　(b) 激励与响应互换后

图 3-62　互易关系形式一

（2）形式二：如图 3-63(a)所示电路中，如果电流源 i_s 在某支路的响应为 u_2，当激励与响应互换位置后有 $u_1 = u_2$，如图 3-63(b)所示。

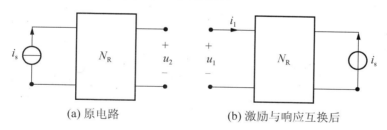

(a) 原电路　　　　　　　　(b) 激励与响应互换后

图 3-63　互易关系形式二

（3）形式三：如图 3-64(a)所示电路中，如果电流源 i_s 在某支路的响应 i_2，将激励与响应互换位置，若设在数值上 $u_s = i_s$，则响应 u_1 与 i_2 亦有数值的等值关系，如图 3-64(b)所示。

对于互易定理的适用性和处理方法至少应注意以下几点：

（1）互易性质是线性电路的又一重要性质，针对只有一个激励的纯电阻（不含受控源）双口网络中，激励与响应支路中电流电压互换关系。

（2）互易前后应保持网络的拓扑结构及参数不变，电流电压的参考方向不变。

（3）由于互易定理可用特勒根定理证明，故可用互易定理求解的问题，一般都可以用特勒根定理求解。

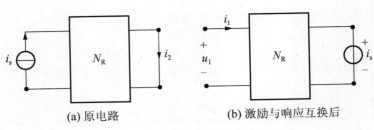

(a) 原电路　　　　　　　　(b) 激励与响应互换后

图 3-64　互易关系形式三

3.10　EWB 复杂直流电路的仿真

本节通过几个例子利用 EWB 软件验证常用的线性电路定理，熟悉 EWB 软件的使用，加深线性电路定理的理解。

[例 3-22] 用 EWB 分析例 3-15 电路中的电流 I。

解： 将待求支路分离，得到含源单口网络，在 EWB 电路工作区建立仿真电路，求解单口网络的戴维南等效电路。如图 3-65 所示建立戴维南等效电压 u_{oc} 的仿真电路，图中电压表所示数据即为戴维南等效电压值 u_{oc}（原网络开路时的端口电压）。

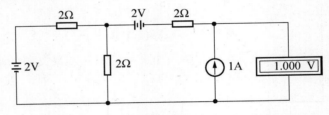

图 3-65　戴维南等效电压 U_∞ 仿真电路

戴维南内电阻 R_o 等于原网络端口的开路电压 u_{oc} 与端口短路电流 i_{sc} 的比值。短路电流 i_{sc} 可在原网络两端连接一个电流表来测量得到，如图 3-66 所示为测试二端网络短路电流仿真电路，图中电流表所示数据即为短路电流 I_{sc}，则 $R_o = \dfrac{u_{oc}}{i_{sc}} = \dfrac{1}{0.4998} \approx 2\Omega$。确定戴维南电阻 R_o 的另一种方法是，将含源网络中所有的电压源用短路线代替，把所有的电流源断路，这时输出端的等效电阻就是 R_o。

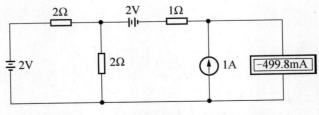

图 3-66　二端网络短路电流仿真电路

通过 EWB 分析得到的戴维南等效电路与例 3-15 中的分析结果一致。另外，也可用外加测试电源直接求端口的 $u-i$ 关系曲线，从而得到戴维南等效电路。

[例 3-23] 用 EWB 分析图 3-61 所示电路的互易关系。

解： 在 EWB 电路工作区内建立如图 3-67 所示的仿真电路。

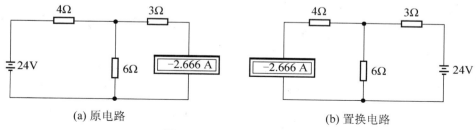

(a) 原电路　　　　　　　　　(b) 置换电路

图 3-67　图 3-61 仿真电路

图 3-67(a)中 24V 电压源为激励信号，流过 3Ω 电阻的电流为响应，响应电流值如图中电流表所示；在图 3-67(b)中，将激励与响应信号互换位置，响应电流值不变。进行多次这种互易电源位置的分析，都可以得到相同的结果。如图 3-68 所示为另一个仿真电路。

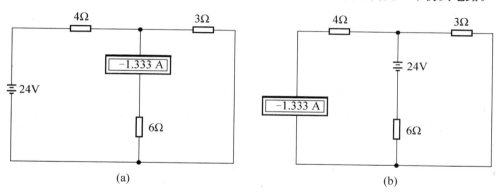

(a)　　　　　　　　　(b)

图 3-68　互易电源位置分析仿真电路

图 3-68(a)中 24V 电压源为激励信号，流过 6Ω 电阻的电流为响应，响应电流值如图中电流表所示；在图 3-68(b)中，将激励与响应信号互换位置，响应电流值仍然不变，均满足互易定理。

本 章 小 结

本章着重讨论了利用电路定理对复杂电路求解的方法。深刻理解线性电路的叠加、分解和变换三个重要概念，牢固掌握单口网络的概念、伏安关系和等效关系，牢固掌握戴维南定理、诺顿定理并能快速准确地求出其等效模型参数。熟练地运用电路定理对复杂电路分析和求解，对本课程和后续课程的学习以及工程应用是非常重要的。

线性电路的齐次性表明网络中只有一个独立源时响应与激励成正比，即 $y = kx$；叠加性是线性电路的重要属性，它表明在有多个独立源作用于电路时，其响应可等效地表示为每一个独立源单独作用时所产生响应的代数和，即 $y = \sum_{M} H_m x_m$。

分解方法将复杂的电路网络分解成两个单口子网络，在得到了单口网络端口伏安关系或进行等效替换后用于对电路的分析，可使电路的求解变得更加方便。单口网络的伏安关系可用电路模型、约束关系或者等效电路表示，一般可用外加电源法求得。

如果网络 N 和 N' 的端口伏安关系相同，则两网络等效；交换地用两等效网络与另一网络 M 相连接，可求得相同的结果。

任一只含有电阻和受控源的无源单口网络可等效为一个电阻。

多个电压源串联可等效为一个电压源，多个电流源并联可等效为一个电流源，任何与电压源直接并联或与电流源直接串联的元件(或网络)不起作用。

任一含源单口网络(或实际电源模型)可等效为一个电压源与电阻串联的戴维南模型或一个电流源与电阻并联的诺顿模型，且两模型间可等效互换。

求戴维南或诺顿等效模型参数开路电压 u_{oc}、短路电流 i_{sc} 和内阻 R_o 的常用方法有如下几种。

等效变换法：对于串联结构电路可用戴维南模型合并化简，并联结构电路可用诺顿模型合并化简，最终，等效化简为仅含一个电源和一个电阻的等效电路模型。此法适合于不含受控源的情况。

二步法：第一步，求出含源单口网络的开路电压 u_{oc}（或短路电流 i_{sc}）；第二步，求单口网络的内阻 R_o，在不含受控源时用将网络内独立源置零后求端口等效电阻的方法比较方便，在含有受控源时通过求出 i_{sc}（或 u_{oc}）后由式 $R_o = u_{oc}/i_{sc}$ 求得比较方便。

一步法：利用外加电源法直接求得单口网络端口伏安关系表达式，并整理为标准格式 $u = A + Bi = u_{oc} + R_o i$，从而由式中得到等效模型参数 u_{oc} 和 R_o。

当负载电阻等于含源单口网络等效模型的内阻，即 $R_L = R_o$ 时，可获得最大功率。

特勒根定理表明了一个完整电路系统中的功率守恒关系；互易定理表明对于一个纯电阻双口网络，激励和响应的位置交换后其结果不变。

习　　题

3-1　图 3-69 所示电路，当 $U_s = 120V$ 时，求得 $I_1 = 3A$，$U_2 = 50V$，$P_3 = 60W$。若 U_s 改变为 60V，则 I_1、U_2、P_3 各等于多少？

3-2　利用电路的齐次性求图 3-70 所示电路中的 U_0。

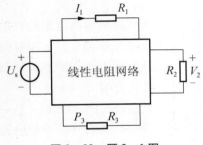

图 3-69　题 3-1 图

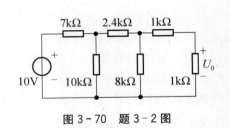

图 3-70　题 3-2 图

3-3 图3-71所示电路中的电阻 R 其阻值范围为 $1\sim100\text{k}\Omega$。利用电路齐次性求出 u_x 和 i_x 取值的上、下限。利用EWB软件的"参数扫描分析"进行仿真验证。

3-4 对图3-72所示的电位器电路：

(1) 找出 $k = \dfrac{u_o}{u_s}$ 与滑动端位置 x 的关系。

(2) $k-x$ 曲线是线性的还是非线性的？

(3) 如果(2)的答案为非线性的，是否意味着电路是非线性电路？并做出解释。

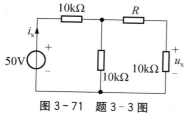

图3-71 题3-3图

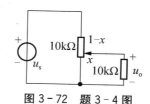

图3-72 题3-4图

3-5 电路如图3-73所示，试求转移电流比 i/i_s，转移电阻 u/i_s；若 $i_s = 0.6\text{mA}$，试求 i 和 u。

3-6 电路如图3-74所示，试求转移电阻 u_o/i_s。已知 $g = 2\text{S}$。

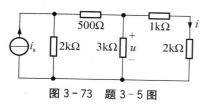

图3-73 题3-5图

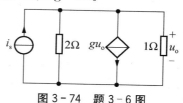

图3-74 题3-6图

3-7 利用叠加定理求图3-75电路中 I_0，用EWB仿真软件验证叠加方法的正确性。

3-8 设图3-76中的100V电源突然升高至120V，求电压 U_0 有多大的变化。

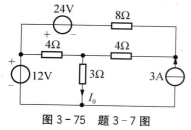

图3-75 题3-7图

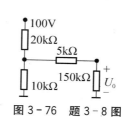

图3-76 题3-8图

3-9 设图3-77中的48V电源突然降低为24V，求电流 I_2 有多大的变化。

3-10 应用叠加定理求图3-78中的 I_x。

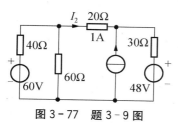

图3-77 题3-9图

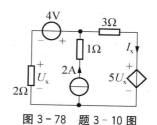

图3-78 题3-10图

3-11 表 3-2 给出了一个线性电阻电路对于不同输入所产生的输出电压 u_o，试写出输出-输入的函数关系。

表 3-2　线性电路输出-输入关系

输入		输出	
u_{s1}/V	u_{s2}/V	u_{s3}/V	u_o/V
0	4	-6	0
2	0	-3	1.5
2	4	0	2

3-12　一线性无源网络 N_0 如图 3-79 所示，其内部结构不详。已知当 $U_s=5\text{V}$，$I_s=2\text{A}$ 时，$I_o=1\text{A}$；当 $U_s=2\text{V}$，$I_s=4\text{A}$ 时，$I_o=2\text{A}$；求 $U_s=1\text{V}$，$I_s=1\text{A}$ 时，$I_o=?$。

3-13　图 3-80 为数字模拟转换电路模型，其中开关 2^0、2^1、2^2 分别与三位二进制数相对应。当二进制数为"1"时开关接入电压 U_s；为"0"时，开关接地。设 $U_s=12\text{V}$，应用叠加定理求二进制数分别为"111"及"101"时的输出电压 U_0。用 EWB 仿真方法研究电路的特性。

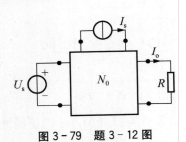

图 3-79　题 3-12 图

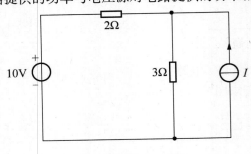

图 3-80　题 3-13 图

3-14　图 3-81 所示为直流电阻电路。

(1) 若电流源为电路提供的功率为零，求电流 I；

(2) 若电压源为电路提供的功率为零，求电流 I；

(3) 若电流源为电路提供的功率与电压源对电路提供的功率相等，求电流 I。

图 3-81　题 3-14 图

3-15　电路如图 3-82 所示，其中 $g=1/2\,\text{S}$。

(1) 使用叠加方法求电压 u。

（2）求电压源、电流源和受控源对电路提供的功率。

3-16 将图 3-83 中的各含源单口网络化简为由一个电阻和一个电源组成的等效电路模型。

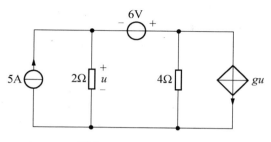

图 3-82 题 3-15 图

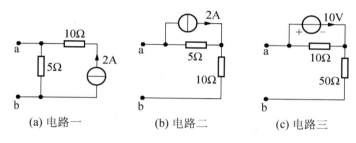

(a) 电路一　　　　(b) 电路二　　　　(c) 电路三

图 3-83 题 3-16 图

3-17 将图 3-84 所示各二端网络化简为最简电路模型。

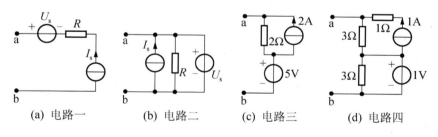

(a) 电路一　　(b) 电路二　　(c) 电路三　　(d) 电路四

图 3-84 题 3-17 图

3-18 测得某如图 3-85(a) 所示二端网络 N 的端口 i-u 关系特性曲线如图 3-85(b) 所示，求出二端网络的等效电路。

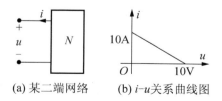

(a) 某二端网络　　(b) i-u 关系曲线图

图 3-85 题 3-18 图

3-19 用电路化简的方法求图 3-86 电路中 v_x 和 i_x。

3-20 已知图3-87(a)所示二端网络的输入电阻 $R_{eq}=200\Omega$。

(1) 该结果说明二端网络的方框部分电路 N 中必定含有受控源，为什么？

(2) 假定图题3-87(a)所示电路中方框部分电路如图题3-87(b)所示，试确定使 $R_{eq}=200\Omega$ 的 β 的值。

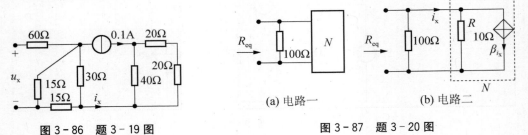

图3-86 题3-19图   图3-87 题3-20图

3-21 将图3-88的二端网络化简为最简等效模型。

3-22 对图3-89电路等效变换（化简）后，求其中的电流 I。

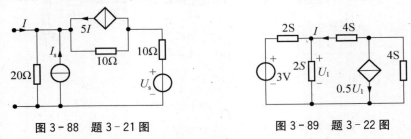

图3-88 题3-21图   图3-89 题3-22图

3-23 求图3-90所示各二端网络的输入电阻 R_{ab}。

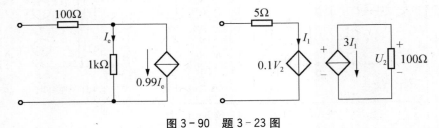

图3-90 题3-23图

3-24 利用 Y-△ 变换求图3-91所示电路的等效电阻 R_{ab}，图中所有电阻均为 10Ω。

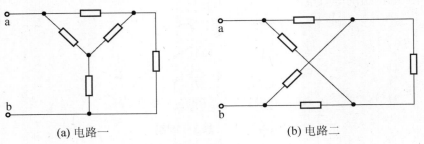

(a) 电路一   (b) 电路二

图3-91 题3-24图

3-25　图3-92所示电路中每个电阻的阻值均为 R，测得 AB 间等效电阻 R_{eq} 为 $\frac{10}{9}\Omega$，试确定 R 的值为多少？

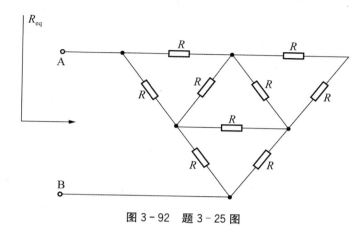

图 3-92　题 3-25 图

3-26　图3-93所示为桥 T 形电路。利用 Y-△变换方法化简电路，证明 $u_0 = \frac{u_s}{2}$。

3-27　电路如图3-93所示。

(1) 作出图3-94电路的戴维南或诺顿等效电路。

(2) 计算电路在 AB 端接 10Ω 电阻时所获得的功率。

(3) 将一个 5V 电压源的正极接 A，负极接 B，计算 5V 电压源获得的功率。

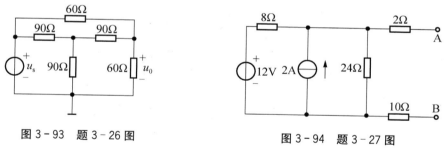

图 3-93　题 3-26 图　　　　　　图 3-94　题 3-27 图

3-28　求图题3-95所示单口网络的 VCR。

3-29　使用外加电源法求图题3-96所示含源单口网络的 VCR，并绘出伏安特性曲线。

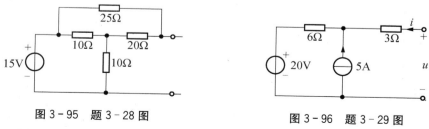

图 3-95　题 3-28 图　　　　　　图 3-96　题 3-29 图

3-30　图3-97所示电路中，已知 $U_2 = 12.5V$，若将 ab 两端短路，短路电流 $I_{sc} =$

10mA，求网络 N 在 ab 两端的戴维南等效电路。

3-31 已知图3-98所示电路中 AB 两端伏安特性为 $U=2I+10$，其中 U 的单位为伏特，I 的单位为毫安。现已知 $I_s=2\text{mA}$，求 N 的戴维南等效电路。

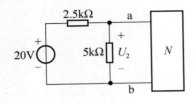

图3-97 题3-30图

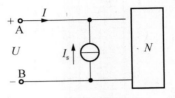

图3-98 题3-31图

3-32 求图3-99所示电路的戴维南等效电路。

3-33 图3-100所示电路为某电压放大器的等效电路。

(1) 当 $u_s=10\text{mV}$，$R_f=50\text{k}\Omega$ 时，求输出电压 u_2 和电流增益 $\dfrac{i_2}{i_1}$。

(2) 求输入电阻 $R_{in}=\dfrac{u_1}{i_1}$。

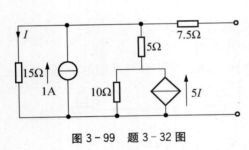

图3-99 题3-32图

图3-100 题3-31图

3-34 对一个实际电源，在其端电压、电流为非关联参考方向下，测的它们间的关系见表3-3。

表3-3 题3-34电压电流关系表

u/V	12	11	10	7	4	0
i/A	0	5	10	20	30	40

(1) 绘出 u-i 特性曲线。

(2) 建立适用于 $0\leqslant i\leqslant10\text{A}$ 范围内的电路模型。

(3) 使用这一模型，预计流入接在该电源两端的 5.8Ω 电阻中的电流。

(4) 使用这一模型预计电源的短路电流是多少？

(5) 实际的短路电流是多少？

(6) 为什么(4)、(5)的结果不一致？

3-35 图3-101所示的惠斯顿电桥在 $\Delta R=0$ 时平衡，当其下右臂电阻有微小变化 ΔR 时，电桥将有微小失衡。

（1）证明对 $\Delta R \ll R$，从 AB 端看进去的戴维南等效电路为

$$u_{oc} = \left(\frac{\Delta R}{R}\right)\left(\frac{u_{cc}}{4}\right), R_o = R$$

（2）将一只 $R_M = 20\Omega$ 的电流表接在 AB 之间，试计算当 $u_{cc} = 15V$，$R = 10k\Omega$，$\Delta R/R = 1\%$时电流表读数。

3-36　在图 3-102 电路中，调整 R_L 的阻值使其获得最大功率，求出此时的 R_L 和 $\dfrac{u_0}{u_s}$。

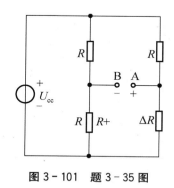

图 3-101　题 3-35 图

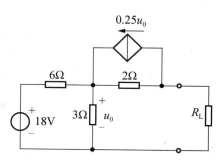

图 3-102　题 3-36 图

3-37　对于图 3-103 所示电路，求 R_L 为何值时可获得最大功率及最大功率值为多少。

3-38　调整图 3-104 所示电路中的负载电阻 R_L，使其获得最大功率，求出此最大功率及其对应的 R_L 的值。

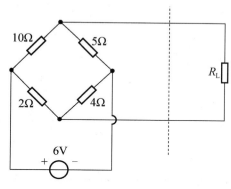

图 3-103　题 3-37 图

图 3-104　题 3-38 图

3-39　图 3-105 所示电路中已知 $u_1 = 1V$，求 R。

3-40　已知图 3-106 中电流 $I = 0$，求 R 应为多少？

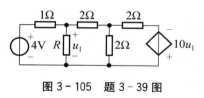

图 3-105　题 3-39 图

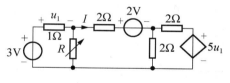

图 3-106　题 3-40 图

3-41 图3-107所示电路中方框为晶体三极管。已知其正常工作时 be 间电压 $u_{be} = 0.6V$，$i_c = 50 i_b$。若要求 $u_{ce} = 4V$，试求 R 的阻值（提示：可用替代和等效方法）。

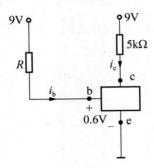

图3-107　题3-41图

3-42　电路如图3-108所示。

(1) 用EWB软件仿真的方法证明图3-108(a)、(b)两电路中的电压 u 相等。

(2) 用EWB参数扫描分析，改变 i_s，求 u，证明(a)、(b) 两个电路中 u/i_s 相等。

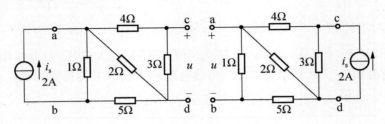

图3-108　题3-42图

3-43　求图3-109所示电路的戴维南等效电路，用EWB仿真软件求出戴维南等效电路参数进行验证。

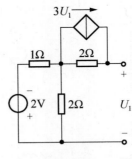

图3-109　题3-43图

3-44　电路如图3-110所示。

(1) 试将图3-110所示电路中虚线方框中的电路逐步化简并求 I。

(2) 用EWB仿真软件求出虚线方框中电路的戴维南等效电路参数。

3-45　电路如图3-111所示。

(1) 求图3-111电路中的 I。问要使 I 为零，U_s 的值为多大？

（2）能否用仿真软件直接求出使 I 为零的 U_s 值？如何实现？

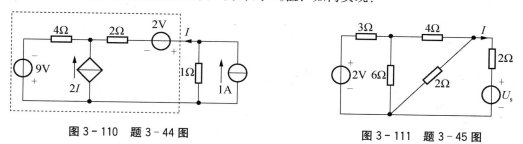

图 3-110 题 3-44 图　　　　　图 3-111 题 3-45 图

3-46　图 3-112 电路中，已知电流 $I_x = 0.5A$，利用电流源替代 R_x 的方法求 R_x，并用仿真软件验证。

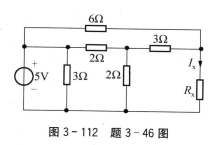

图 3-112 题 3-46 图

第**4**章

动态电路分析

基本内容：本章讨论动态电路的概念和动态响应的时域分析方法。首先，介绍动态元件电容和电感的概念及特性，以及利用电路约束关系得到动态电路方程的方法，并对一阶电路的响应进行了分析和讨论。然后，着重介绍了用三要素法求解一阶电路响应的方法。最后，简单介绍二阶电路的物理过程和响应。

基本要求：掌握动态元件的概念及伏安特性；掌握列写动态电路方程的方法及动态响应的特性；能够快速准确地作出求解电路初始值、稳态值和时间常数所需的等效电路并求出其结果；熟练运用三要素法求解一阶电路的响应。

在前面的第 1～3 章，电路中除了作为激励的直流电源外，都由电阻和受控源（也等效为电阻）组成，所以称为直流电阻电路，简称电阻电路。由于电阻元件上电压电流之间是一种即时的（瞬时的）函数关系，所以，在直流激励作用到电路的瞬间，电路的响应也立即产生（变化）为某一个确定的结果，也就是说，电阻电路在任意时刻 t 的响应只与同一时刻的激励有关，而与激励过去的情况无关。因此，称电阻电路是"无记忆的（memoryless）"，或是"即时的（instantaneous）"，这时对电路响应的求解就只需要一些代数方程即可。

实际上，很多电路的特性并不是仅用电阻元件就能够完全描述的，往往不可避免地需要包含一些时间函数甚至微分与积分关系的元件模型，也就是说，这些元件的伏安关系（VCR）是对时间的一种动态关系，以后称之为**动态元件（dynamic element）**，本章介绍的电容元件和电感元件即是如此。引入这些动态元件模型的原因主要有以下两点。

（1）为实现诸如滤波、储能等某些特殊电路功能的需要，在电路中人为地接入了电容器、电感器元件；

（2）当电路信号变化很快时，某些电路元件已不能用纯粹的电阻模型来完全表达，而是还需要考虑到电场（电容）和磁场（电感）变化的影响才行。

至少含有一个动态元件的电路，称为**动态电路**。任何一个集总电路，不是电阻电路就一定是动态电路。动态电路在任意时刻 t 的响应不仅与同一时刻的激励有关，而且与电路激励历史上的全部情况有关。也就是说，一个动态电路尽管激励已经过去而不再存在，但电路仍然可以有输出，因为电路（动态元件）将把激励以前的作用记忆下来而对现在的响应产生影响，即动态电路具有"记忆（memory）"特性。

本章将在介绍动态元件——电容元件和电感元件特性的基础上，利用两类约束关系对动态电路的响应进行分析。

4.1 动态元件及其特性

在电子电路、通信系统、自控系统和电工技术中，经常需要使用具有储能特性和频率选择特性的电容器和电感器元件，电路理论中引入电容元件和电感元件理想化模型进行描述。加上之前介绍的电阻元件称为三个基本电路元件（R、C、L）。学习任何一种电路元件，至少需要从结构定义、电路特性和应用特性几方面进行掌握，以下分别介绍。

4.1.1 电容元件

1. 电容的结构和定义

电容器的结构非常简单，任意两个靠近而彼此绝缘的导体就构成一个电容器，如图 4-1(a)所示。由于两极板之间电介质的隔绝作用，外电源作用时传递给电容器的电量（电荷的量，注意与平常所说的"电量"——电路变量加以区别），在电源撤离后将在两极板上留下等量异号的电荷，这些电荷将被其自身产生的电场约束而可以长期集聚下去。因此，电容器是一种以电场形式存储能量的器件。如果电容器只具有存储电荷从而在电容器内部建立起电场的作用，除此之外不具有任何其他的作用，则称为理想电容（集总元件，理想化模型），将其定义为电容元件，电容元件简称电容，用符号 C 表示，如图 4-1(b)所示。这是电容元件的物理学定义。

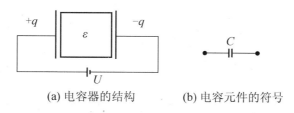

(a) 电容器的结构   (b) 电容元件的符号

图 4-1 电容的结构及符号

在电路理论中元件一般用变量的约束关系来描述（数学定义）。电路分析中电容元件的定义为：电荷与电压相约束的元件。即，如果一个二端元件，在任意时刻 t，它的电荷 $q(t)$ 与它的端电压 $u(t)$ 可以用 $u-q$ 平面上的一条曲线来确定，则称为电容元件。如果 $u-q$ 平面上的特性曲线是一条过原点的直线，且不随时间变化，则该电容元件为线性时不变电容，如图 4-2 及式(4-1)所示。

$$q(t) = Cu(t) \tag{4-1}$$

式中，C 为正值常数，是特性曲线的斜率，是反映电容器固有属性的参数，由电容器的极板面积、距离和介质介电常数等决定，称为**电容(capacitance)**，单位为法拉（简称法，F）。法拉是一个很大的单位，常用单位为微法（μF，$1\mu\text{F} = 10^{-6}\,\text{F}$）和皮法（PF，$1\text{PF} = 10^{-12}\,\text{F}$，或称微微法，$\mu\mu\text{F}$）。如果把地球看成一个孤立的导体，其电容值大约仅为 $700\mu\text{F}$，如果考虑地球大气电荷的作用其电容值也不过法拉的数量级，法拉单位之大可见一斑。电子电路

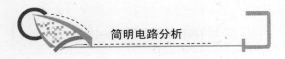
和电工技术中使用的电容器容量通常在几个 PF 至几千 μF。

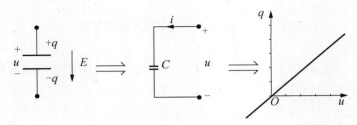

图 4-2　电容元件的定义

需要说明的是，这里的"电容"是一个物理量，但在不引起混淆的时候习惯上也将电容器（元件）简称为电容。实际使用的电容器由于制造工艺和材料的原因，一般来讲，除了最基本的属性电容以外，还存在一定的漏电电阻甚至还有一定的电感，这时可以用理想元件模型的组合来进行修正描述。另外，实际电容除了它的电容量外，还需要考虑其额定工作电压，即耐压。因为随着电容器存储电荷的增加，电容两端的电压也会随之增加，但对于一个确定的电容器而言，其绝缘材料能够承受的电压是有限的。因此，电容器在使用时其端电压不应超过它的额定工作电压。

2. 电容元件的 VCR

在电路分析中，电路的响应和电路方程的变量是各支路的电压和电流。所以，在对电路进行分析时我们最感兴趣的是元件上电压与电流的函数关系——伏安关系（VCR）。对式（4-1）取微分有

$$\frac{\mathrm{d}q}{\mathrm{d}t} = C\frac{\mathrm{d}u}{\mathrm{d}t}$$

由电流定义即可得

$$i(t) = C\frac{\mathrm{d}u}{\mathrm{d}t} \tag{4-2}$$

这是电容元件在关联参考方向下的 VCR，称为电容伏安关系的微分形式。即，流过电容元件的电流与电容端电压对时间的变化率成正比。如果是非关联参考方向，只需要在式（4-2）加上"-"即可，即

$$i(t) = -C\frac{\mathrm{d}u}{\mathrm{d}t} \tag{4-2}'$$

电容元件 VCR 的微分式表明：

（1）式（4-2）是一个在动态条件下成立的关系。即，在任意时刻 t，$i \propto \dfrac{\mathrm{d}u}{\mathrm{d}t}$ 而与端电压的绝对值 $|u|$ 无关，所以说电容元件是一种动态元件。

（2）式（4-2）的左边是流过电容的电流 $i(t)$，是电荷运动的结果，称为传导电流；而等号的右边 $C\dfrac{\mathrm{d}u}{\mathrm{d}t}$，反映的是电压变化（即电场的变化），引起电容极板上电荷的移动（增加或减少，流进或流出），从而形成了电流，这种电流在物理上称为位移电流，即在电容元件上实现了传导电流与位移电流的延续——电流连续性原理。这就解释了为什么电容器两

极板之间是绝缘的，但交流电可以"通过"的原因。同时可见，当端电压 u 为定值（即直流）时，$i=0$，电容相当于开路，即电容具有隔绝直流的作用。

（3）在实际电路中流过电容的电流 i 为有限值，则端电压 u 必定是时间的连续函数，即，电容上的电压不能突变。

将式（4-2）改写为 $\mathrm{d}u(t) = \dfrac{1}{C}i(t)\mathrm{d}t$ 并对其积分运算，可得电容电压 u 与电流 i 的函数关系，即

$$u(t) = \frac{1}{C}\int_{-\infty}^{t} i(\xi)\mathrm{d}\xi \tag{4-3}$$

或

$$u(t) = \frac{1}{C}\int_{-\infty}^{t_0} i(\xi)\mathrm{d}\xi + \frac{1}{C}\int_{t_0}^{t} i(\xi)\mathrm{d}\xi$$
$$= u(t_0) + \frac{1}{C}\int_{t_0}^{t} i(\xi)\mathrm{d}\xi, \; t \geqslant t_0 \tag{4-3'}$$

这是电容元件在关联参考方向下 VCR 的积分形式。

由电容元件 VCR 的积分式可见：

（1）反映了流过电容的电流 i 对电容存储电荷的影响（用端电压 u 表现出来），即说明电容具有聚集电荷、存储电场能量的作用。所以说电容是一种储能元件。

（2）电容在任意时刻的电压 $u(t)$ 并不完全由该时刻的电流值决定，而取决于从 $-\infty \sim t$ 期间电流值的所有状况。即，历史上流过电容的电流会对当前电容上的电压产生影响，这说明电容是一种记忆元件。

（3）为方便，上述积分区间一般分段完成，如果设定讨论问题的初始时刻为 t_0，则 $-\infty \sim t_0$ 表达了历史上电流的作用，用 $u(t_0)$ 表示，称为电容在初始时刻 t_0 的电压，即初始电压；以后着重关心从计时零点 t_0 到任意时刻 t 期间电流作用的结果。

3. 电容元件的功率及储能

在电路分析中任何元件的功率均由下式定义（关联参考方向时）：

$$p = ui$$

将电容元件 VCR 微分式代入，得

$$p(t) = C \cdot u \cdot \frac{\mathrm{d}u}{\mathrm{d}t} \tag{4-4}$$

由式（4-4）可见：电容元件的功率是可正可负的，由 u 和 u 对 t 导数的乘积决定。比如，在电压 u 的符号不变时，若外电源对电容充电，则 $\dfrac{\mathrm{d}u}{\mathrm{d}t} > 0$，$p > 0$，电容元件吸收功率以电场形式存储起来；若电容对外电路放电，则 $\dfrac{\mathrm{d}u}{\mathrm{d}t} < 0$，$p < 0$，存储的电场能转化为电能对外电路做功。

可见，电容元件对外做功的能量并不是其自身（将其他形式的能转化为电能）产生的，而仅仅是将前期所存储的能量释放出来，故电容元件是一种无源元件。

功率对时间的积分即为能量，将式（4-4）等号两边对时间积分，有

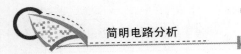

$$w_C(t_1, t_2) = \int_{t_1}^{t_2} p(t)\mathrm{d}t = C\int_{u(t_1)}^{u(t_2)} u\mathrm{d}u = \frac{1}{2}Cu^2\Big|_{t_1}^{t_2}$$

$$= \frac{1}{2}C[u^2(t_2) - u^2(t_1)] \tag{4-5}$$

由式（4-5）可见，在 $t_1 \sim t_2$ 期间电容所存储的能量是由 t_1、t_2 时刻的电压 $u(t_1)$、$u(t_2)$ 确定的，即电容元件在任意时刻的储能由该时刻的电压确定

$$w_C(t) = \frac{1}{2}Cu^2(t) \tag{4-6}$$

此即为电容元件的储能公式。由式（4-6）可以进一步看到，由于能量是一种物质，它是不能够突然产生也不能突然消失的，所以，电容电压 $u(t)$ 是时间的连续函数。

关于电容储能特性应用的实例很多。比如，家用洗衣机的电动机上有一个比较大的电容器（容量大约为几个 μF），在维修时即使已经断掉电源，电容中存储的电能也可以表现出非常强烈的放电现象，以至于会对维修人员产生安全威胁。又比如，采用纳米材料研制的超级电容，其单个电容器的容量可达法拉数量级，具有非常大的存储电能能力，甚至可以替代电池作为用电设备的电源使用，国内外已经有运用超级电容替代传统蓄电池驱动电动汽车的试验，一旦超级电容的制造工艺成熟而走向实用化，将表现出显著超越传统蓄电池的优良性能。

[**例 4-1**] 已知电容 $C=5\mu$F，通过电容元件的电流波形如图 4-3(a) 所示，求电容电压 u_C 的波形。

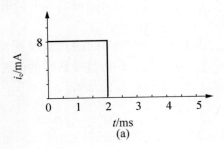

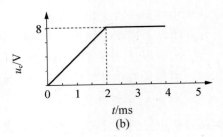

图 4-3　例 4-1 图

解： 根据电容元件 VCR 有

$$u_C(t) = u_C(0) + \frac{1}{C}\int_0^t i_C\mathrm{d}t$$

上式分段积分得

$t < 0$ 期间，$i_C = 0$，得 $u_C(t) = 0$，则 $u_C(0) = 0$；

$t = 0 \sim 2\,\mathrm{ms}$ 期间，$i_C = 8\,\mathrm{mA}$，得 $u_C(t) = 4000t\,\mathrm{V}$，$u_C(2\mathrm{ms}) = 8\,\mathrm{V}$；

$t > 2$ 期间，$i_C = 0$，得 $u_C(t) = u_C(2\mathrm{ms}) + \frac{1}{C}\int_0^t 0 \cdot \mathrm{d}t = 8\,\mathrm{V}$。

电容电压 u_C 的波形如图 4-3(b) 所示。

4.1.2 电感元件

在第 2 章的表 2-1 中介绍了电路的对偶关系，其中谈到了电容与电感是一对对偶元件，它们的很多特性都可以用对偶的关系来表达。为方便学习和掌握，在介绍电感的相关内容时，尽量与前述的电容元件一一对照进行。

1. 电感的结构和定义

将导线卷绕起来做成的线圈（又称螺线管）就构成一个电感器，如图 4-4(a) 所示。在线圈中通以电流，则在线圈内部及周边空间形成磁场，磁场的强度以通过线圈的磁通（或磁链，flux linkage）表示。因此，电感器是一种以磁场形式存储能量的器件。如果电感器只具有产生磁通、存储磁场能量的作用，除此之外不具有任何其他作用，则称为理想电感，将其定义为电感元件，简称电感，用符号 L 表示，如图 4-4(b) 所示。

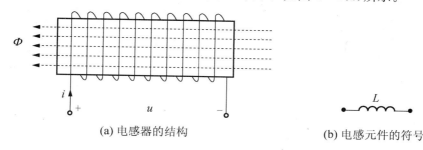

(a) 电感器的结构   (b) 电感元件的符号

图 4-4 电感的结构及符号

在电路分析中将电感元件定义为：磁链与电流相约束的元件。即，如果一个二端元件，在任意时刻 t，它的磁链 $\Psi(t)$ 与流过其中的电流 $i(t)$ 可以用 i-Ψ 平面上的一条曲线来确定，则称为电感元件。如果 i-Ψ 平面上的特性曲线是一条过原点的直线，且不随时间变化，则此电感元件为线性时不变电感，如图 4-5 及式(4-7)所示。

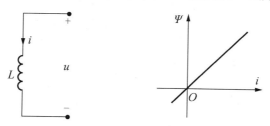

图 4-5 电感元件的定义

$$\Psi(t) = Li(t) \tag{4-7}$$

式中，L 为正值常数，是特性曲线的斜率，是反映电感器固有属性的参数，由电感器的圈数、尺寸和磁芯磁导率等决定，称为电感（inductance），或称自感（self inductance，主要是为了和"互感"区别，在不涉及互感时称为电感即可），单位为亨利（简称亨，H）。由物理学知识可知，磁通（磁链）的方向与电流的方向符合右手螺旋法则。

同理，这里的"电感"是一个物理量，在不引起混淆的时候习惯上也将电感器（元件）

简称为电感。实际使用的电感在很多时候为增加电感量在线圈中加入了磁性材料，而大多数磁性材料都具有一定的非线性，并且不同的磁性材料其频率特性也不一样，所以实际电感在使用时还需考虑最适合的工作点和工作频率范围。另外，由于导线电阻和相邻导线间分布电容的影响，实际的电感器除了最基本的属性电感以外，还存在一定的电阻和一定的电容，这时可以用理想元件模型的组合来进行修正描述。

2. 电感元件的 VCR

对式(4-7)取微分可得电感元件的 VCR，即

$$\frac{\mathrm{d}\Psi}{\mathrm{d}t} = L\frac{\mathrm{d}i}{\mathrm{d}t}$$

由楞次定律，线圈内所产生的感生电动势 $\varepsilon(t)$ 与其磁链 Ψ 时间变化率的关系为

$$\varepsilon(t) = -\frac{\mathrm{d}\Psi}{\mathrm{d}t}$$

并考虑到线圈的端电压(压降)与感生电动势(压升)的关系 $u(t) = -\varepsilon(t)$，则可得

$$u(t) = L\frac{\mathrm{d}i}{\mathrm{d}t} \tag{4-8}$$

这是电感元件在关联参考方向下的 VCR，称为电感伏安关系的微分形式。即，电感元件的端电压与流过电感的电流对时间的变化率成正比。如果是非关联参考方向，只需要在上式加上"一"即可，即

$$u(t) = -L\frac{\mathrm{d}i}{\mathrm{d}t} \tag{4-8}'$$

电感元件 VCR 的微分式表明：

(1) 式(4-8)是一个在动态条件下成立的关系。即，在任意时刻 t，$u \propto \frac{\mathrm{d}i}{\mathrm{d}t}$ 而与流过电感电流的绝对值 $|i|$ 无关，所以说电感元件是一种动态元件。

(2) 由式(4-8)可见，当流过电感的电流 i 为定值(即直流)时，$u=0$。即电流流过电感元件而不会产生压降，电感元件对于直流而言相当于短路。

(3) 在实际电路中电感的端电压 u 为有限值，则电流 i 必定是时间的连续函数，即，流过电感的电流不能突变。

将式(4-8) 改写为 $\mathrm{d}i(t) = \frac{1}{L}u(t)\mathrm{d}t$ 并对其积分运算，可得电感电流 i 与电压 u 的函数关系，即

$$i(t) = \frac{1}{L}\int_{-\infty}^{t} u(\xi)\mathrm{d}\xi \tag{4-9}$$

或

$$i(t) = \frac{1}{L}\int_{-\infty}^{t_0} u(\xi)\mathrm{d}\xi + \frac{1}{L}\int_{t_0}^{t} u(\xi)\mathrm{d}\xi$$

$$= i(t_0) + \frac{1}{L}\int_{t_0}^{t} u(\xi)\mathrm{d}\xi, \ t \geqslant t_0 \tag{4-9}'$$

这是电感元件在关联参考方向下 VCR 的积分形式。

由电感元件 VCR 的积分式可见：

（1）反映了电感端电压 u 对电感产生磁通的影响（用电流 i 表现出来），即说明电感具有产生磁通、存储磁场能量的作用。所以说电感元件是一种储能元件。

（2）电感在任意时刻的电流 $i(t)$ 并不完全决定于该时刻的端电压，而取决于从 $-\infty \sim t$ 期间端电压的所有状况。即，历史上施加于电感的电压会对当前电感中的电流产生影响，这说明电感元件是一种记忆元件。

（3）为方便，上述积分区间一般也分段完成，如果设定讨论问题的初始时刻为 t_0，则 $-\infty \sim t_0$ 表达了历史上电压的作用，用 $i(t_0)$ 表示，称为电感在初始时刻 t_0 的电流，即初始电流；以后着重关心从计时零点 t_0 到任意时刻 t 期间电压作用的结果。

3. 电感元件的功率及储能

在关联参考方向下，电感元件的功率为

$$p(t) = L \cdot i \cdot \frac{\mathrm{d}i}{\mathrm{d}t} \tag{4-10}$$

由式（4-10）可见，电感元件的功率是可正可负的，由 i 和 i 对时间导数的乘积决定。比如，在 i 的符号不变时，若流过电感的电流增加，即 $\frac{\mathrm{d}i}{\mathrm{d}t} > 0$，则 $p > 0$，电感元件吸收功率以磁场形式存储起来；若流过电感的电流减少，即 $\frac{\mathrm{d}i}{\mathrm{d}t} < 0$，则 $p < 0$，磁场能转化为电能对外电路做功。

也就是说，电感元件对外做功的能量并不是其自身产生的，而仅仅是将前期所存储的能量释放出来，故电感元件是一种无源元件。

将式（4-10）等号两边对时间积分，有

$$w_L(t_1, t_2) = \int_{t_1}^{t_2} p(t)\mathrm{d}t = L \int_{u(t_1)}^{u(t_2)} i\,\mathrm{d}i = \frac{1}{2} L i^2 \Big|_{t_1}^{t_2}$$
$$= \frac{1}{2} L \big[i^2(t_2) - i^2(t_1) \big] \tag{4-11}$$

由式（4-11）可见，在 $t_1 \sim t_2$ 期间电感所存储的能量是由 t_1、t_2 时刻的电流 $i(t_1)$、$i(t_2)$ 确定的，即电感元件在任意时刻的储能由该时刻流过电感的电流确定

$$w_L(t) = \frac{1}{2} L i^2(t) \tag{4-12}$$

此即为电感元件的储能公式。由式（4-12）可以进一步看到，由于储能不能突变，所以电感的电流 $i(t)$ 是时间的连续函数。

由电感的储能公式可以看出，电感的储能是靠流过其中的电流维持的，而在通常情况下，电路中有持续的电流通过难免就会有一定的能量损失（实际电路中总是存在一定的电阻），所以，利用电感作为存储电能的蓄电池是比较难以实现的，这也是为什么一般都不用电感来存储电能的原因。

［**例 4-2**］电路如图 4-6(a)所示，电流源的波形如图 4-6(b)所示，求电感电压 u_L 的波形。

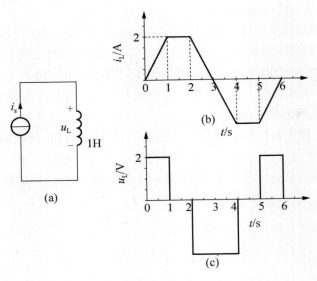

图 4-6 例 4-2 图

解：电流源波形用分段函数表示

$$i_s = \begin{cases} 2t, & (0 \leqslant t \leqslant 1) \\ 2, & (1 < t \leqslant 2) \\ -2(t-3), & (2 < t \leqslant 4) \\ -2, & (4 < t \leqslant 5) \\ 2(t-6), & (5 < t \leqslant 6) \end{cases}$$

电感元件的电压为

$$u_L = L\frac{\mathrm{d}i_L}{\mathrm{d}t} = \begin{cases} 2, & (0 \leqslant t \leqslant 1) \\ 0, & (1 < t \leqslant 2) \\ -2, & (2 < t \leqslant 4) \\ 0, & (4 < t \leqslant 5) \\ 2(t-6), & (5 < t \leqslant 6) \end{cases}$$

解得电感电压 u_L 的波形如图 4-6(c) 所示。

4.1.3 电阻、电容、电感的性质及约束关系

至此，学习了电路的三个基本元件，由此可见，在三个基本元件中电阻元件与另外两个元件有较多的不同之处，所以一般分为两类，即电阻元件和动态元件。之所以称为动态元件是由于其 VCR 是在动态条件下才成立的；也可以称为储能元件，那是因为它们具有存储能量的作用；以后还可见到动态元件还会表现出对交流电的不同频率的不同表现，那时又将它们称为电抗元件。另外，从其定义和伏安关系也可以见到，电阻元件最特殊，它的 VCR 和定义式是一样的，那就是欧姆定律；而对于另外两个元件而言，伏安关系 VCR 和定义式是两个不同的式子。为便于掌握 RLC 元件的性质，将其定义和性质罗列于

表 4-1 中。

表 4-1 RLC 的性质和约束关系

符号	元件定义	元件性质					VCR	储能
R	电压与电流相约束	—	无记忆	对外做功	—	无源元件	$u = Ri$	0
L	磁链与电流相约束	动态元件	记忆元件	不对外做功	储能	无源元件	$u = L\dfrac{\mathrm{d}i}{\mathrm{d}t}$	$w_L = \dfrac{1}{2}Li^2$
C	电荷与电压相约束	动态元件	记忆元件	不对外做功	储能	无源元件	$i = C\dfrac{\mathrm{d}u}{\mathrm{d}t}$	$w_C = \dfrac{1}{2}Cu^2$

*4.1.4 电容、电感的串并联

任意多个电阻串并联构成的无源网络可以等效为一个电阻的结论我们已经熟知,同样道理,多个电容或者电感的串并联也可以等效为一个电容或者一个电感。

1. 电容的串并联

以两个电容串联为例,如图 4-7 所示。

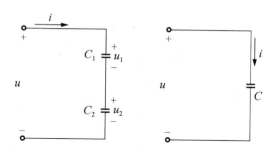

图 4-7 电容串联的等效

因为

$$u_1(t) = \frac{1}{C_1}\int_{-\infty}^{t} i(\xi)\mathrm{d}\xi, \quad u_2(t) = \frac{1}{C_2}\int_{-\infty}^{t} i(\xi)\mathrm{d}\xi$$

而

$$u = u_1 + u_2$$

故有

$$u(t) = \left(\frac{1}{C_1} + \frac{1}{C_2}\right)\int_{-\infty}^{t} i(\xi)\mathrm{d}\xi = \frac{1}{C}\int_{-\infty}^{t} i(\xi)\mathrm{d}\xi$$

即

$$\frac{1}{C} = \frac{1}{C_1} + \frac{1}{C_2} \quad \text{或} \quad C = \frac{C_1 C_2}{C_1 + C_2} \tag{4-13}$$

两个电容并联,如图 4-8 所示。

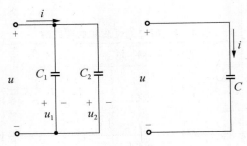

图 4-8　电容并联的等效

因为

$$i_1 = C_1 \frac{\mathrm{d}u}{\mathrm{d}t}, \; i_2 = C_2 \frac{\mathrm{d}u}{\mathrm{d}t}$$

而

$$i = i_1 + i_2$$

故有

$$i = (C_1 + C_2) \frac{\mathrm{d}u}{\mathrm{d}t} = C \frac{\mathrm{d}u}{\mathrm{d}t}$$

即

$$C = C_1 + C_2 \tag{4-14}$$

2. 电感的串并联

电感的连接问题要比电容复杂一些，由于电容的电场基本上被约束在元件的内部，多个电容连接时，基本上不用考虑各元件之间电场的影响，而将其视为各自独立作用的元件即可。而电感则有所不同，电感的磁场是分布在元件周边所有空间的，多个元件连接时除了需要考虑其自身磁链对电压电流的影响外，还需要考虑受到周边其他元件所产生磁场（磁链）的影响（即互感）。当然，在各元件的距离较远或采取一定措施后，可以使互感较小而忽略不计，从而只考虑自感即可（关于互感的问题放到第 6 章讨论），以下是只考虑自感时的结果。

两个电感串联，如图 4-9 所示。

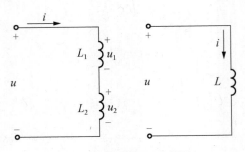

图 4-9　电感串联的等效

因为

$$u_1 = L_1 \frac{\mathrm{d}i}{\mathrm{d}t}, \quad u_2 = L_2 \frac{\mathrm{d}i}{\mathrm{d}t}$$

而

$$u = u_1 + u_2$$

故有

$$u = (L_1 + L_2) \frac{\mathrm{d}i}{\mathrm{d}t} = L \frac{\mathrm{d}i}{\mathrm{d}t}$$

即

$$L = L_1 + L_2 \qquad\qquad (4-15)$$

两个电感并联，如图 4-10 所示。

因为

$$i_1 = \frac{1}{L_1} \int_{-\infty}^{t} u(\xi)\mathrm{d}\xi, \quad i_2 = \frac{1}{L_2} \int_{-\infty}^{t} u(\xi)\mathrm{d}\xi$$

而

$$i = i_1 + i_2$$

故有

$$i = \left(\frac{1}{L_1} + \frac{1}{L_2}\right) \int_{-\infty}^{t} u(\xi)\mathrm{d}\xi = \frac{1}{L} \int_{-\infty}^{t} u(\xi)\mathrm{d}\xi$$

即

$$\frac{1}{L} = \frac{1}{L_1} + \frac{1}{L_2} \quad \text{或} \quad L = \frac{L_1 L_2}{L_1 + L_2} \qquad\qquad (4-16)$$

以上均以两个元件的连接为例，更多元件的同类连接关系类推。

4.2　动态电路及分析方法

4.2.1　动态电路的概念及状态变量

　　正如前述，除激励外只含有电阻和受控源元件的电路叫电阻电路。描述电阻电路的电路方程组是一些代数方程，这时，电路的响应与激励之间是一种"即时"的、时间的一一对应关系，也就是说，假如电路的激励由于某种原因发生了变化，则电路立刻就得到一个与之对应的结果（响应），而与激励原来的（历史上的）变化情况无关。如图 4-10 所示，在 $t < 0$ 时，开关处于断开位置，这时电路的电流 $I = U_s/(R_1 + R_2)$，如果元件参数及开关的位置不发生变化（即电路不发生换路），则电路的电流将保持不变（称为稳定状态，简称稳态），称这时电路的状态为稳态 1；在 $t = 0$ 时刻，开关闭合（发生换路），电路的电流立刻变为 $I = U_s/R_2$，称这时电路的状态为稳态 2。即，电阻电路从稳态 1 变化到稳态 2 的过渡期（所花的时间）为零。

　　含有（哪怕只有一个）动态元件的动态电路，由于动态元件的 VCR 是微分（或积分）关系，所以，描述动态电路的电路方程是微分（或积分）方程。由于动态元件具有"记忆性"，

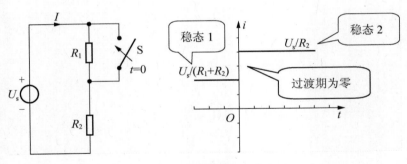

图 4-10 电阻电路的响应

所以，电路在任意时刻的响应不仅与电路当前的输入(激励)有关，而且与电路激励的所有历史有关。这种结果也可以从动态元件能量存储与释放的角度解释，假如在某一时刻电路的结构或者参数发生了突然的变化(这种现象以后称为电路发生了"换路")，显然，电路的响应也会发生变化并最终得到一个与之对应的结果。但是，由于能量的存储或释放是需要时间的，所以，电路的响应需要一个逐渐变化的过程，才能够得到与之对应的、稳定的结果，如图 4-11 所示。图 4-11(a)是以 RC 电路为例的动态电路响应，在 $t<0$ 时，开关处于"位置1"并保持了较长时间，这时电容的电压 $u_C = 0$，如果元件参数及开关的位置不发生变化(即电路不发生换路)，则电容的电压将保持为 0 不变(稳态1)；在 $t=0$ 时刻，开关由"位置1"切换到"位置2"(即发生换路)，则由于电源 U_s 的接入将经电阻对电容充电，使电容的电压 u_C 从 0 开始将逐渐上升；当充电进行了足够长的时间，即 $t \to \infty$ 时，电容的电压上升到 $u_C = U_s$ 后并保持不变，充电过程结束，这时电路达到稳态 2。可见，动态电路换路后，从稳态 1 变化到稳态 2 是需要一段时间作为过渡期的，即过渡过程，或称为暂态，如图 4-11(b)所示。

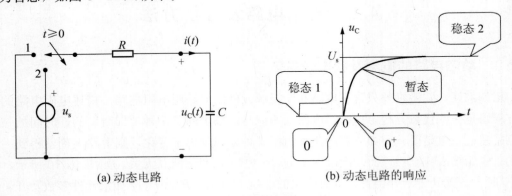

(a) 动态电路

(b) 动态电路的响应

图 4-11 动态电路的响应

电路的接通与断开、连接关系的改变或者电路参数包括激励的突然变动，这些电路结构或元件参数的突然变化，都属于电路工作状态的改变，均称为**换路**。

在电路的各个电压和电流中，有两个电量(即电容的电压 $u_C(t)$ 和电感的电流 $i_L(t)$)占据有特殊的地位，由于它们反映了电路的储能状况(即电路的状态)，故称为状态变量。根据动态元件的记忆性质，在换路时，状态变量的值是不能突变的，即

$$u_C(0^+) = u_C(0^-)，或 \quad i_L(0^+) = i_L(0^-) \tag{4-17}$$

这个关系在很多时候称为换路定理，实际上它是基于上述两个量的（能量）连续性原理得出的结果。其中 $t = 0^+$ 表示换路后的瞬间（也可以写成 $t = 0$），$t = 0^-$ 表示换路前的瞬间，如图 4-11 所示。这个关系在今后求电路的初始值时非常有用。

电路中形成了持续、稳定响应（包括交流电的幅度或有效值不变）的状态，称为电路的**稳定状态**，简称**稳态**；而在电路发生换路后，从一个稳态达到另外一个稳态中间需要经历一个过渡的过程，即，电路的响应（包括交流电的幅度或有效值）在过渡过程中将随时间变化但最终趋于稳定，这个过程称为电路的过渡过程，又称**暂态**。动态电路分析的主要任务就是，研究换路后电路中电压电流的变换规律，即它们的稳态和暂态的变化状况。

4.2.2　用分解方法和叠加方法求动态电路响应

1. 分解方法的运用

以 RC 一阶动态电路（其含义随后解释）为例，整个电路系统可以分解为两个单口网络，其中，一个为包含所有电源及电阻（和受控源）元件的含源单口网络，而另一个则只有动态元件，如图 4-12(a)所示。

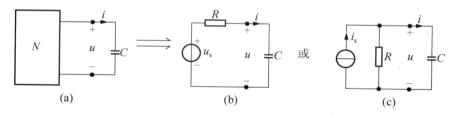

图 4-12　动态电路的分解

利用戴维南定理或者诺顿定理，可等效为由一个戴维南模型或者诺顿模型与一个（或等效为一个）动态元件所组成的动态电路，如图 4-12(b)、(c)所示。所以，以后对动态电路的求解就只需要以这种最简单的形式为例进行分析即可。

对图 4-12(b)电路在 $t \geqslant 0$ 时运用两类约束有

KVL

$$u_R(t) + u_C(t) = u_s$$

VCR

$$u_R = Ri(t)，i(t) = C\frac{du_C}{dt}$$

则有电路方程

$$RC\frac{du_C}{dt} + u_C = u_s$$

可见，这是一个一阶微分方程。

一般而言，如果电路（等效化简后）只含一个动态元件，则其电路方程为一个一阶微分方程，这样的电路称为一阶电路；

如果电路等效化简后仍含两个(或 n 个)动态元件,其电路方程为一个二阶(或 n 阶)微分方程,这样的电路称为二阶(或 n 阶)电路。

对于一阶和二阶微分方程可以用人工的方法求解,而高阶微分方程一般则需借助计算机数值计算的方法求解。

2. 叠加方法的运用

假设电路换路时($t=0$ 时),电容具有初始电压,即 $u_C(0)=U_0$,这时的电容可以等效为由一个电压等于 U_0 的电压源与一个理想电容元件相串联的模型,如图 4-13(a)所示。则动态电路在 $t \geqslant 0$ 的响应可以认为是在外激励 u_s 和初始电压(源)U_0 共同作用下的结果。根据叠加原理该电路任意支路的响应,如电路的电流 $i(t)$ 为两个电源分别单独作用时所产生的分响应 $i'(t)$ 和 $i''(t)$ 的代数和。即,运用叠加方法分析动态电路,每次仅需考虑一个电源的作用,在求出了每个电源单独作用的分响应后,将其相加即得最终的结果,如图 4-13(b)、(c)所示。这样可以使动态电路响应的求解更加方便。

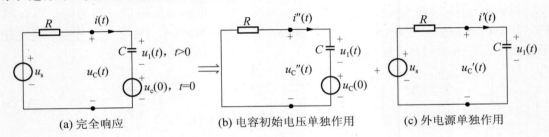

(a) 完全响应   (b) 电容初始电压单独作用   (c) 外电源单独作用

图 4-13　用叠加方法求解响应

4.3　一阶电路及响应

下面先以 RC 一阶电路为例,用叠加方法分析电路在 $t \geqslant 0$ 时的响应。当外激励 $U_s=0$,仅电容的初始电压 $u_C(0)=U_0$ 单独作用时的响应,称为零输入响应;当电容的初始电压 $u_C(0)=0$,仅外激励 U_s 单独作用时的响应,称为零状态响应。二者之和即为电路的完全响应,简称全响应。

4.3.1　零输入响应

电路如图 4-14 所示,电路中没有施加外激励,即 $U_s=0$,电路由电容的初始电压(初始储能)$u_C(0)=U_0$ 单独作用产生响应。

1. 物理过程

(1) 在 $t<0$ 时,开关 S 处于断开状态,电容上具有一定的初始储能,其初始电压 $u_C(0)=U_0$ 并保持不变,电路处于稳定状态——稳态1。

(2) 在 $t=0$ 时刻,开关闭合——电路发生换路。由换路定理可知,换路时电容的电压不能突变,即

$$u_C(0^+) = u_C(0^-) = U_0$$

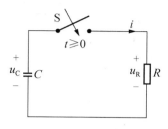

图 4-14 零输入响应

电容的储能在电路中产生响应，即电容以初始电压 $u_C(0) = U_0$ 开始经电阻 R 放电——电路的初始条件。

（3）在 $t > 0$ 时，随着放电过程的进行，电容的储能逐渐减少，则 $u_C(t)$ 减小，即

$$t \uparrow \Rightarrow w_C \downarrow \Rightarrow u_C \downarrow$$

（4）当 $t \to \infty$ 时，$u_C \to 0$，然后保持 $u_C = 0$ 并不再变化，电路达到另外一个稳定状态——稳态 2，放电过程结束。

可见，在 $0 < t < \infty$ 期间电容对电阻放电，是一个使电路状态由稳态 1 变化到稳态 2 的过渡过程，它只能够持续一段时间，故称为暂态。u_C 的响应曲线如图 4-15 所示。

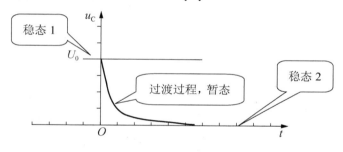

图 4-15 u_C 的零输入响应曲线

2. 数学分析

换路后，即 $t \geq 0$ 时开关处于闭合位置，对其列写电路方程，求 $u_C(t)$。

（1）运用两类约束。

KVL

$$u_R(t) - u_C(t) = 0$$

VCR

$$u_R = Ri(t), i(t) = -C \frac{\mathrm{d}u_C}{\mathrm{d}t}$$

则有电路方程

$$RC \frac{\mathrm{d}u_C}{\mathrm{d}t} + u_C = 0 \qquad\qquad (4-18)$$

可见，这是一个一阶齐次微分方程，即图 4-14 电路是一个一阶电路。

（2）解微分方程。

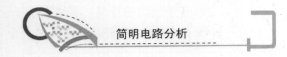

齐次微分方程的通解为

$$u_C(t) = Ke^{st} \qquad\qquad (4-19)$$

式中，K 和 s 为待定常数。将通解代入式(4-18)，有

$$RCKse^{st} + Ke^{st} = (RCs+1)Ke^{st} = 0$$

即特征方程为

$$(RCs+1) = 0$$

解得微分方程的特征根为

$$s = -\frac{1}{RC}$$

则，齐次微分方程的解为

$$u_C(t) = Ke^{-\frac{t}{RC}}$$

式中，常数 K 由初始条件确定。在 $t = 0$ 时

$$u_C(0) = Ke^0$$

即

$$K = U_0$$

故有电容电压的零输入响应为

$$u_C(t) = U_0 e^{-\frac{t}{RC}},\ t \geqslant 0 \qquad\qquad (4-20)$$

$u_C(t)$ 函数曲线如图 4-15 所示，这是一个随时间 t 衰减的指数函数。

在得到了 $u_C(t)$ 的解后，可以由此得到其他电量的解，如回路电流（即电容的电流）为

$$i_C(t) = -C\frac{du_C}{dt} = \frac{U_0}{R}e^{-\frac{t}{RC}},\ t \geqslant 0$$

3. 特性分析

(1) 整个过程为：$t < 0$ 时（换路前），电路处于稳态 1，$u_C(0^-) = U_0$；$t = 0$ 时刻，发生换路，电容的电压不能突变，$u_C(0) = u_C(0^-) = U_0$——初始电压；$t > 0$ 时，电容对电阻放电，则 $t\uparrow \Rightarrow w_C^* \downarrow \Rightarrow u_C \downarrow$，$u_C$ 随时间 t 按指数律减小——暂态；当 $t \to \infty$ 时，$u_C = 0$，电路达到稳态 2，放电过程结束。

(2) 微分方程的特征根 $s = -\dfrac{1}{RC}$ 为曲线起点处切线的截距，即曲线的起始斜率为 U_0/RC，实际上也反映了曲线（过程）的变化速率。令

$$\tau = RC \qquad\qquad (4-21)$$

作为描述过渡过程进行快慢的物理量，称为**时间常数**，单位为秒，s。

由式(4-20)可知：

当 $t = \tau$ 时，$u_C(\tau) = 0.368U_0$，即距离过程结束（ $u_C = 0$ ）还差 36.8%。

当 $t = 2\tau$ 时，$u_C(\tau) = 0.135U_0$，即距离过程结束还差 13.5%。

当 $t = (3\sim5)\tau$ 时，$u_C(3\tau\sim5\tau) = (0.049\sim0.0067)U_0 \approx 0$，在工程上可以认为过程结束，如图 4-16 所示。

(3) 在整个放电过程中，电容的储能由电阻完全消耗，实现对外做功。

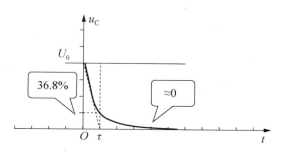

图 4－16 时间常数的物理意义

4.3.2 零状态响应

电路如图 4－17 所示，电路中电容的初始电压 $u_C(0)=0$，电路由外激励 U_s 单独作用产生响应。

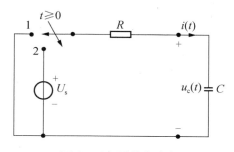

图 4－17 零状态响应

1. 物理过程

（1）在 $t<0$ 时（即换路前），开关 S 处于"位置1"较长时间，电容的电压 $u_C(0^-)=0$，电路处于稳态1。

（2）在 $t=0$ 时刻，开关由"位置1"切换到"位置2"，外激励 U_s 接入（发生换路），电路在外电源 U_s 作用下产生响应。由于换路时电容的电压是不能突变的，即

$$u_C(0)=u_C(0^-)=0$$

电容以初始电压 $u_C(0)=0$（初始条件）开始，接受电源 U_s 经电阻 R 对其充电。

换路时电源 U_s 的接入也可以理解为是如图 4－18 所示的阶跃波作用的结果，它是一种分段函数。

$$u_s=\begin{cases}0,\ t<0\\U_s,\ t\geqslant0\end{cases}$$

所以，换路可以是通过机械动作引起的电路结构改变，也可以是元件参数的（电子的）突然变化。

（3）在 $t>0$ 时，随着充电过程的进行，电容的储能逐渐增加，则 $u_C(t)$ 上升，即

$$t\uparrow\Rightarrow w_C\uparrow\Rightarrow u_C\uparrow$$

（4）当 $t\to\infty$ 时，$u_C\to U_s$，然后保持 $u_C=U_s$ 并不再变化，电路达到另外一个稳定状

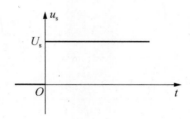

图 4-18 u_s 用阶跃波表示

态——稳态 2，充电过程结束。

可见，在 $0 < t < \infty$ 期间电源经电阻对电容充电，是一个使电路状态由稳态 1 变化到稳态 2 的过渡过程，即暂态。u_C 的响应曲线如图 4-19 所示。

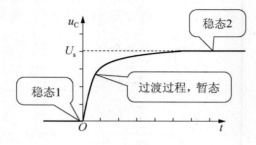

图 4-19 u_C 的零状态响应曲线

2. 数学分析

换路后，即 $t \geqslant 0$ 时开关处于位置 1，对其列写电路方程，求 $u_C(t)$。

（1）运用两类约束。

KVL

$$u_R(t) + u_C(t) = U_s$$

VCR

$$u_R = Ri(t), \ i(t) = C\frac{du_C}{dt}$$

则有电路方程

$$RC\frac{du_C}{dt} + u_C = U_s \qquad\qquad (4-22)$$

可见，这是一个一阶非齐次微分方程。

（2）解微分方程。

一阶非齐次微分方程的解等于其特解加上对应的齐次方程的通解，即

$$u_C = u_{Cp} + u_{Ch} \qquad\qquad (4-23)$$

其中，微分方程的特解由外加激励决定，与激励具有相同的函数形式，即

$$u_{Cp} = U_s \qquad\qquad (4-24)$$

结合齐次通解式（4-19）代入式（4-23）即得

$$u_C(t) = U_s + Ke^{-\frac{t}{\tau}}$$

将初始条件 $u_C(0)=0$ 代入，有

$$u_C(0)=U_s+Ke^0=0$$

解得

$$K=-U_s$$

故有微分方程的解为

$$u_C(t)=U_s(1-e^{-\frac{t}{\tau}}),\ t\geqslant 0 \qquad (4-25)$$

为一个随时间 t 增长的指数函数。其中，$\tau=RC$ 为时间常数。

3. 特性分析

（1）整个过程为：$t<0$ 时（换路前），电容保持其电压 $u_C(0^-)=0$ 不变，电路处于稳态 1；$t=0$ 时刻，电路发生换路，由于电容的电压不能突变，$u_C(0)=u_C(0^-)=0$——初始电压；$t>0$ 时，$t\uparrow\Rightarrow w_C\uparrow\Rightarrow u_C\uparrow$，$u_C$ 随时间按指数律增加——暂态；当 $t\to\infty$ 时，$u_C=U_s$ 然后保持不变，电路达到稳态 2，充电过程结束。

（2）时间常数 $\tau=RC$ 反映了过渡过程进行的快慢：

当 $t=\tau$ 时，$u_C(\tau)=(1-0.368)U_s$，即距离过程结束（$u_C=U_s$）还差 36.8%。

当 $t=2\tau$ 时，$u_C(\tau)=(1-0.135)U_s$，即距离过程结束还差 13.5%。

当 $t=(3\sim5)\tau$ 时，$u_C(3\tau\sim5\tau)=(1-0.049\sim0.0067)U_s\approx U_s$，在工程上可认为过程结束。

（3）在整个充电过程中，电阻消耗的能量为

$$W_R=\int_0^\infty \frac{u_R^2}{R}\mathrm{d}t=\int_0^\infty \frac{(U_s-u_C)^2}{R}\mathrm{d}t=\frac{1}{2}CU_s^2$$

而电容充电结束后存储的能量也为 $W_C=\dfrac{1}{2}CU_s^2$，即电源所提供的总能量为 $W=CU_s^2$。

4. 其他电量的响应

在求得了状态变量 $u_C(t)$ 后，可以用置换定理求其他电量的响应，如求 $u_R(t)$。用电压 $u_C(t)$ 置换电容元件 C 的等效电路如图 4-20 所示。

由 KVL 有

$$u_R(t)=U_s-u_C=U_s-[U_s(1-e^{-\frac{t}{\tau}})]$$
$$=U_se^{-\frac{t}{\tau}}$$

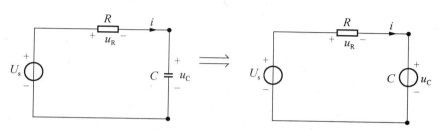

图 4-20 用置换方法求其他电量的响应

4.3.3 *RC* 一阶电路的全响应

电路如图 4-21 所示，电路的完全响应是在电容的初始电压 $u_C(0)=U_0$ 和外激励 U_s 共同作用下所产生的响应，利用前述结果由叠加关系可得线性 *RC* 一阶电路的完全响应为

全响应＝零输入响应＋零状态响应

即

$$u_C(t)=U_0 e^{-\frac{t}{\tau}}+U_s(1-e^{-\frac{t}{\tau}}),\ t\geqslant 0 \tag{4-25}$$

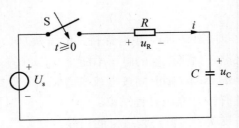

图 4-21 *RC* 电路的全响应

实际上，参照前述方法也容易直接求得。换路后，即 $t\geqslant 0$ 时，开关处于闭合状态，对其列写电路方程，求 $u_C(t)$。

对图 4-21 电路运用两类约束。

KVL

$$u_R(t)+u_C(t)=U_s$$

VCR

$$u_R=Ri(t),\ i(t)=C\frac{\mathrm{d}u_C}{\mathrm{d}t}$$

则有电路方程

$$RC\frac{\mathrm{d}u_C}{\mathrm{d}t}+u_C=U_s$$

一阶非齐次微分方程的解为

$$u_C=u_{Cp}+u_{Ch}$$

其中，微分方程的特解为 $u_{Cp}=U_s$，齐次通解为 $u_{Ch}=Ke^{-\frac{t}{\tau}}$，则有非齐次微分方程的解

$$u_C(t)=U_s+Ke^{-\frac{t}{\tau}}$$

将初始条件 $u_C(0)=U_0$ 代入，有

$$u_C(0)=U_s+Ke^0=U_0$$

解得

$$K=U_0-U_s$$

故有微分方程的解为

$$u_C(t)=U_s+(U_0-U_s)e^{-\frac{t}{\tau}},\ t\geqslant 0 \tag{4-26}$$

式中，第一项为 U_s，是外电源施加的结果，故称为强制响应；又由于其值在 $t\geqslant 0$ 时是持续稳定不变的，故又称稳态响应。式中第二项为 $(U_0-U_s)e^{-\frac{t}{\tau}}$，它由电路参数 U_0、U_s 和

$\tau(=RC)$ 决定，是电路自身所固有的，故称固有响应；又由于它随时间 t 按指数律减小而最终消失，故又称暂态响应。即，全响应又可以表示为

$$全响应＝稳态响应＋暂态响应$$

在这里，我们看到了电路全响应的两种不同结果，实际上，它们是同一个电路响应的两种不同表达，显然是等价的。只是从不同角度观察问题所进行的不同描述而已，式 (4-25)着眼于叠加关系，便于利用线性电路的性质加以分析；而式(4-26)着眼于物理概念，强调激励、电路参数对电路工作状态的影响。

4.3.4 *RL* 一阶电路的响应

RL 一阶电路如图 4-22 所示。求 $t \geq 0$ 时电感的电流 $i_L(t)$。

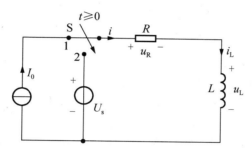

图 4-22 *RL* 电路的全响应

1. $t < 0$ 时，即换路前

开关 S 处于"位置 1"，电路由电流源 I_0 提供稳定电流，这时 $i_L(0^-) = I_0$ ——稳态 1。

2. $t = 0$ 时，发生换路

开关 S 从"位置 1"切换到"位置 2"，由换路定理，状态变量 i_L 不能突变，则有

$$i_L(0) = i_L(0^-) = I_0$$

这就是电路响应 i_L 的初始值。

3. $t > 0$ 时，即换路后

开关 S 切换到"位置 2"后保持不变，由电压源 U_s 在电路中产生响应。对电路运用两类约束列写电路方程。

KVL

$$u_R(t) + u_L(t) = U_s$$

VCR

$$u_R = Ri(t), u_L(t) = L\frac{di_L}{dt}$$

有电路方程

$$Ri_L + L\frac{di_L}{dt} = U_s$$

或

$$\frac{L}{R}\frac{\mathrm{d}i_\mathrm{L}}{\mathrm{d}t} + i_\mathrm{L} = \frac{U_\mathrm{s}}{R} \tag{4-27}$$

这是一个一阶非齐次微分方程，即该电路是一个一阶电路，其解为

$$i_\mathrm{L} = i_\mathrm{Lp} + i_\mathrm{Lh}$$

其中，微分方程的特解为方程中的常数项 $i_\mathrm{Lp} = U_\mathrm{s}/R$，记为 I_s，即稳态值。

方程（4-27）对应的齐次微分方程为

$$\frac{L}{R}\frac{\mathrm{d}i_\mathrm{L}}{\mathrm{d}t} + i_\mathrm{L} = 0 \tag{4-28}$$

其通解为 $i_\mathrm{Lh} = K\mathrm{e}^{st}$，将其带入式（4-28）有

$$\frac{L}{R}Ks\mathrm{e}^{st} + K\mathrm{e}^{st} = \left(\frac{L}{R}s + 1\right)K\mathrm{e}^{st} = 0$$

由此得到特征方程

$$\frac{L}{R}s + 1 = 0$$

解得特征根 $s = -\dfrac{R}{L}$，引入 RL 电路的时间常数 $\tau = -\dfrac{1}{s}$，即

$$\tau = \frac{L}{R} \tag{4-29}$$

则有非齐次微分方程的解为

$$i_\mathrm{L}(t) = I_\mathrm{s} + K\mathrm{e}^{-\frac{t}{\tau}}$$

将初始条件 $i_\mathrm{L}(0) = I_0$ 代入，有

$$i_\mathrm{L}(0) = I_\mathrm{s} + K\mathrm{e}^0 = I_0$$

解得

$$K = I_0 - I_\mathrm{s}$$

故有微分方程的解为

$$i_\mathrm{L}(t) = I_\mathrm{s} + (I_0 - I_\mathrm{s})\mathrm{e}^{-\frac{t}{\tau}}, \ t \geqslant 0 \tag{4-30}$$

式中，第一项 I_s 为外电源施加的结果，即强制响应，或稳态响应；式中第二项 $(I_0 - I_\mathrm{s})\mathrm{e}^{-\frac{t}{\tau}}$ 由电路参数 I_0、I_s、τ（$=L/R$）决定，即固有响应，或暂态响应。可见，与 RC 电路的响应形式和物理意义完全相同。

4.4　三要素法求一阶电路响应

前面通过求解微分方程的方法（又称经典法）得到了 RC 和 RL 一阶电路状态变量的响应（即 $u_\mathrm{C}(t)$ 和 $i_\mathrm{L}(t)$，为方便统一用 $f(t)$ 表示）。并可见，全响应曲线变化有三种情况，即：①当 $f(0) < f(\infty)$ 时，$f(t)$ 以初始值 $f(0)$ 开始随时间按指数律增长，最后达到稳态值 $f(\infty)$，暂态过程结束；②当 $f(0) > f(\infty)$ 时，$f(t)$ 以初始值 $f(0)$ 开始随时间按指数律减小，最后达到稳态值 $f(\infty)$，暂态过程结束；③当 $f(0) = f(\infty)$ 时，$f(t)$ 不发生变化，无暂态过程。即，暂态过程都是从初始值 $f(0)$ 开始随时间按指数律朝稳态值 $f(\infty)$ 方向过渡，最终达到稳态，其变化的快慢由时间常数 τ 决定，如图 4-23 所示。在求得了状态

变量的响应后，利用置换方法可以求得电路中其他所有的电压和电流。

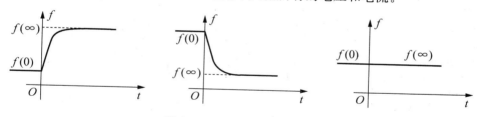

图 4-23 全响应的三种情况

容易证明，在 $t \geqslant 0$ 时电路中任意电量（响应）均可以用以下形式表达

$$f(t) = f(\infty) + [f(0) - f(\infty)]e^{-\frac{t}{\tau}}, t \geqslant 0 \tag{4-31}$$

式中，$f(t)$ 为任意响应；$f(0)$ 是该响应在 $t = 0$ 时的值，即初始值；$f(\infty)$ 是该响应在 $t \rightarrow \infty$ 时的值，即稳态值；τ 为电路的时间常数，（RC 电路 $\tau = RC$，LC 电路 $\tau = \dfrac{L}{R}$）。显然，对于一个单调的函数，在函数形式（指数函数）、起点（初始值）和终点（稳态值）确定后，函数就被唯一地确定下来了。所以，今后为了方便可以在求出了以上三个要素后，利用式（4-31）直接写出任意响应的表达式，则以后对一阶电路响应求解的主要工作就是求出这三个要素，这种方法称为三要素法。以下分别介绍这三个要素的求解方法。

4.4.1 三要素的求解

三要素求解的关键是要作出合适的等效电路。首先，最为重要的是要搞清楚两个问题，一是开关的位置（决定电路的结构和元件参数的变化），二是电路的状态及等效关系（稳态还是暂态，决定电容 C 和电感 L 的等效）。然后，再根据得出的等效电路利用电路的一般求解方法求得相应的电量。

1.求初始值 $f(0)$

初始值的求解需分两步进行。首先，利用换路定理求得状态变量的初始值；然后，利用置换关系求其他电量的初始值。

1）作 $t < 0$ 等效电路

电路处于换路前的"稳态 1"，即直流稳态。这时电容相当于开路，电感相当于短路，如图 4-24 所示。

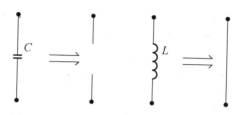

图 4-24 L、C 元件在直流稳态下的等效

这时得出的等效电路即为普通的直流电阻电路，在求出了 $t < 0$ 时的 $u_C(0^-)$ 或 $i_L(0^-)$ 后，利用换路定理即可得到状态变量的初始值 $u_C(0)$ 或 $i_L(0)$，即

$$u_C(0) = u_C(0^+) = u_C(0^-) \quad 和 \quad i_L(0) = i_L(0^+) = i_L(0^-)$$

2）作 $t = 0^+$ 等效电路

换路后的一瞬间 $t = 0^+$ 即是过渡过程的起点，各个电量都还处于其初始值，即 $f(0)$。在电路中用电压源 $u_C(0)$ 置换电容 C，用电流源 $i_L(0)$ 置换电感 L，作出作 $t = 0$ 时刻的等效电路，如图 4-25 所示。

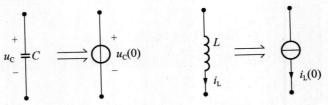

图 4-25 $t = 0^+$ **时刻 LC 元件的置换**

这时得出的等效电路也为普通的直流电阻电路，利用电路的一般求解方法即可求得其他所有电量的初始值 $f(0)$。

2．求稳态值 $f(\infty)$

换路后，在 $t \to \infty$ 时电路中各电压电流均趋于稳定，即达到稳态值 $f(\infty)$ 并不再变化，电路进入"稳态 2"，即直流稳态。正如前述，这时电容相当于开路，电感相当于短路，如图 4-24 所示，并以此作出等效电路求得各电量的稳态值 $f(\infty)$。

3．求时间常数 τ

换路后，作出在 $0 < t < \infty$、独立源置零时的等效电路。并运用分解方法，将电路中动态元件分离后得到的无源单口网络等效为一个电阻，然后由 $\tau = RC$ 或 $\tau = \dfrac{L}{R}$ 求得电路的时间常数。如图 4-26 所示。

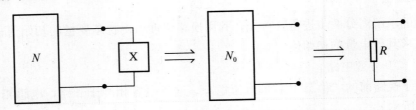

图 4-26 **无源单口网络的等效电阻**

4.4.2 三要素法求一阶电路响应

在求得了三要素后将其代入式（4-31）即可得到各电量的响应。

[例 4-3] 在图 4-27 电路中，开关 S 在 $t = 0$ 时由位置 1 切换到位置 2，求电路中各电量的初始值和稳态值。

解：（1）$t < 0$ 时的等效电路：开关 S 置于位置 1，$C \to$ 开路，$L \to$ 短路，作出等效电路如图 4-28 所示。求出状态变量 $u_C(0)$ 和 $i_L(0)$ 的初始值。

解得

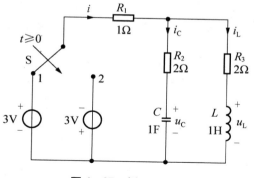

图 4 - 27 例 4 - 3 图

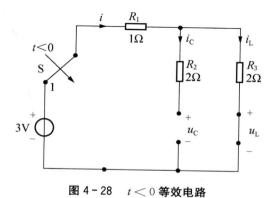

图 4 - 28 $t < 0$ 等效电路

$$i_L(0^-) = i(0) = 3/(1+2) = 1\,\text{A}$$

又

$$i_C(0^-) = 0$$

故

$$u_C(0^-) = i_L(0^-) \times R_3 = 1 \times 2 = 2\,\text{V}$$

由换路定理得

$$u_C(0) = u_C(0^-) = 2\,\text{V}$$
$$i_L(0) = i_L(0^-) = 1\,\text{A}$$

　　(2) $t = 0$ 时刻的等效电路：开关 S 置于位置 2，C 用 $u_C(0) = 2\,\text{V}$ 电压源置换，L 用 $i_L(0) = 1\,\text{A}$ 电流源置换，作出等效电路如图 4 - 29 所示，求出其他电量的初始值。
左网孔的方程

$$(R_1 + R_2)i(0) - R_2 \times i_L(0) = -u_C(0) - 3$$

即

$$3i(0) - 2 \times 1 = -2 - 3 = -5,\ i(0) = -1\,\text{A}$$
$$i_C(0) = i(0) - i_L(0) = -1 - 1 = -2\,\text{A}$$

再由右网孔 KVL

$$u_L(0) = -R_3 \times i_L(0) + R_2 \times i_C(0) + u_C(0)$$

$$=-2\times1-2\times(-2)+2=-4\text{V}$$

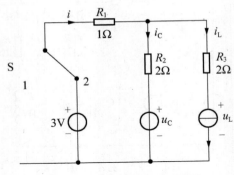

图 4-29 $t=0$ 时刻等效电路

（3）$t\to\infty$ 时的等效电路：开关 S 置于位置 2，$C\to$开路，$L\to$短路，作出等效电路如图 4-30 所示，求出各电量的稳态值。

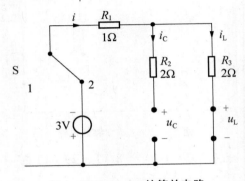

图 4-30 $t\to\infty$ 的等效电路

$$i_L(\infty)=i(\infty)=-3/3=-1\,\text{A},\quad i_C(\infty)=0$$
$$u_C(\infty)=R_3\times i_L(\infty)=-2\,\text{V},\quad u_L(\infty)=0$$

[例 4-4] 电路如图 4-31 所示，求 $u_C(t)$，$t\geqslant0$。

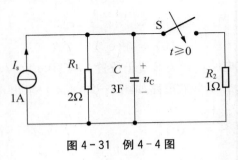

图 4-31 例 4-4 图

解：（1）求三要素。$t<0$ 时开关 S 断开，直流稳态，$C\to$开路，作出等效电路如图 4-32 所示。

$$u_C(0)=u_C(0^-)=R_1\times I_s=(2\times1)\text{V}=2\,\text{V}$$

$t\to\infty$ 时开关 S 闭合，直流稳态，$C\to$开路，作出等效电路如图 4-33 所示。

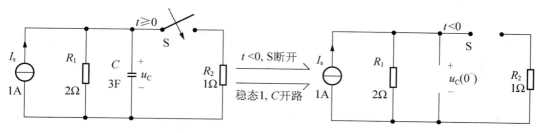

图 4-32 $t < 0$ 等效电路

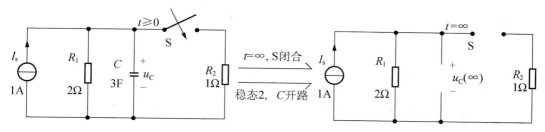

图 4-33 $t \to \infty$ 等效电路

$$u_C(\infty) = R_1 /\!/ R_2 \times I_s = 2/3 \times 1 = 2/3 = 0.667\text{V}$$

$\infty > t > 0$ 时开关 S 闭合，暂态，I_s 置零，C 分离，作出等效电路如图 4-34 所示。

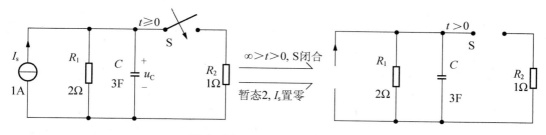

图 4-34 $\infty > t > 0$ 等效电路

$$R = R_1 /\!/ R_2 = 2/3 \ \Omega$$

$$\tau = RC = 2 \text{ s}$$

(2) 得出 $t \geqslant 0$ 时 $u_C(t)$ 的响应。

$$
\begin{aligned}
u_C(t) &= u_C(\infty) + [u_C(0) - u_C(\infty)]\mathrm{e}^{-t/\tau} \\
&= 0.667 + [2 - 0.667]\mathrm{e}^{-t/2} \\
&= 0.336 + 1.33\mathrm{e}^{-t/2}, \ t \geqslant 0
\end{aligned}
$$

[**例 4-5**] 电路如图 4-35(a)所示，$t = 0$ 时刻开关由 1 拨到 2，求 $t \geqslant 0$ 时的 $i_L(t)$ 和 $i(t)$。

解：(1)求三要素。

$t < 0$ 时等效电路如图 4-35(b)所示。

$$i_L(0^+) = i_L(0^-) = \frac{3}{1 + 1 /\!/ 2} \times \frac{2}{1+2} = -1.2 \text{ A}$$

$t = 0^+$ 时刻等效电路，如图 4-36 所示。

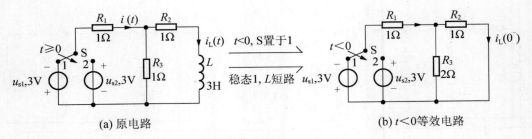

(a) 原电路   (b) $t<0$ 等效电路

图 4 - 35   例 4 - 5 图

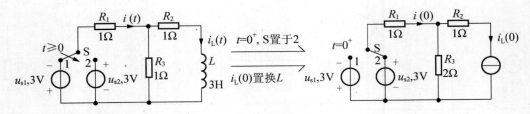

图 4 - 36 $t=0^+$ 时刻等效电路

$$3i(0) - 2i_L(0) = 3, \ \text{得} \ i(0) = 0.2 \, \text{A}$$

$t \to \infty$ 等效电路，如图 4 - 37 所示。

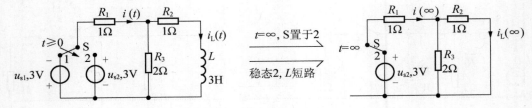

图 4 - 37 $t \to \infty$ 等效电路

$$i(\infty) = \frac{3}{1 + 1 \, /\!/ \, 2} = 1.8 \, \text{A}$$

$$i_L(\infty) = 1.8 \times \frac{2}{1 + 2} = 1.2 \, \text{A}$$

$\infty > t > 0$ 等效电路，如图 4 - 38 所示。

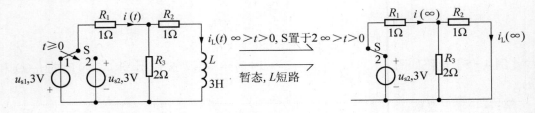

图 4 - 38 $\infty > t > 0$ 等效电路

$$R = 1 + 1 \, /\!/ \, 2 = 5/3 \, \Omega$$

$$\tau = \frac{L}{R} = \frac{3}{5/3} = 1.8 \, \text{s}$$

（2）$t \geqslant 0$ 时的 $i_L(t)$ 和 $i(t)$。

$$\begin{aligned}
i_L(t) &= i_L(\infty) + [i_L(0) - i_L(\infty)]e^{-t/\tau} \\
&= 1.2 + [-1.2 - 1.2]e^{-t/\tau} \\
&= 1.2 - 2.4e^{-t/\tau}, \ t \geqslant 0 \\
i(t) &= i(\infty) + [i(0) - i(\infty)]e^{-t/\tau} \\
&= 1.8 + [1.8 - 0.2]e^{-t/\tau} \\
&= 1.8 - 1.6e^{-t/\tau}, \ t \geqslant 0
\end{aligned}$$

[例 4 - 6] 电路如图 4 - 39(a) 所示，已知电流源 $i_s = 2$ A，$t < 0$ 时 $i_s = 0$。求 $i(t)$，$t \geqslant 0$。

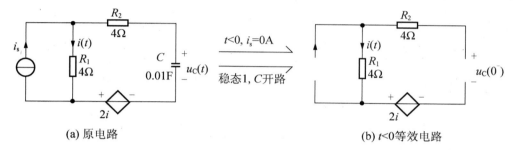

图 4 - 39　例 4 - 6 图

（1）$t < 0$ 等效电路如图 4 - 39(b) 所示。

$$u_C(0) = u_C(0^-) = 0$$

$t = 0^+$ 等效电路如图 4 - 40 所示。

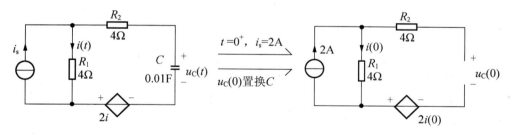

图 4 - 40　$t = 0^+$ 等效电路

$$4i = 4(2 - i) - 2i, \ 解得 \ i(0) = 0.8 \text{ A}$$

（2）$t \to \infty$ 等效电路，如图 4 - 41 所示。

$$i(\infty) = 2 \text{ A}$$

（3）$\infty > t > 0$ 等效电路，如图 4 - 42 所示。

用外加电源法求含受控源的单口网络等效电路，如图 4 - 43 所示。

$$u = 4i + 4i + 2i, \ 解得 \ R = \frac{u}{i} = 10 \ \Omega$$

故得时间常数

$$\tau = RC = 10 \times 0.01 = 0.1 \text{ s}$$

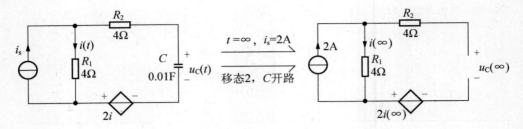

图 4-41 $t \to \infty$ 等效电路

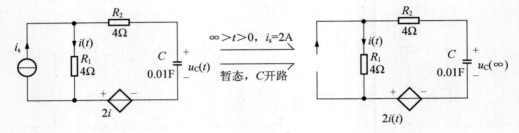

图 4-42 $t > 0$ 等效电路

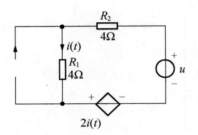

图 4-43 外加电源 u

（4）得 $i(t)$，$t \geqslant 0$。

$$i(t) = 2 + [0.8 - 2]\mathrm{e}^{-10t}, \ t \geqslant 0$$

[* **例 4-7**]　电路如图 4-44 所示，开关 S 在 $t=0$ 时刻由位置 1 切换到位置 2，求电路中各电量的初始值和稳态值。

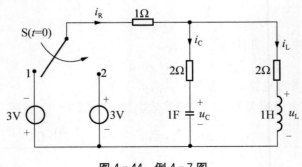

图 4-44 例 4-7 图

解:（1）作 $t<0$ 等效电路如图 $4-45$，求状态变量初始值 $u_C(0)$ 和 $i_L(0)$。

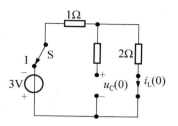

图 $4-45$ $t<0$ 等效电路

$$i_L(0) = i_L(0^-)$$

$$= -\frac{3}{1+2} = -1\text{A}$$

$$u_C(0) = u_C(0^-)$$

$$= 2i_L(0) = 2\times(-1) = -2\text{V}$$

（2）作 $t=0^+$ 等效电路如图 $4-46$ 所示，求其他电量初始值，图中电容 C 和电感 L 分别用电压源和电流源置换。

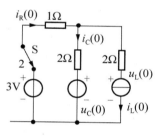

图 $4-46$ $t=0$ 等效电路

对左网孔列网孔方程：

$$(1+2)i_R - 2i_L = -u_C + 3, \quad i_R(0) = 1\text{A}$$

$$i_C(0) = i_R - i_L = 1 - (-1) = 2\text{A}$$

$$u_L(0) = -2i_L + 2i_C + u_C$$

$$= -2\times(-1) + 2\times2 + (-2) = 4\text{V}$$

（3）作 $t\to\infty$ 等效电路如图 $4-47$ 所示，求所有电量稳态值。

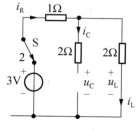

图 $4-47$ $t=\infty$ 等效电路

$$u_L(\infty) = 0\text{V}, \; i_C(\infty) = 0\text{A}$$

$$i_R(\infty) = i_L(\infty) = \frac{3}{1+2} = 1\text{A}$$

$$u_C(\infty) = 2i_L(\infty) = 2 \times 1 = 2\text{V}$$

思考一下，为什么本例没有要求求时间常数？参看 4.4 节。

4.5　二阶电路及响应

4.3 节讨论了只含一个动态元件，电路方程为一阶微分方程的一阶电路及其响应。如果电路含有两个独立的动态元件，如含有一个电容和一个电感、两个电容或两个电感元件（如在电子电路中，由 RC 元件结合放大器构成的模拟电感电路与电容 C 连接后，同样可以得到和 RLC 电路类似的特性），这种动态电路称为二阶电路。本章只讨论含一个电容和一个电感元件的动态电路，它的电路方程是一个二阶微分方程。这时电路的响应有可能会出现一种特殊的现象——振荡，为突出这一特点，先从物理过程的角度阐明 LC 电路零输入响应的振荡过程，然后再以 RLC 和 GLC 电路为例，讨论二阶电路的一般分析方法和特性。

4.5.1　LC 电路的振荡过程

4.3 节讨论了 RC 或者 LC 一阶电路的情况，电路中只包含一个储能元件，所存储的能量要么是电场能量，要么就是磁场能量，这时电路的过渡过程是单向进行的。本节讨论的电路含有电容和电感两种元件，也就是说电路中可以有电场和磁场两种不同的能量，这时电路的响应过程又应该如何呢？为方便，我们先以电容具有初始电压 U_0，而电感的初始电流为零的情况进行讨论。电路如图 4-48 所示，电路的响应物理过程分析如下。

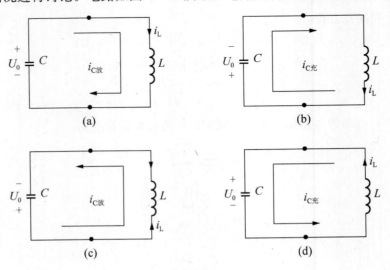

图 4-48　LC 电路的振荡过程

（1）由于 LC 两元件并联，即 $u_L = L\dfrac{\mathrm{d}i}{\mathrm{d}t} = u_C = U_0 \neq 0$，这时电容 C 将对电感 L 放电，如图 4-48(a) 所示，在该过程中电场能转化为磁场能存储。

（2）随着放电过程的进行，当 u_C 减小至 0 时，由于电感的电流不能突变，回路电流将继续按原方向流动，即对电容 C 反向充电，如图 4-48(b) 所示，这时，磁场能又转化为电场能存储。

（3）当磁场能完全转化为电场能时，电容电压 $u_C = -U_0$，反向充电过程结束。同时开始对电感的反向放电过程，如图 4-48(c) 所示。

（4）随着反向放电过程的进行，当 u_C 减小至 0 时，由于电感的电流不能突变，回路电流将继续按原方向流动，即对电容 C 正向充电，如图 4-48(d) 所示，这时磁场能又重新转化为电场能存储，直至使电容电压 $u_C = U_0$ 完成一次循环（一个周期）。

（5）然后，电路准备开始一个新的循环。

可见，电路含有 LC 两个动态元件时，电路响应的过程是一个电场和磁场交替转化的过程。假如电路由理想的电容和电感元件构成，即电路中的电阻 $R = 0$，则在电场、磁场的转化过程中没有能量的损失，电压电流的幅度（最大值）不变，电路响应将一直周期性地进行下去，这种过程称为电磁振荡，简称振荡；如果电路中电阻 $R \neq 0$，则在电场、磁场的转化过程中会有能量的损失，即，将造成 u_C 和 i_L 幅度的减小，这时，具体还能否进行这种周期性的"振荡"或者能够进行几次循环，与电路的具体参数有关，以下将通过定量分析加以说明。

4.5.2　RLC 串联电路的响应

RLC 串联电路如图 4-49 所示，即，除去动态元件以外的含源单口网络等效为一个戴维南模型，电阻 R 既是戴维南模型的内阻，又可理解为电路中所有电阻的等效结果。为方便，先求电路的零输入响应，即 $u_{oc}(t) = 0$ 时的响应，再在此基础上求电路的全响应。

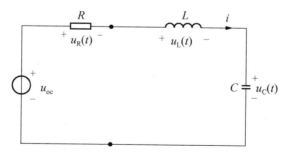

图 4-49　RLC 串联电路

1. 零输入响应

在 $u_{oc}(t) = 0$ 时，对电路列写电路方程。

KVL

$$u_R + u_L + u_C = 0$$

VCR

$$\left.\begin{array}{l} i = C\dfrac{\mathrm{d}u_{\mathrm{C}}}{\mathrm{d}t} \\[2mm] u_{\mathrm{R}} = Ri = RC\dfrac{\mathrm{d}u_{\mathrm{C}}}{\mathrm{d}t} \\[2mm] u_{\mathrm{L}} = L\dfrac{\mathrm{d}i}{\mathrm{d}t} = LC\dfrac{\mathrm{d}^2 u_{\mathrm{C}}}{\mathrm{d}t^2} \end{array}\right\}$$

则有电路方程为

$$LC\frac{\mathrm{d}^2 u_{\mathrm{C}}}{\mathrm{d}t^2} + RC\frac{\mathrm{d}u_{\mathrm{C}}}{\mathrm{d}t} + u_{\mathrm{C}} = 0 \qquad\qquad (4-32)$$

或

$$\frac{\mathrm{d}^2 u_{\mathrm{C}}}{\mathrm{d}t^2} + \frac{R}{L}\frac{\mathrm{d}u_{\mathrm{C}}}{\mathrm{d}t} + \frac{1}{LC}u_{\mathrm{C}} = 0$$

可见，这是一个线性二阶齐次微分方程，故为二阶电路。

齐次微分方程的通解为

$$u_{\mathrm{C}}(t) = K\mathrm{e}^{st} \qquad\qquad (4-33)$$

的形式，将其代入式(4-32)有

$$s^2 K\mathrm{e}^{st} + \frac{R}{L}s K\mathrm{e}^{st} + \frac{1}{LC}K\mathrm{e}^{st} = 0$$

则方程的特征方程为

$$s^2 + \frac{R}{L}s + \frac{1}{LC} = 0$$

解得特征根为

$$s_{1,2} = -\frac{R}{2L} \pm \sqrt{\left(\frac{R}{2L}\right)^2 - \frac{1}{LC}} \qquad\qquad (4-34)$$

则有二阶电路零输入响应为

$$u_{\mathrm{C}}(t) = K_1\mathrm{e}^{s_1 t} + K_2\mathrm{e}^{s_2 t} \qquad\qquad (4-35)$$

式中，两个常数 K_1 和 K_2 由电路的两个初始条件 $u_{\mathrm{C}}(0)$ 和 $i_{\mathrm{C}}(0) = \dfrac{\mathrm{d}u_{\mathrm{C}}}{\mathrm{d}t}\Big|_0$ 确定。对于二阶电路特征根 s 就是电路的**固有频率**，是反应过程进行快慢的物理量，将决定电路零输入响应的形式。它由电路元件的参数确定，根据 R、L、C 数值的不同，特征根 s_1 和 s_2 有 3 种可能情况：

(1) 当 $\left(\dfrac{R}{2L}\right)^2 > \dfrac{1}{LC}$ 时，即 $R > 2\sqrt{\dfrac{L}{C}}$ 时，s_1 和 s_2 为两个不等的实数根，这时的响应为逐渐衰减的单向(非振荡)过程，称为过阻尼状态。

(2) 当 $\left(\dfrac{R}{2L}\right)^2 = \dfrac{1}{LC}$ 时，即 $R = 2\sqrt{\dfrac{L}{C}}$ 时，s_1 和 s_2 为两个相等的负实数根，这时的响应为逐渐衰减的单向过程和衰减振荡之间的临界状态，称为临界阻尼状态。

(3) 当 $\left(\dfrac{R}{2L}\right)^2 < \dfrac{1}{LC}$ 时，即 $R < 2\sqrt{\dfrac{L}{C}}$ 时，s_1 和 s_2 为两个共轭复数根，这时的响应为衰

减振荡过程，称为欠阻尼状态。其特殊情况，当 $R = 0$ 时，得共轭虚根，这时的响应为等幅振荡，称为无阻尼状态。

实际上，$2\sqrt{\dfrac{L}{C}}$ 具有电阻的量纲，称为 RLC 串联电路的阻尼电阻，记为 R_d，即

$$R_d = 2\sqrt{\frac{L}{C}} \qquad (4-36)$$

可见，当电路中的串联电阻 R 大于、等于、小于阻尼电阻 R_d 时，就分别为过阻尼、临界阻尼和欠阻尼状态。

进一步讨论欠阻尼(即 $R < R_d$，振荡)的情况。

令 $\alpha = \dfrac{R}{2L}$ 为衰减系数，$\omega_0 = \sqrt{\dfrac{1}{LC}}$ 为谐振角频率，则电路的固有角频率为

$$\omega = \sqrt{\omega_0^2 - \alpha^2} \qquad (4-37)$$

这时，方程的特征根为共轭复数，即

$$s_{1,2} = -\alpha \pm j\omega$$

则，齐次微分方程的解即电路响应为

$$u_C(t) = e^{-\alpha t}(K_1 \cos\omega t + K_2 \sin\omega t) \qquad (4-38)$$

式中两个常数 K_1 和 K_2 由初始条件决定，即

$$u_C(0) = U_0 = K_1$$

$$\frac{du_C}{dt}\Big|_0 = -\alpha K_1 + \omega K_2 = \frac{i_L(0)}{C}$$

即

$$K_2 = \frac{1}{\omega}\left[\alpha u_C(0) + \frac{i_L(0)}{C}\right]$$

利用以上结果将式(4-48)改写为

$$u_C(t) = \sqrt{K_1^2 + K_2^2} \cdot e^{-\alpha t}\left(\frac{K_1}{\sqrt{K_1^2 + K_2^2}}\cos\omega t + \frac{K_2}{\sqrt{K_1^2 + K_2^2}}\sin\omega t\right)$$

$$= Ke^{-\alpha t}\cos(\omega t + \theta) \qquad (4-39)$$

其中

$$K = \sqrt{K_1^2 + K_2^2}$$

$$\theta = -\arctan\frac{K_2}{K_1}$$

可见，这时电路的响应为一个幅度按指数律衰减的正弦波(习惯上 cos 函数仍称为正弦波，可见第 5 章的解释)。当 $R_d < 2\sqrt{\dfrac{L}{C}}$ 时(欠阻尼)，电路响应是衰减振荡，电路的固有频率 s 是复数，它的实部 α 反映了正弦波幅度随时间减小的速率故称**衰减系数**，虚部 ω 是衰减振荡的**角频率**；当 $\alpha = 0$ 时，固有频率 s 是虚数，这时 $e^{-\alpha t} = 1$，则电路响应是等幅振荡。

电路的固有频率 s 是一个非常重要的概念，它可以是复数、虚数或实数，从而决定了

电路响应为衰减振荡过程、等幅振荡过程或非振荡过程。比如，对于一阶电路的特征根（固有频率）$s = -\dfrac{1}{\tau}$，是一个负实数，则表明一阶电路的零输入响应是一个按指数律衰减的非振荡过程。

2. 全响应

如果在图 4-49 电路中，$u_{oc}(t) = U_s \ (t \geqslant 0)$，则可得电路方程为

$$LC\frac{\mathrm{d}^2 u_C}{\mathrm{d}t^2} + RC\frac{\mathrm{d}u_C}{\mathrm{d}t} + u_C = U_s \tag{4-40}$$

或

$$\frac{\mathrm{d}^2 u_C}{\mathrm{d}t^2} + \frac{R}{L}\frac{\mathrm{d}u_C}{\mathrm{d}t} + \frac{1}{LC}u_C = \frac{U_s}{LC}$$

这是一个非齐次二阶微分方程。满足式（4-40）的特解为

$$u_{Cp} = U_s \qquad (t \geqslant 0) \tag{4-41}$$

对应其次方程的特征方程为

$$s^2 + \frac{R}{L}s + \frac{1}{LC} = 0$$

解得特征根为

$$s_{1,2} = -\frac{R}{2L} \pm \sqrt{\left(\frac{R}{2L}\right)^2 - \frac{1}{LC}} \tag{4-42}$$

在欠阻尼 $\left(R < 2\sqrt{\dfrac{L}{C}}\right)$ 条件下，s_1 和 s_2 为两个共轭复数根，即

$$s_{1,2} = -\alpha \pm j\omega$$

这时电路的完全响应为

$$u_C(t) = \mathrm{e}^{-\alpha t}(K_1\cos\omega t + K_2\sin\omega t) + U_s \tag{4-43}$$

由初始条件可求得

$$K_1 = U_s, \quad K_2 = -U_s\frac{\alpha}{\omega}$$

故有

$$u_C(t) = -U_s\mathrm{e}^{-\alpha t}\left(\cos\omega t + \frac{\alpha}{\omega}\sin\omega t\right) + U_s$$

$$= U_s\left[1 - \mathrm{e}^{-\alpha t} \cdot \frac{\alpha}{\omega}\cos(\omega t - \theta)\right], \ t \geqslant 0$$

其中

$$\theta = \arctan\frac{\alpha}{\omega}$$

可见是一个以 U_s 为平均值的衰减振荡，电路的固有频率 s 是复数，其实部 α 反映了正弦波幅度随时间减小的速率，虚部 ω 是衰减振荡的角频率；当 $\alpha = 0$ 时，固有频率 s 是虚数，这时 $\mathrm{e}^{-\alpha t} = 1$，则电路响应是一个以 U_s 为平均值的等幅振荡。

4.4.3 *GLC* 串联电路的响应

GLC 串联电路如图 4 - 50 所示，即，除去动态元件以外的单口网络等效为一个诺顿模型，电导 *G* 既是诺顿模型的内阻，又可理解为电路中所有电导的等效结果。

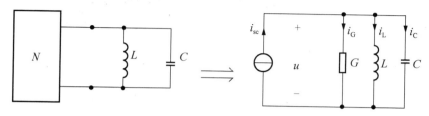

图 4 - 50 *GLC* 并联电路

根据 KCL

$$i_G + i_L + i_C = i_{sc}$$

将元件伏安关系带入，可得

$$LC \frac{d^2 i_L}{dt^2} + GL \frac{d i_L}{dt} + i_L = i_{sc}, \, t \geqslant 0 \qquad (4-44)$$

以上非齐次二阶微分方程的解即为电路的响应 $i_L(t)$。

实际上利用电路的对偶关系，从 *RLC* 电路的结果很容易得到 *GLC* 电路的结果。这里着重关心影响电路响应形式的阻尼条件，即

$$G_d = 2\sqrt{\frac{L}{C}} \qquad (4-45)$$

式中，G_d 为 *GLC* 电路阻尼电导。

(1) 当 $G > G_d$ 时，为过阻尼状态，这时电路的响应为逐渐衰减的单向(非振荡)过程。

(2) 当 $G = G_d$ 时，为临界阻尼状态。

(3) 当 $G < G_d$ 时，为欠阻尼状态，这时电路的响应为衰减振荡过程，其特殊情况，当 $G = 0$ 时，电路的响应为等幅振荡，称为无阻尼状态。

4.6 EWB 动态电路仿真

利用 EWB 软件可以方便地用于动态电路的各类分析，本节通过几个动态电路分析的应用实例，分析一阶、二阶电路的动态过程。

[例4-8] 观察一阶电路的过渡过程，研究元件参数改变时对过渡过程的影响。

解：在 EWB 中建立如图 4 - 51 所示的一阶电路电容充电放电电压波形测量电路。信号发生器如图 4 - 52 所示设置，信号发生器发出一个电压幅值为 5V，频率为 1kHz 的信号，输出电压在 +5V 与 0 之间变化，当输出电压为 +5V 时电容器将通过电阻 *R* 充电，当电压为 0 时，电容器将通过电阻 *R* 放电。单击仿真开关，激活实验电路，双击示波器图标弹出面板观察一阶 *RC* 电路充电和放电过程，在示波器的 expand 模式下用游标测得一阶 *RC* 电路的时间常数 $\tau \approx 0.1\text{ms}$，根据计算 $\tau = RC = 0.1\text{ms}$。

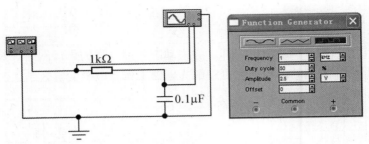

图 4-51　电容充电放电电压波形测量电路

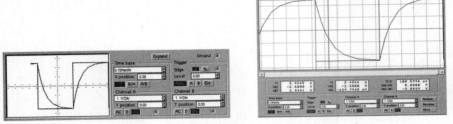

图 4-52　电容充电放电电压波形图

在 EWB 中建立如图 4-53 所示的一阶电路电容充电放电电流波形测量电路，信号发生器如图 4-54 所示设置。单击仿真开关，激活实验电路，双击示波器图标弹出面板观察电阻两端的电压与时间的函数关系，这个电压与电容电流成正比。在示波器的 expand 模式下用游标测得一阶 RC 电路的时间常数 $\tau \approx 0.1\mathrm{ms}$。

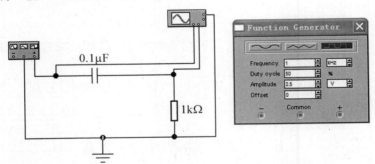

图 4-53　电容充电放电电流波形测量电路

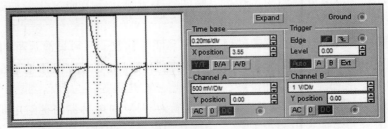

图 4-54　电容充电放电电流波形图

将 R 改为 $2\mathrm{k}\Omega$，单击仿真电源开关，激活电路进行动态分析。如图 4-55 所示在示波器的 expand 模式下用游标测得一阶 RC 电路新的时间常数 $\tau \approx 0.2\mathrm{ms}$，根据计算 $\tau = RC = 0.12\mathrm{ms}$。

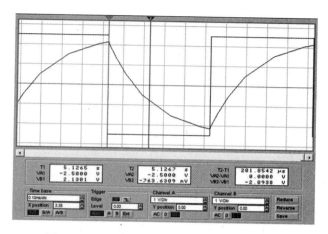

图 4-55 R 改变后电容充电放电电压波形图

［例 4-9］分析如图 4-56 所示一阶电路的零状态响应波形。

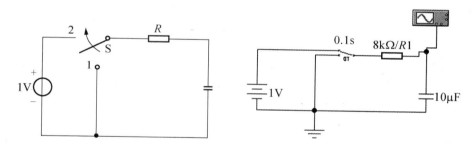

图 4-56 一阶 RC 电路零状态响应

开关在 $t=0$ 时刻由触点 1 倒向触点 2，开关动作前电路已达稳态。在 EWB 中建立仿真电路，延时开关的参数设置为：TON=0.1 s，TOFF=1s。启动分析开关，选用 Analysis/Analysis Option/Instruments 中的 Pause after each screen 选项，打开示波器观察一阶电路的零状态响应波形，如图 4-57 所示。

在 EWB 中，利用示波器的标尺可以测得任意时刻 u_C 的数值。

［例 4-10］分析二阶 RLC 串联电路的时域响应以及参数对响应波形的影响。

解： 在 EWB 中建立如图 4-58 所示的二阶 RLC 串联电路的仿真电路。信号发生器发出一个幅值为 5V，频率为 100kHz 的方波信号。当 $R_1 = 100\Omega$ 时，输出响应波形如图 4-59所示，此时电路的固有频率是一对共轭复数，电路的过渡过程是欠阻尼的振荡衰减过程。

当 $R_1 = 1\mathrm{k}\Omega$ 时，输出响应波形如图 4-60 所示，此时电路的固有频率是两个相等的实数，电路的过渡过程是临界阻尼的非振荡过程。当 $R_1 = 10\mathrm{k}\Omega$ 时，输出响应波形如图

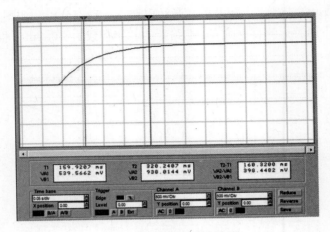

图 4 – 57　零状态响应波形

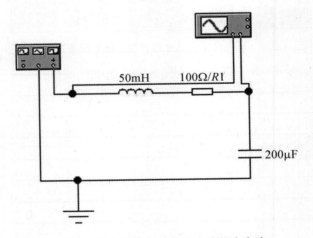

图 4 – 58　二阶 *RLC* 串联电路仿真电路

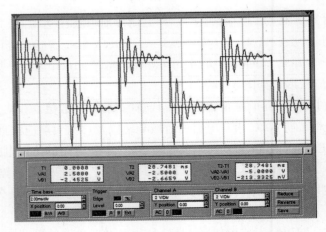

图 4 – 59　二阶 *RLC* 串联电路欠阻尼响应波形

4－61所示，此时电路的固有频率是两个不相等的负实数，电路的过渡过程是过阻尼的非振荡过程。

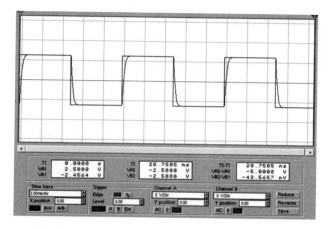

图4－60　二阶 *RLC* 串联电路临界阻尼响应波形

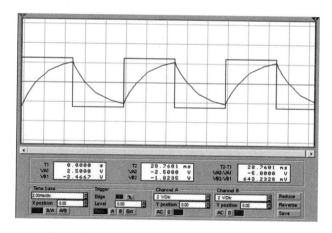

图4－61　二阶 *RLC* 串联电路过阻尼响应波形

本 章 小 结

本章着重讨论了动态元件特性和动态电路响应的分析。牢固掌握动态元件的概念及特性，掌握列写动态电路方程的方法及动态响应的特性，能够快速准确地作出动态电路在各种条件下的等效电路，熟练掌握运用三要素法求解一阶电路的响应是本章需要解决的主要问题，除此之外也要了解二阶电路的物理过程和响应特性。

电容元件定义为电荷与电压相约束的元件，即 $q(t) = Cu(t)$，其 VCR 为 $i(t) = C\dfrac{\mathrm{d}u}{\mathrm{d}t}$ 或 $u(t) = u(0) + \dfrac{1}{C}\displaystyle\int_0^t i(t)\mathrm{d}t$，储能为 $w(t) = \dfrac{1}{2}Cu^2(t)$。从其 VCR 可看出电容元件是一种动态元件并具有记忆的性质，在任意时刻的储能由该时刻电容的电压决定，即电容电压是

电容元件的状态变量，为时间连续函数。

电感元件定义为磁链与电流相约束的元件，即 $\Psi(t)=Li(t)$，其 VCR 为 $u(t)=L\dfrac{\mathrm{d}i}{\mathrm{d}t}$ 或 $i(t)=i(0)+\dfrac{1}{L}\displaystyle\int_0^t u(t)\mathrm{d}t$，储能为 $w(t)=\dfrac{1}{2}Li^2(t)$。从其 VCR 可看出电感元件是一种动态元件并具有记忆的性质，在任意时刻的储能由该时刻电感的电流决定，即电感电流是电感元件的状态变量，为时间连续函数。

含有动态元件的电路称为动态电路，其电路方程为微分方程。如果该方程是个一阶微分方程，则称为一阶电路，这时电路中仅含有（或可等效为）一个动态元件；如果该方程是个二阶（或 n 阶）微分方程，则称为二阶（或 n 阶）电路，这时电路中一般含有两个（或 n 个）独立的动态元件。

一阶电路微分方程的解即为电路的响应，以电容电压响应为例可表示为

$$u_C(t)=U_s+(U_0-U_s)\mathrm{e}^{-\frac{t}{\tau}},\ t\geqslant 0$$

式中，第一项为微分方程的特解，由电路的激励（输入）决定，是动态电路的强制响应，且是稳定不变的故又称为稳态响应；第二项为微分方程的通解，由电路的参数决定，是动态电路的固有响应，它只能持续一段时间故又称为暂态响应。

一阶电路的响应也可以用叠加方法得到，这时电容电压响应为

$$u_C(t)=U_0\mathrm{e}^{-\frac{t}{\tau}}+U_s(1-\mathrm{e}^{-\frac{t}{\tau}}),\ t\geqslant 0$$

式中，第一项为电路的输入为零仅由电路的初始储能作用所产生的响应，即零输入响应；第二项为电路的初始状态（初始储能）为零仅由电路的输入（激励）所产生的响应，故称为零状态响应。

实际上，它们是同一个电路响应的两种不同的表达形式，二者是等价的。一阶电路的响应总是从一个稳态经历暂态后达到另一个稳态，其过程进行的快慢由电路参数决定，用时间常数 τ 表示，RC 电路 $\tau=RC$，RL 电路 $\tau=L/R$。

在得到了状态变量的响应后，可以用置换方法求得其他所有电量的响应。可以证明，一阶电路中所有电量的响应具有相同的函数形式，均可表示为

$$f(t)=f(\infty)+[f(0)-f(\infty)]\mathrm{e}^{-\frac{t}{\tau}},\ t\geqslant 0$$

式中，$f(0)$ 是该响应在 $t=0$ 时的值，即初始值；$f(\infty)$ 是该响应在 $t\to\infty$ 时的值，即稳态值；τ 为电路的时间常数。显然，仅需求出这三个要素将其代入上式即可得到任意电量的响应，这种方法称为三要素法。求三要素最重要的问题是作出正确的等效电路。

以 RLC 二阶电路为例，电路的响应和电路的等效电阻 R 与阻尼电阻 $R_d=2\sqrt{\dfrac{L}{C}}$ 的关系有关：

（1）当 $R>R_d$ 时，电路的响应为逐渐衰减的非振荡过程，称为过阻尼状态。

（2）当 $R<R_d$ 时，电路的响应为衰减振荡过程，称为欠阻尼状态。其特殊情况是当 $R=0$ 时，电路响应为等幅振荡，称为无阻尼状态。

（3）当 $R=R_d$ 时，电路的响应为逐渐衰减的单向过程和衰减振荡之间的临界状态，称为临界阻尼状态。

GLC 二阶电路的响应也有类似的结果。

习　题

4-1　某 30μF 电容元件的电压波形如图 4-62(a)、(b)所示,求其电流波形。

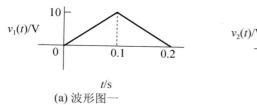

(a) 波形图一

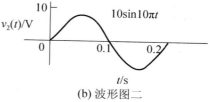

(b) 波形图二

图 4-62　题 4-1 图

4-2　某 30μF 电容元件的电流波形如图 4-63(a)、(b)所示,求其端电压波形(设初始电压 $u(0)=0$)。

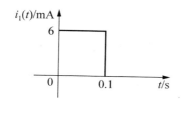

(a) 波形图一

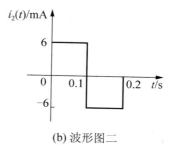

(b) 波形图二

图 4-63　题 4-2 图

4-3　求图 4-64 中电容元件的功率 $p(t)$ 及储能 $w(t)$,并画出其波形曲线。

4-4　求 $L=2$ mH 的电感元件在下列各电流作用下的 $u(t)$。

(1) $i(t)=4t+2$

(2) $i(t)=\mathrm{e}^{-2t}$

(3) $i(t)=4\cos10t$

(4) $I=6$ A

4-5　图 4-65 的两个电路中,$R_1=100\Omega$,$R_2=200\Omega$,$R_3=300\Omega$,$L=2$mH,$C=1\mu$F。

(1) 将各电路中除动态元件以外的部分化简为戴维南或者诺顿等效电路。

(2) 列写电路中所标注的电量 u 或 i 的动态电路方程。

4-6　对图 4-64 所示的两个电路,完成与题 4-5 相同的要求。

4-7　*RC* 电路如图 4-66(a)所示,对所有 t,电压源 u_s 波形如图 4-66(b)所示,求 $u_C(t)$ 和 $i_L(t)$。

4-8　电路如图 4-67 所示,已知 $u_C(0)=-2$V,求 $t\geqslant0$ 时的 $u_C(t)$ 和 $u_R(t)$。

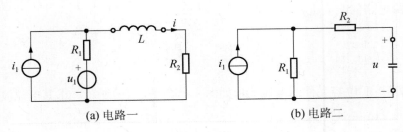

(a) 电路一　　　　　　　(b) 电路二

图 4-64　题 4-5 图

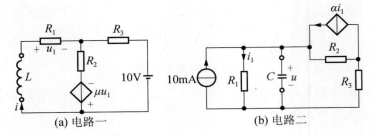

(a) 电路一　　　　　　　(b) 电路二

图 4-65　题 4-6 图

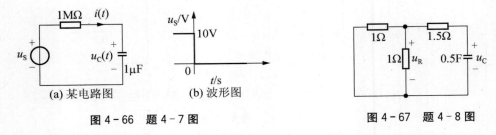

(a) 某电路图　　(b) 波形图

图 4-66　题 4-7 图　　　　　　　图 4-67　题 4-8 图

4-9　电路如图 4-68 所示，试求对所有 t 的 $i_L(t)$、$u_L(t)$ 和 $i(t)$ 的表达式。

4-10　电路如图 4-69 所示，试求对所有 t 的 $u_C(t)$、$i_C(t)$ 和 $u(t)$ 的表达式。

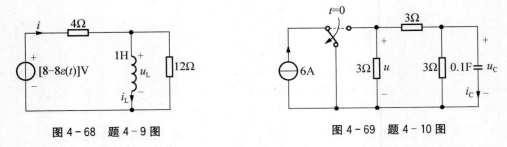

图 4-68　题 4-9 图　　　　　　　图 4-69　题 4-10 图

4-11　RC 电路如图 4-70(a)所示，若对所有时间 t，电压源 u_s 波形如图 4-70(b)所示，求 $t \geqslant 0$ 时的 $u_C(t)$ 和 $i_L(t)$。

4-12　RC 电路图 4-71 所示，各电源在 $t=0$ 时开始作用于电路，已知电容电压初始值为零，求 $i(t)$。

4-13　电路图 4-72 所示，开关在 $t=0$ 时闭合，求 $t=15\ \mu s$ 时 u_a 及各支路电流。

160

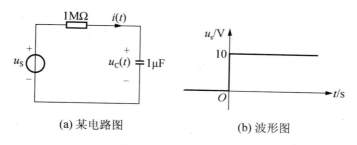

(a) 某电路图   (b) 波形图

图 4－70 题 4－11 图

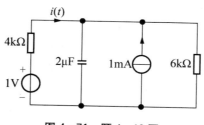

图 4－71 题 4－12 图

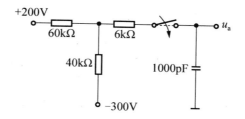

图 4－72 题 4－13 图

4－14 电路如图 4－73 所示。(1)$t=0$ 时 S_1 闭合，S_2 断开，求 $t \geqslant 0$ 的 i；(2)$t=0$ 时 S_2 闭合，S_1 断开，求 $t \geqslant 0$ 时的 i。

4－15 电路如图 4－73 所示。$t=0$ 时 S_1、S_2 均闭合，求 $t \geqslant 0$ 时的 i_1 和 i_2。

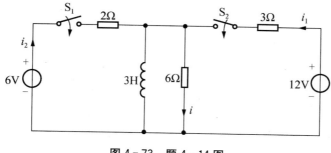

图 4－73 题 4－14 图

4－16 电路如图 4－74 所示，电压源于 $t=0$ 时开始作用于电路，试求 $i_1(t)$，$t \geqslant 0$。已知受控源参数 $r=2\Omega$。

4－17 电路如图 4－75 所示，电压源于 $t=0$ 时开始作用于电路，试求 $i(t)$，$t \geqslant 0$。

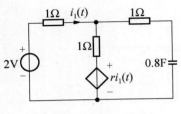

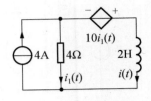

图 4-74 题 4-16 图   图 4-75 题 4-17 图

4-18 电路如图 4-76(a)所示，已知 N_1 仅含直流电源及电阻，电容 $C=5\mu F$，初始电压为零。在 $t=0$ 时开关闭合，闭合后的电流波形如图 4-76(b)所示。

(1) 试确定 N_1 的一种可能结构。

(2) 若 C 改为 $1\mu F$，是否可通过改变 N_1 而保持电流波形仍如图 4-76(b)所示？若能，试确定 N_1 的新的结构形式。

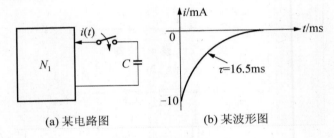

(a) 某电路图   (b) 某波形图

图 4-76 题 4-18 图

4-19 写出如图 4-77(a)、(b)所示电路中所指定变量在 $t\geqslant0$ 时的动态电路方程。

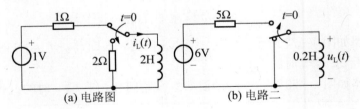

(a) 电路图   (b) 电路二

图 4-77 题 4-19 图

4-20 写出如图 4-78(a)、(b)所示电路中所指定变量在 $t\geqslant0$ 时的动态电路方程。

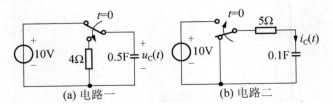

(a) 电路一   (b) 电路二

图 4-78 题 4-20 图

4-21 图 4-79 所示电路，已知 $i_1(0^+)=2A$，$u_C(0^+)=4V$，求 $t=0^+$ 及 $t=\infty$ 时电路中指定变量之值。

4-22　试分析图 4-80 所示电路的初始值 $u_{C_1}(0^+)$、$u_{C_2}(0^+)$ 及稳态值 $u_{C_1}(\infty)$、$u_{C_2}(\infty)$。（设 $u_{C_2}(0^-)=0$，且开关动作前电路已处于稳态）。

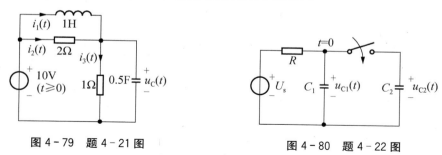

图 4-79　题 4-21 图　　　　　图 4-80　题 4-22 图

4-23　试分析图 4-81 所示电路的初始值 $i_{L_1}(0^+)$、$i_{L_2}(0^+)$ 及稳态值 $i_{L_1}(\infty)$、$i_{L_2}(\infty)$。

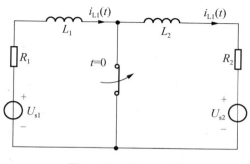

图 4-81　题 4-23 图

4-24　某学生在做图 4-82 所示电路的实验，开关动作时电路已处于稳态。当开关断开时，发现开关两端间产生明显的拉电弧现象，并将电压表中的线圈烧毁，分析并解释原因。

4-25　图 4-83 所示电路，换路前已处于稳态，求开关闭合后的 $i_R(0^+)$、$i_L(0^+)$、$i_R(\infty)$、$i_L(\infty)$，并写出 $i_R(t)$ 及 $i_L(t)$。

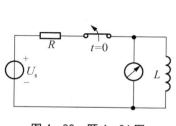
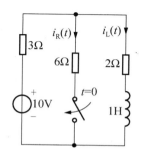

图 4-82　题 4-24 图　　　　　图 4-83　题 4-25 图

4-26　电路如图 4-84 所示，已知 $u_C(0^+)=0$，求 $u_C(t)$。

4-27　图 4-85 所示电路在换路前已达稳态，求 $u(t)$ 和 $i(t)$。

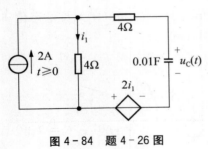

图 4 - 84　题 4 - 26 图

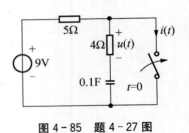

图 4 - 85　题 4 - 27 图

4 - 28　图 4 - 86 所示电路，开关动作前电路已处于稳态，在 $t=0$ 时开关切换，求 $t>0$ 时的 $u_0(t)$。

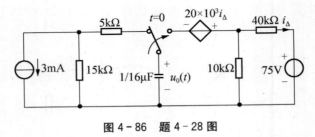

图 4 - 86　题 4 - 28 图

4 - 29　图 4 - 87 所示电路，已知在 $t>0$ 时，$i_L(t)=-2e^{-20t}+1$，求 $i(0)$、R 和 L 的值。

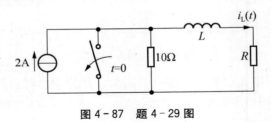

图 4 - 87　题 4 - 29 图

4 - 30　图 4 - 88 所示电路已处于稳态，由于误操作，在 $t=0$ 时刻造成 a、b 两点短路，求：

(1) a、b 两点短路时，两点间的短路初始电流 $i_{ab}(0^+)$。

(2) a、b 两点短路后，两点间的短路终值电流 $i_{ab}(\infty)$。

(3) a、b 两点短路后，两点间的短路电流达到 114 A 所需的时间。

4 - 31　求图 4 - 89 所示电路在 $t>0$ 时，变量 i 的零输入、零状态、暂态、稳态响应和全响应。

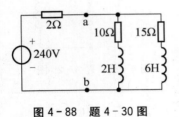

图 4 - 88　题 4 - 30 图

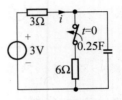

图 4 - 89　题 4 - 31 图

4-32 电路如图 4-90 所示,开关闭合前电路已达稳态,在 $t=0$ 时开关闭合,求电路的 u 和 i。

4-33 电路如图 4-91 所示,开关在 $t=0$ 时打开,打开前电路已处于稳态。选择 R 使二固有频率之和为 -1,求 $i_L(t)$。

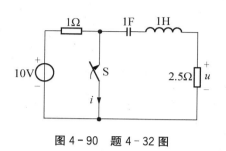

图 4-90 题 4-32 图

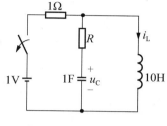

图 4-91 题 4-33 图

4-34 某 RLC 并联电路的 $R=10\Omega$,固有频率为 $-5\pm j4$。电路中的 L、C 保持不变,试计算:

(1) 为获得临界阻尼响应所需的 R 值。

(2) 为获得过阻尼响应,且固有频率之一为是 $s_1=-20$ 时所需的 R 之值。

4-35 某 RLC 并联电路的 $R=1000\Omega$,$L=12.5H$,$C=2\mu F$。

(1) 计算描述电路电压响应的特征根。

(2) 响应是过阻尼、欠阻尼还是临界阻尼?

(3) 响应为临界阻尼时,R 为何值?

4-36 在图 4-92 电路中,已知 $C=0.01F$,$L=1/4$ H,$R=2\Omega$。开关 S 在 $t=0$ 时刻断开,试求 $t>0$ 时的 $u_C(t)$。

4-37 电路如图 4-93 所示,开关在 $t=0$ 时由 1 切换到 2,换路前电路已达稳态。选择 R 使二固有频率之和为 -5,求 $i_C(t)$。

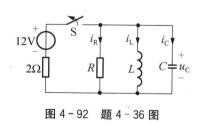

图 4-92 题 4-36 图

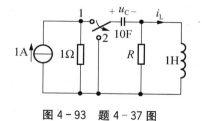

图 4-93 题 4-37 图

4-38 如图 4-94 所示电路已处于稳态,开关 $t=0$ 时由 a 切换到 b,求 $i_L(t)$ 和 $u_C(t)$。

4-39 电路如图 4-95 所示,初始储能为 0,开关 $t=0$ 时闭合,求 $i_L(t)$ 和 $u_C(t)$。

4-40 电路如图 4-96 所示,电感初始储能为 0,开关 $t=0$ 时闭合,求 $i_L(t)$ 和 $u_0(t)$。

4-41 图 4-97 所示电路已处于稳态,开关 $t=0$ 时闭合,求电流 $i_{ZL}(t)$。

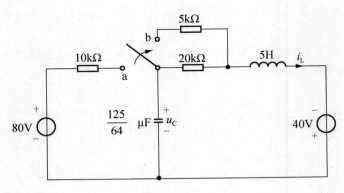

图 4-94　题 4-38 图

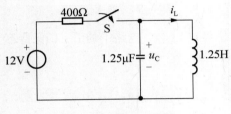

图 4-95　题 4-39 图

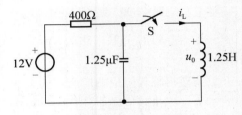

图 4-96　题 4-40 图

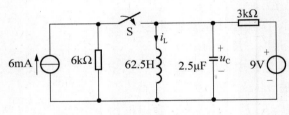

图 4-97　题 4-41 图

第**5**章

正弦稳态电路分析

基本内容：本章着重讨论用变换方法对正弦稳态电路的分析——相量分析方法。首先，介绍变换方法和相量的概念，并由此引出阻抗、相量模型和两类约束的相量形式；然后，介绍了相量模型的等效和相量分析——与电阻电路类比的方法；最后，介绍正弦稳态电路功率的概念及计算方法。

基本要求：掌握阻抗、相量模型和约束关系的相量形式；掌握单口网络的阻抗、等效和阻抗三角形；掌握利用与电阻电路进行类比的方法对相量模型求解；掌握正弦稳态功率的概念及计算方法。

线性电路在单一频率正弦信号激励下的稳态响应可以用相量法来求解，这是本章讨论方法所限定的条件，至于电子信息技术中所涉及的多频正弦波等一般动态电路响应问题的讨论，将放到第 7 章和"信号与系统"等后续课程中进行。

对复杂电路(问题)的求解往往使我们感到困难甚至难以解决，引入"变换"方法有利于将复杂问题转变为简单问题加以求解，正如直接攀登一个陡峭的山峰难以实现时，我们需要另辟蹊径，寻找一条虽然曲折但相对平缓的道路来抵达顶峰。变换方法的引入给科学研究带来了便利，是科学研究的一种重要思想和方法，变换方法在电路分析中的应用主要有电路结构的变换和分析方法(运算工具)的变换。比如，前面的网孔分析和节点分析通过对求解对象的变换有效地减少了方程个数，戴维南定理、诺顿定理通过对电路结构的变换将复杂电路的求解等效为对简单电路的求解。本章介绍的"相量分析法"和第 7 章介绍的"s 域分析法"属于运算工具的变换，将把对微分方程求解的复杂运算问题变换为对代数方程求解的简单运算问题，在今后的"信号与系统"和其他有关课程中还会学到更多有用的变换方法，掌握并体会"变换方法"带来的巨大好处，并学会在今后的工作中主动地加以运用是学习本章的重要目的之一。

5.1 正弦电量及稳态响应

5.1.1 正弦电量的表示

幅度(大小)和极性(方向)随时间作周期性变化的电压(或电流)称为交变电压(或交变电流)，简称**交流电**(alternating current，AC)。正弦交流电是其最基本的一种形式，是构成其他非正弦周期信号的基础,在电路理论和实际工作中占有极其重要的地位。正弦交流电可由发电机或者电子振荡器产生,函数波形如图 5-1 所示,一般用 sin 或 cos 时间函数表示,其瞬时表达式见式(5-1),本书更多的时候使用 cos 函数,但仍称之为正弦波,可见以后的解释。

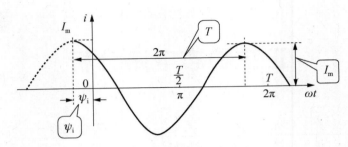

图 5-1　正弦交流电波形图

$$i(t) = I_m\cos(\omega t + \Psi_i) \tag{5-1}$$

式(5-1)称为正弦交流电流的瞬时表达式,同理,正弦交流电压可表示为

$$u(t) = U_m\cos(\omega t + \Psi_u) \tag{5-1$'$}$$

式中利用以下三个(组)重要的物理量将正弦交流电量唯一地确定下来:

(1)表示交流电大小的量——瞬时值、最大值(振幅、幅度)、有效值。

交流电在任意时刻 t 的值称为**瞬时值**,由于其大小及符号均随时间 t 变化,故用小写的 i、u、v 或 $i(t)$、$u(t)$、$v(t)$ 表示。

正弦交流电表达式(函数)的最大值称为**振幅(amplitude)**,通常仅关心其绝对值,它是一个常量,故用大写的 I_m、U_m 表示(基本量大写下标小写,具有其变化中的不变的含义)。

由于交流电的瞬时值随时间变化,就其做功效果而言意义并不太大,通常用有效值来衡量交流电对外做功的能力。其物理意义是,用一幅值可调的直流电压(或电流)来与之比较,当其对外做功效果相等时的电压(或电流)值则称为该交流电的**有效值(effective value,即有效做功的数值)**,对一个确定的交流电函数而言,其值显然是一个常数,所以用大写的 I、U 表示。正弦交流电有效值的函数计算式为方均根值(通常用脚标 rms 表示,如 U_{rms}),即

$$U = \sqrt{\frac{1}{T}\int_0^T u^2 \, \mathrm{d}t} \tag{5-2}$$

将式(5-1)交流电表达式代入式(5-2)后可得

$$U = \frac{1}{\sqrt{2}}U_m = 0.707U_m$$

这时交流电表达式也可写为

$$i(t) = \sqrt{2}I\cos(\omega t + \Psi_i) \text{ A}$$

$$u(t) = \sqrt{2}U\cos(\omega t + \Psi_u) \text{ V}$$

(2)表示变化快慢的量——频率、周期、角频率。

单位时间内交流电重复的次数称为**频率**,用 f 表示,单位为赫兹(Hz);重复一次所

花的时间（即频率的倒数）称为**周期**，用 T 表示，单位为秒（s）；在电路计算中常用的单位还有**角频率**，用 ω 表示，单位为弧度每秒（rad/s），显然有

$$\omega = 2\pi f \tag{5-3}$$

（3）表示位置或起点的量——相位、初相位。

交流电的**相位** $(\omega t + \Psi)$ 决定了交流电在任意时刻的值（包括符号），其物理意义反映了交流电随时间的变化进程，交流电起始时刻（$t=0$ 时刻）的相位 Ψ 称为**初相位（initial phase）**，单位为弧度或度。

初相的数值和符号由函数的起点（cos 函数为正的最大值）与计时起点（$t=0$）之间的关系确定，当二者重合时 $\Psi = 0$，如图 5-2(a)所示；函数起点先于计时零点时 $\Psi > 0$，如图 5-2(b)所示；函数起点后于计时零点时 $\Psi < 0$，如图 5-2(c)所示。初相通常在函数主值范围内取值，即 $|\Psi| \leqslant \pi$。

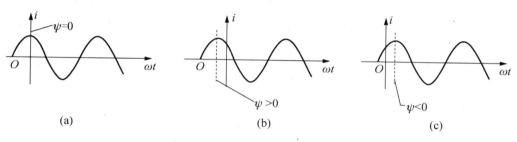

图 5-2　初相符号的意义

比较两个同频率正弦交流电量，除了关心二者的大小关系外，通常还需要关心二者的相位关系。

〔**例 5-1**〕比较两正弦波的相位关系，已知其表达式为

$$u(t) = \sqrt{2}U\cos(\omega t + \Psi_u)$$

$$i(t) = \sqrt{2}I\cos(\omega t + \Psi_i)$$

解：正弦电量的相位关系用二者的相位差表示，即

$$\varphi = (\omega t + \Psi_u) - (\omega t + \Psi_i)$$
$$= \Psi_u - \Psi_i$$

可见，相位差即初相位之差。若 $\varphi > 0$，称为 u 超前 i；若 $\varphi < 0$，称为 u 滞后 i；若 $\varphi = 0$，称为 u 与 i 同相；若 $\varphi = \pm \pi/2$，称为 u 与 i 正交；若 $\varphi = \pm \pi$，称为 u 与 i 反相。两个电量的超前滞后关系是一种相对的概念。

需要注意的是，两个正弦量进行相位比较时应满足同函数、同频率、同符号，且在主值范围内比较。

一个正弦波可由振幅、频率和初相三个参数完全确定，通常称之为正弦交流电的三要素。

5.1.2　正弦稳态响应

在此之前，对动态电路的讨论中使用的都是直流激励，得到了诸如第 4 章的结果，即

电路的响应为暂态响应和稳态响应之和，实际上，当激励改为使用正弦交流电时也可以得到类似的结果。以图 5-3 所示的一阶 RC 电路为例，求在正弦交流电激励下的响应。

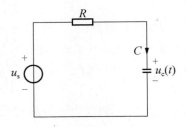

图 5-3 一阶 RC 电路

已知电路的激励为一正弦交流电压，即

$$u_s(t) = U_{sm}\cos(\omega t + \Psi) \text{ V}, \quad t \geqslant 0 \tag{5-4}$$

方法同前，将激励改为正弦交流电源以后可得电路的微分方程为

$$RC\frac{\mathrm{d}u_C}{\mathrm{d}t} + u_C = U_{sm}\cos(\omega t + \Psi) \tag{5-5}$$

显然，式(5-5)所示的非齐次一阶微分方程的解由特解（强制响应，稳态解）u_{Cp} 和对应齐次方程的通解（固有响应，暂态解）u_{Ch} 组成，微分方程的特解为

$$u_{Cp}(t) = U_{Cm}\cos(\omega t + \Psi_u) \tag{5-6}$$

其中，U_{Cm} 和 Ψ_u 两个待定系数可将式(5-6)代入式(5-5)获得，即

$$U_{Cm} = \frac{U_{sm}}{\sqrt{1 + R^2 C^2 \omega^2}}$$

$$\Psi_u = \Psi - \arctan(RC\omega)$$

方程的齐次通解（即电路的暂态响应）为

$$u_{Ch} = K\mathrm{e}^{-\frac{t}{\tau}} \tag{5-7}$$

式中，$\tau = RC$ 为时间常数。将初始条件 $u_C(0) = 0$ 和 $t = 0$ 时 $u_{Cp}(0) = U_{Cm}\cos\Psi_u$ 代入，可得

$$K = -U_{Cm}\cos\Psi_u \tag{5-7}'$$

故有电路的全响应为

$$u_C(t) = U_{Cm}\cos(\omega t + \Psi_u) - U_{Cm}\cos\Psi_u \cdot \mathrm{e}^{-\frac{t}{\tau}}, \quad t \geqslant 0 \tag{5-8}$$

由式(5-8)可见，（工程上认为）在 $t = (3 \sim 5)\tau$ 期间，电路处于过渡过程，此时的响应不是按照严格的正弦率变化的；在 $t \geqslant (3 \sim 5)\tau$ 后，式(5-8)中的第二项将消失，电路进入稳态，电路产生与外激励频率一致的、幅度和相位稳定的正弦波响应——正弦稳态响应（sinusoidal steady state）。在初始条件 $u_C(0) \neq 0$ 时，也可得到类似的结果，即

$$u_C(t) = \underbrace{u_C(0)\mathrm{e}^{-\frac{t}{\tau}} - U_{Cm}\cos\Psi \cdot \mathrm{e}^{-\frac{t}{\tau}}}_{\text{暂态响应}} + \underbrace{U_{Cm}\cos(\omega t + \Psi_u)}_{\text{稳态响应}}, \quad t \geqslant 0 \tag{5-8}'$$

本章只讨论正弦电路响应达稳态后的情形。

5.2　变换方法及相量

正弦交流电激励下的线性时不变电路，在经过了暂态过程后，电路中产生持续稳定的、与激励相同频率的正弦稳态响应，我们在生产生活中所遇到的大多是正弦稳态情况。由 5.1.2 节的例子可见，用经典法求简单电路的正弦稳态响应已经是一个较为复杂的过程，对复杂电路响应的求解将更加吃力，因此我们需要寻求一种更为简便、快捷的正弦稳态响应求解方法。借助变换方法和复数运算，可以在进行单一频率激励下的正弦稳态分析时，避免对微分方程的求解而变得非常方便，这就是相量分析法的基本想法。

5.2.1　变换方法

按理说，在掌握了两类约束关系以后就可以对几乎所有电路求解了，但是，我们还在不断地学习新的定理定律、分析方法和求解方法，其中一个很重要的目的就是为了使对电路的求解来得更加方便。网孔法、节点法如此，戴维南定理、诺顿定理如此，现在要学习的相量法以及今后要学习的拉普拉斯变换和其他更多的变换方法也是如此。变换方法一般分为以下三个步骤：

（1）变换。将原来的(复杂)问题变换为一个适当的、更容易处理的问题。

（2）求解。在变换域(范围、环境) 中求解问题(相对更容易)。

（3）反变换。将在变换域中得到的解还原为原来问题的结果。

以 5.1.2 节正弦激励下的 RC 一阶电路为例，原问题是一个时域下的一阶微分方程，求解过程较为复杂，通过变换为复数域(也叫频域)的问题，则仅需通过简单的复数运算即可得到变换域的结果(以后称为相量的结果)，然后通过反变换即可得到和直接求解微分方程一样的结果，如图 5-4 所示。

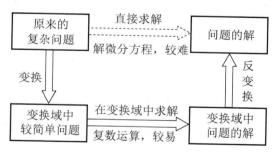

图 5-4　变换方法解题过程

5.2.2　复数

1. 复数的表示

图 5-5 所示复平面上的任意一点 A 即为一个复数，一般可用直角坐标式表示，即

$$A = a + jb$$

(5-9)

式中，$j=\sqrt{-1}$，为虚数单位（用 j 表示虚数单位主要是为了避免与电流 i 引起混淆）。其横坐标为复数的实部，纵坐标为复数的虚部，可用 Re 和 Im 表示，即

$$\mathrm{Re}A = \mathrm{Re}(a+jb) = a$$
$$\mathrm{Im}A = \mathrm{Im}(a+jb) = b$$

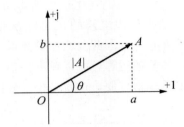

图 5-5 复平面上的复数 A

复数也可用从原点 O 指向 A 的有向线段表示，一般用极角坐标式表示，即

$$A = |A|\mathrm{e}^{j\theta} \tag{5-10}$$

实际上在式 (5-10) 中仅需关心复数 A 的模 $|A|$ 和辐角 θ 即可，故工程上常简写为

$$A = |A|\angle\theta \tag{5-10}'$$

可读作 "$|A|$ 在角度 θ"，注意这并不表示一种新的运算，而仅是一种简便的记号，一切运算仍按指数函数的运算规则进行。

2. 复数的运算规则

1) 复数的几种特殊情况

若复数的虚部为零则复数为一个实数；实部为零时复数为一个虚数；实部虚部均为零复数等于零。

两个复数相等：实部、虚部分别对应相等，或者模与辐角分别对应相等。

两个复数共轭：实部相等，虚部等值异号，或者模相等、辐角等值异号。

2) 两种表达形式的互换

由欧拉（Euler）公式得

$$\mathrm{e}^{j\theta} = \cos\theta + j\sin\theta \tag{5-11}$$

将式 (5-10) 展开可得

$$A = |A|\mathrm{e}^{j\theta} = |A|(\cos\theta + j\sin\theta)$$

则有

$$\begin{cases} a = |A|\cos\theta \\ b = |A|\sin\theta \end{cases} \tag{5-12}$$

或

$$\begin{cases} |A| = \sqrt{a^2 + b^2} \\ \theta = \arctan\dfrac{b}{a} \end{cases} \tag{5-12}'$$

参照图 5-5 中复数的直角三角形可以很方便地得出以上互换关系。

3）加减运算——各复数的实部、虚部分别相加减

若

$$A = a_1 + jb_1, B = a_2 + jb_2$$

则

$$A \pm B = (a_1 \pm a_2) + j(b_1 \pm b_2) \qquad (5-13)$$

可见，复数的加减法运算必须使用直角表达式。

4）乘除法运算——模相乘除，辐角相加减

若

$$A = |A_1| \angle \theta_1, B = |A_2| \angle \theta_2$$

则

$$A \times B = |A_1 \times A_2| \angle (\theta_1 + \theta_2) \qquad (5-14)$$

$$A/B = |A_1/A_2| \angle (\theta_1 - \theta_2) \qquad (5-15)$$

可见，复数的乘除法运算使用极角表达式更方便。

5）旋转因子

由欧拉公式得

$$e^{j\theta} = \cos\theta + j\sin\theta = 1 \angle \theta$$

当

$$\theta = 0 \text{ 时}, e^{j0} = 1; \theta = \pm \frac{\pi}{2} \text{ 时}, e^{\pm j\frac{\pi}{2}} = \pm j; \theta = \pi \text{ 时}, e^{j\pi} = -1$$

若一个复数乘以 j，相当于在复平面上把该复数逆时针旋转 $\pi/2$；若一个复数除以 j，即该复数乘以 $-j$，则等于在复平面上把该复数顺时针旋转 $\pi/2$。

同理，$j = \sqrt{-1} \Rightarrow \pi/2$，$j^2 = -1 \Rightarrow \pi$，$j^3 = -j \Rightarrow -\pi/2$，$j^4 = 1 \Rightarrow 0°$。所以，$+j$、$-j$、$-1$ 都可以理解成一个旋转因子。

3. 示例

[**例 5-2**] 已知 $A_1 = 60 \angle 30°$，$A_2 = -5.7 + j16.9$，求 A_1 的直角式和 A_2 的极角式。

解：$A_1 = 60 \angle 30° = \cos 60° + j\sin 60° = 51.2 + j30$

$A_2 = -5.7 + j16.9 = \sqrt{(-5.7)^2 + 16.9^2} \angle \arctan \dfrac{16.9}{-5.7} = 17.84 \angle -71.36°$。

[**例 5-3**] 已知 $A_1 = 10 + j3$，$A_2 = -2 + j6$，$A_3 = 10 \angle 30°$，求 $A_1 + A_2 - A_3$ 和 $\dfrac{A_1 \times A_2}{A_3}$ 的值。

解：$A_1 + A_2 - A_3 = (10 + j3) + (-2 + j6) - (8.66 + j5)$

$\qquad = 0.66 + j4 = 4.05 \angle 80.63°$，

$\dfrac{A_1 \times A_2}{A_3} = \dfrac{10.44 \angle 16.7° \times 6.32 \angle -71.56°}{10 \angle 30°}$

$\qquad = 6.6 \angle -84.86° = 0.596 - j6.57$

5.2.3 相量

线性时不变电路在正弦电源激励下，各支路电压电流的特解都是与激励同频率的正弦波，当电路中存在多个同频率正弦激励时也如此。故在已知交流电的频率（或频率不变）情况下，正弦波的三要素中就仅需关心其中两个——振幅（或有效值）和初相即可。

利用欧拉公式，则对于正弦电压可写为：

$$u(t) = \mathrm{Re}[U_\mathrm{m}e^{j(\omega t + \Psi_u)}] = \mathrm{Re}[U_\mathrm{m}e^{j\Psi_u} \cdot e^{j\omega t}]$$

$$= \mathrm{Re}[\dot{U}_\mathrm{m} \cdot e^{j\omega t}]$$

其中

$$\dot{U}_\mathrm{m} = U_\mathrm{m}e^{j\Psi_u}$$

通常记为

$$\dot{U}_\mathrm{m} = U_\mathrm{m} \angle \Psi_u \qquad \text{——相量，振幅（最大值）相量}$$

可见，**相量**就是在交流电频率不变条件下，仅关心振幅和初相时的一种复数对应关系（表达形式），用交流电的振幅（或有效值）作为相量的模，初相作为相量的辐角。

从相量名称可以看到，这里的"相"不是方向的向而是相位的相，所以，相量除了关心交流电的大小外，还必须关心交流电的相角（辐角）。对相量取其实部就可以用来表达正弦交流电，这也是在电路分析中正弦电量通常都使用 cos 函数的原因。振幅相量与有效值相量仅差一个系数（$\sqrt{2}$），在电路分析中究竟使用振幅相量还是有效值相量没有严格的规定，只要在一个问题的分析过程中各电量统一使用振幅相量或有效值相量以及一旦选定就不要中途改变即可。

[例 5 - 4] 对以下正弦电量进行变换。

1）正弦交流电（时域函数）：

$$u(t) = 10\sqrt{2}\cos(\omega t + 30°)。$$

$$\dot{U}_\mathrm{m} = 14.1 \angle 30° \text{ V（振幅相量）}$$

或

$$\dot{U} = 10 \angle 30° \text{ V（有效值相量）}$$

2）正弦相量：

$$\dot{U}_\mathrm{m} = 314 \angle -30° \text{ V}$$

$$\Rightarrow u(t) = 314\cos(\omega t - 30°)\text{V}$$

$$\dot{U} = 220 \angle 30° \text{ V}$$

$$\Rightarrow u(t) = 220\sqrt{2}\cos(\omega t + 30°)\text{V}$$

相量（图）也可用复平面上的有向线段表示，线段的长度表示正弦量的振幅或有效值，线段与实轴正方向的夹角表示正弦量的初相位，如图 5 - 6 所示。

在图 5.6 中，如果让相量从角 Ψ（即初相）开始，以角速度 ω（即角频率）围绕原点 O

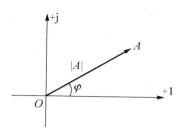

图 5-6　例 5-4 相量图

旋转，则称为旋转相量，将旋转相量顶点在纵轴上的投影按时间轴展开（即将幅度表达成时间函数）就是正弦信号 $u(t)$ 或 $i(t)$ 的波形图，如图 5-7 所示。由此可见，相量本身只能表征一个正弦信号的幅度和初相，要完整表示一个正弦信号还需要再加上频率信号 $e^{j\omega t}$。

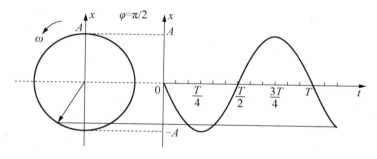

图 5-7　旋转相量与正弦波

对于频率相同的不同正弦信号，它们对应的旋转相量以相同的速率旋转，其相对位置（包括相位差、初相差）保持不变，因此，可以任选一个时刻 t_0 用它们在该时刻旋转相量的瞬时值来比较它们的幅度与相位关系。由于相量包含正弦信号的幅度和相位信息，同频率正弦信号的加减、微分和积分运算后仍得到相同频率的正弦信号，所以，可以将这些正弦信号的运算关系变换为它们所对应的相量之间的运算关系，用复数运算代替三角函数运算，用代数方程取代微积分方程。

5.3　两类约束的相量形式

5.3.1　相量的线性性质

相量的线性性质可从下面的例子中看出。

[**例 5-5**] 已知 $u_1(t) = 20\cos(\omega t - 30°)$ V，$u_2(t) = 40\cos(\omega t + 60°)$ V，求 $u_1(t) + u_2(t)$。

解：第一种方法运用三角公式求解。

$$u_1(t) = 20\cos\omega t\cos30° + 20\sin\omega t\sin30°$$
$$u_2(t) = 40\cos\omega t\cos60° - 40\sin\omega t\sin60°$$

所以

$$u_1(t) + u_2(t)$$
$$= (20\cos30° + 40\cos60°)\cos\omega t + (20\sin30° - 40\sin60°)\sin\omega t$$
$$= 37.32\cos\omega t - 24.64\sin\omega t$$

作出以 37.32 和 24.64 为直角边的辅助三角形，如图 5-8 所示，即可将上式整理为以下结果：

$$u_1(t) + u_2(t)$$
$$= 44.72\cos(\omega t + 33.43°),\mathrm{V}$$

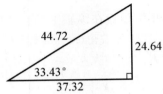

图 5-8　辅助三角形

可见，两个同频率正弦量之和仍为同一频率的正弦量。

第二种方法运用变换方法(相量运算)求解。

将正弦量变换为相量，即

$$u_1(t) = 20\cos(\omega t - 30°) \Rightarrow \dot{U}_{1m} = 20\angle-30°$$

$$u_2(t) = 40\cos(\omega t + 60°) \Rightarrow \dot{U}_{2m} = 40\angle60°$$

在变换域求解(运用复数运算)，即

$$\dot{U}_{1m} + \dot{U}_{2m} = 20\angle-30° + 40\angle60°$$
$$= (17.32 - \mathrm{j}10) + (20 + \mathrm{j}43.64)$$
$$= 37.32 + \mathrm{j}24.64$$
$$= 44.72\angle33.43°$$

反变换，即

$$\dot{U}_{1m} + \dot{U}_{2m} \Rightarrow u_1(t) + u_2(t)$$
$$= 44.72\cos(\omega t + 33.43°),\mathrm{V}$$

可见，在解法二中利用复数的代数运算替代了烦琐的三角运算，简便快捷，尤其是在进行多个正弦量的运算时，优势更加明显。

若干个同频率正弦量(可带有实系数)线性组合的相量等于表示各个正弦量的相量的同一线性组合。设正弦量为

$$f_1(t) = \mathrm{Re}(\dot{A}_1 \mathrm{e}^{\mathrm{j}\omega t}), f_2(t) = \mathrm{Re}(\dot{A}_2 \mathrm{e}^{\mathrm{j}\omega t})$$

即

$$\dot{A}_1 \Rightarrow f_1(t), \dot{A}_2 \Rightarrow f_2(t)$$

若有实系数 α_1 和 α_2，则正弦量的组合 $\alpha_1 f_1(t) + \alpha_2 f_2(t)$ 可用相量组合 $\alpha_1 \dot{A}_1 + \alpha_2 \dot{A}_2$ 表示。

5.3.2　基尔霍夫定律的相量形式

　　基尔霍夫定律是电路分析中描述结构约束关系的重要电路定律，是电路求解的基本依据之一。由 KCL 可知：在任意时刻，所有支路流出电路节点电流的代数和为零。又由前述可知，线性时不变电路在单一频率 ω 的正弦波激励下（正弦电源可以有多个，但必须保证是同频率），电路各处所产生的稳态响应也都是同频率正弦波。因此，在任意时刻，对任一节点 KCL 可表为

$$\sum_{k=1}^{K} i_k = \sum_{k=1}^{K} \mathrm{Re}(\dot{I}_{km}\mathrm{e}^{j\omega t}) = 0$$

其中

$$\dot{I}_{km} = I_{km}\angle\Psi_k$$

为流出该节点的第 k 条支路的正弦电流 i_k 的相量；K 为连接该节点支路的条数。根据上述线性性质且考虑到 $\mathrm{e}^{j\omega t} \neq 0$，故可得

$$\sum_{k=1}^{K} \dot{I}_{km} = 0, \quad 或 \quad \sum_{k=1}^{K} \dot{I}_k = 0 \qquad (5-16)$$

同理，在正弦稳态电路中，沿任一回路，KVL 可表示为

$$\sum_{k=1}^{K} \dot{U}_{km} = 0, \quad 或 \quad \sum_{k=1}^{K} \dot{U}_k = 0 \qquad (5-17)$$

式中，$\dot{U}_{km}$ 为回路中第 k 条支路的电压相量；K 为该回路的支路数。

　　可见，在正弦稳态电路中，基尔霍夫定律中的电流电压改写为相量后仍成立，形式上与原来保持一致，称为 KCL 和 KVL 的相量形式。有效值相量也一样。

　　[例 5-6] 电路中某节点如图 5-9 所示。已知：$i_1(t) = 10\cos(\omega t + 60°)$ A，$i_2(t) = 5\sin\omega t$ A，求 $i_3(t)$。

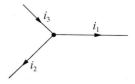

图 5-9　例 5-6 图

解：将 $i_2(t)$ 改写为 cos 函数，即 $i_2(t) = 5\cos(\omega t - 90°)$ A。

　　(1) 将正弦电流变换为相量，得：$\dot{I}_{1m} = 10\angle 60°$，$\dot{I}_{2m} = 5\angle -90°$；

　　(2) 由 KCL 知

$$\dot{I}_{1m} + \dot{I}_{2m} - \dot{I}_{3m} = 0$$

则有

$$\dot{I}_{3m} = \dot{I}_{1m} + \dot{I}_{2m}$$
$$= 10\angle 60° + 5\angle -90° = 6.2\angle 36.2°, A$$

（3）反变换得时域表达式，即

$$i_3(t) = 6.2\cos(\omega t + 36.2°) \text{ A}。$$

需要注意的是，正弦量之间的运算必须确保函数的"三同"，即：同频率、同函数、同符号。

5.3.3 三种基本元件 VCR 的相量形式

在掌握了电路的结构约束关系后，结合元件约束关系就可以对电路求解了。在时域下，电阻、电感、电容三种基本电路元件的约束关系（VCR）是各不相同的，在采用关联参考方向下，线性时不变电阻、电感、电容元件的 VCR 分别为

$$u = Ri \tag{5-18}$$

$$u = L \frac{\mathrm{d}i}{\mathrm{d}t} \tag{5-19}$$

$$i = C \frac{\mathrm{d}u}{\mathrm{d}t} \tag{5-20}$$

在正弦稳态电路中，这些元件上的电压电流均为同频率的正弦波。其中，电阻元件 R 的 VCR 式（5-18），就是我们最熟悉的欧姆定律，结合电路的结构约束关系可以非常方便的对电阻电路进行求解（如第 1~3 章的情形）；而电感和电容元件的 VCR 式（5-19）和（5-20）是微分表达式，所以对含有 L 和 C 动态元件的电路列写出的电路方程就是微分方程（如第 4 章和本章的情形），给电路的求解带来了困难。为了使用相量方法进行正弦稳态分析，下面将导出这三种基本元件 VCR 的相量形式。

设电阻、电感、电容元件处于正弦稳态电路中，元件上的电压电流为关联参考方向，时域表达式和对应的相量如下

$$u(t) = \sqrt{2}U\cos(\omega t + \Psi_u) \Rightarrow \dot{U} = U\angle\Psi_u$$

$$i(t) = \sqrt{2}I\cos(\omega t + \Psi_i) \Rightarrow \dot{I} = I\angle\Psi_i$$

我们的任务就是要得出元件电压电流关系（VCR）的相量形式（$\dot{U}$-$\dot{I}$）。

1. 电阻元件的 VCR

在图 5-10 所示的电阻电路中，根据欧姆定律式（5-18）可得时域关系式为

$$\sqrt{2}U\cos(\omega t + \Psi_u) = R \cdot \sqrt{2}I\cos(\omega t + \Psi_i)$$

可见，在时域表达式中，电阻元件上电压电流关系仅函数的系数（交流电的幅度）不同，而函数的形式、符号、频率、初相都相同。

在第 1~3 章的（直流）电阻电路中说过，欧姆定律既可以写成 $U = RI$，（这里的 U、I 为直流电压电流），也可以写成 $u = Ri$（这里的 u、i 为时间函数，包括正弦交流电）。即电阻电路的求解不涉及微分方程之类的特殊运算，本来不必使用相量法，但为了和其他元件（L、C）的形式统一，这里仍给出电阻元件 VCR 的相量形式。

将上述电阻元件 VCR 时域表达式的等号两边同时变换为对应的相量得相量表达式为

$$\dot{U} = R\dot{I}, \quad 或 \quad U\angle\Psi_u = RI\angle\Psi_i \tag{5-21}$$

由复数的性质不难得出

$$\begin{cases} U = RI \\ \Psi_u = \Psi_i \end{cases} \tag{5-22}$$

从式(5-22)可以看出，电阻元件上电压电流的大小满足欧姆定律，二者的相位是同相的。表现在相量图中就是电压电流相量的方向一致，如图5-10所示。

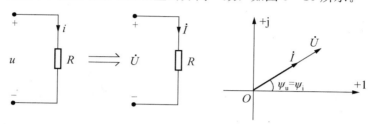

图 5-10　电阻元件电压电流关系

2. 电感元件的 VCR

在图5-11所示的电感电路中，运用电感元件的伏安关系式(5-19)可得电压电流的时域关系式为

$$u = L\frac{\mathrm{d}i}{\mathrm{d}t} = L\frac{\mathrm{d}}{\mathrm{d}t}\sqrt{2}\,I\cos(\omega t + \Psi_i)$$

$$= -\omega L\sqrt{2}\,I\sin(\omega t + \Psi_i)$$

$$= \underline{\omega L\sqrt{2}\,I}\cos(\omega t + \underline{\Psi_i + 90°}) \tag{5-23}$$
$$\quad\quad 幅度 \quad\quad\quad 初相$$

可见，在时域表达式中，电感元件上电压电流关系的函数形式、符号、频率一致，电压的幅度等于电流幅度乘上系数 ωL，电压的初相等于电流初相加上 $90°$。

将式(5-23)的等号两边同时变换为对应的相量得相量表达式

$$\dot{U} = \omega LI\angle(\Psi_i + 90°) = \omega L \cdot I\angle\Psi_i \cdot \angle 90°$$

$$= \omega L \cdot \dot{I} \cdot \angle 90° = \mathrm{j}\omega L\dot{I} \tag{5-24}$$

即

$$U\angle\Psi_u = \omega LI\angle(\Psi_i + 90°) \tag{5-25}$$

注意到在以上变换过程中使用了旋转因子的关系。

由复数性质不难得到

$$\begin{cases} U = \omega L \cdot I \\ \Psi_u = \Psi_i + 90° \end{cases} \tag{5-25}'$$

从式(5-25)可见，电感元件上电压的初相等于电流初相加上 $90°$，表现在相量图中就是电压相量超前电流相量 $90°$，如图5-11(c)所示。如果着重表示电压电流相量的相位关系，也可以选定某一个相量作参考相量放在实轴正方向，而另一相量的位置由式(5-25)确定，如图5-11(d)所示。

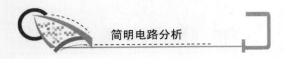

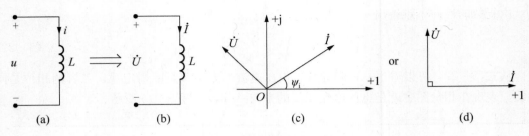

图 5-11　电感元件电压电流关系

3. 电容元件的 VCR

在图 5-12 所示的电容电路中，运用电容元件的伏安关系式(5-20)可得电压电流的时域关系式为

$$i = C \frac{\mathrm{d}u}{\mathrm{d}t} = C \frac{\mathrm{d}}{\mathrm{d}t} \sqrt{2} U \cos(\omega t + \Psi_u)$$

$$= -\omega C \sqrt{2} U \sin(\omega t + \Psi_u)$$

$$= \underset{\text{幅度}}{\underline{\omega C \sqrt{2} U}} \cos(\omega t + \underset{\text{初相}}{\underline{\Psi_u + 90°}}) \tag{5-26}$$

可见，在时域表达式中，电容元件上电流电压关系的函数形式、符号、频率一致，电流的幅度等于电压幅度乘上系数 ωC，电流的初相等于电压初相加上 $90°$。

将式(5-26)的等号两边同时变换为对应的相量得相量表达式

$$\dot{I} = \omega C U \angle (\Psi_u + 90°) = \omega C \cdot U \angle \Psi_u \cdot \angle 90°$$

$$= \omega C \cdot \dot{U} \cdot \angle 90° = \mathrm{j} \omega C \dot{U} \tag{5-27}$$

或

$$\dot{U} = \frac{1}{\mathrm{j} \omega C} \dot{I} = -\mathrm{j} \frac{1}{\omega C} \dot{I} \tag{5-27$'$}$$

由复数性质不难得到

$$U \angle \Psi_u = \frac{1}{\omega C} I \angle (\Psi_i - 90°) \tag{5-28}$$

即

$$\begin{cases} U = \dfrac{1}{\omega C} I \\ \Psi_u = \Psi_i - 90° \end{cases} \tag{5-28$'$}$$

从式(5-28)可见，电容元件上电压的初相等于电流初相减去 $90°$，表现在相量图中就是电压相量滞后电流相量 $90°$（或称为电流超前电压 $90°$），如图 5-12(c)、(d)所示。

[例 5-7]　在图 5-12 中流过 0.5F 电容的电流为 $i(t) = 1.41 \cos(100t - 30°)$ A。试求电容的电压 $u(t)$，并绘相量图。

解：用相量法求解。

(1) 变换。

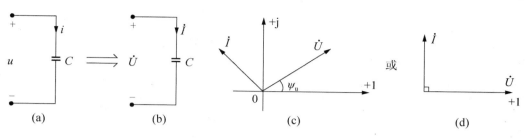

图 5-12 电容元件电压电流关系

$$\dot{I} = 1\angle -30° \text{ A}$$

（2）求解（运用 VCR 的相量式）。

$$\dot{U} = -\text{j}\frac{1}{\omega C}\dot{I}$$

$$= -\text{j}\frac{1\angle -30°}{100 \times 0.5} = \frac{1}{50}\angle(-30° - 90°)$$

$$= 0.02\angle -120°, \text{A}$$

（3）反变换。

$$u(t) = 0.02\sqrt{2}\cos(100t - 120°) \text{ V}$$

（4）绘相量图，如图 5-13 所示。

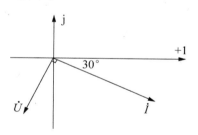

图 5-13 相量图

[**例 5-8**] 电路如图 5-14（a）所示，已知 $u(t) = 120\cos(1000t + 90°)$ V，$R = 15\Omega$，$L = 30\text{mH}$，$C = 83.3\mu\text{F}$，求 $i(t)$。

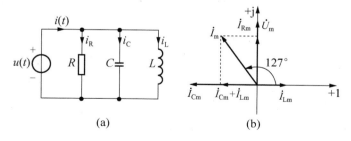

图 5-14 例 5-8 图

解： 用相量法求解。

（1）变换。

$$\dot{U}_{m} = 120\angle 90° \text{ V}$$

（2）求解。

① 运用元件 VCR 相量式。

对于电阻元件

$$\dot{I}_{Rm} = \frac{\dot{U}_{m}}{R} = 8\angle 90° = j8 \text{ A}$$

对于电容元件

$$\dot{I}_{Cm} = j\omega C\dot{U}_{m} = 1000 \times 83.3 \times 10^{-6} \times 120\angle (90° + 90°)$$
$$= 10\angle 180° = -10\text{A}$$

对于电感元件

$$\dot{I}_{Lm} = \frac{\dot{U}_{m}}{j\omega L} = \frac{120\angle 90°}{1000 \times 30 \times 10^{-3}\angle 90°}\text{A} = 4\angle 0° = 4 \text{ A}$$

②运用 KCL 相量式.

$$\dot{I}_{m} = \dot{I}_{Rm} + \dot{I}_{Cm} + \dot{I}_{Lm} = (j8 - 10 + 4)$$
$$= -6 + j8 = 10\angle 127°\text{,A}$$

（3）反变换。

$$i(t) = 10\cos(1000t + 127°) \text{ A}$$

即，电流超前电压 37°。

由以上两个例可见：①用变换方法对电路求解除增加了"变换和反变换"两个环节外，和电阻电路一样也是利用两类约束列写方程进行求解（第（2）步）；②思考一下，为什么例 5-7 用的是有效值相量，而例 5-8 用的是振幅（最大值）相量？

5.3.4 阻抗和导纳——VCR 形式的统一

前述得到了 RLC 三种基本（单一）元件 VCR 的相量形式，将式（5-18）～式（5-20）统一表达成 $\dot{U}$ - $\dot{I}$ 的函数关系如下：

$$\begin{cases} \dot{U} = R \cdot \dot{I} \\ \dot{U} = j\omega L \cdot \dot{I} \\ \dot{U} = \frac{1}{j\omega C} \cdot \dot{I} \end{cases}$$

引入阻抗的概念，将以上 RLC 元件在正弦稳态时电压相量和电流相量之比定义为该元件的阻抗（impedance），记为 Z，即

$$\frac{\dot{U}}{\dot{I}} = \frac{\dot{U}_{m}}{\dot{I}_{m}} = Z \tag{5-29}$$

那么，三种基本元件的 VCR 相量式则可归结为

$$\dot{U} = Z\dot{I}，或 \quad \dot{U}_{m} = Z\dot{I}_{m} \tag{5-30}$$

这样一个统一的形式，可见与欧姆定律形式相同，习惯上称之为欧姆定律的相量形式（关联参考方向下，非关联参考方向时加上"－"号即可）。

显然，电阻、电感、电容的阻抗分别为

$$\begin{cases} Z_R = R \\ Z_L = j\omega L \\ Z_C = \dfrac{1}{j\omega C} = -j\dfrac{1}{\omega C} \end{cases} \tag{5-31}$$

非常重要的是，引入阻抗概念后就将 RLC 三种元件的 VCR 统一起来了，这为今后用相量法对正弦稳态电路的求解提供了可能。由阻抗的定义可见，它是元件上电压相量和电流相量之比，故阻抗也是一个复数，用极坐标式表达时，它的模表示阻抗的大小（元件对流过其中的交流电流的阻碍作用），它的辐角表示电压超前电流的角度（元件对流过其中的交流电流所产生的相位移动，简称**相移**），它的单位仍然是欧姆（Ω）。既然阻抗是一个复数，当然也可以用直角坐标式表达，这时电阻是一个纯实数，而电感和电容为纯虚数，进一步的含义在本章稍后讨论。

同理可引入导纳的概念，将元件在正弦稳态时电流相量和电压相量之比定义为该元件的**导纳**（admittance），记为 Y，显然为阻抗 Z 的倒数，即

$$Y = \frac{\dot{I}}{\dot{U}} = \frac{1}{Z} \tag{5-32}$$

导纳的单位为西门子（S）。电阻、电感、电容的导纳分别为

$$\begin{cases} Y_R = \dfrac{1}{R} = G \\ Y_L = \dfrac{1}{j\omega L} = -j\dfrac{1}{\omega L} \\ Y_C = j\omega C \end{cases} \tag{5-33}$$

这时，三种元件 VCR 可归结为

$$\dot{I} = Y\dot{U} \quad \text{或} \quad \dot{I}_m = Y\dot{U}_m \tag{5-34}$$

显然，该式是欧姆定律相量形式的另一种表达形式。

由式(5-31)和式(5-33)可知，电阻的阻抗（或导纳）是一个实数，而电感和电容的阻抗（或导纳）是一个虚数，尤其在工程上很多时候更多的关心阻抗（或导纳）的大小，故常将阻抗和导纳表示为

$$Z = jX, \text{或} \quad Y = jB \tag{5-35}$$

即

$$X = \text{Im}[Z], \text{或} \quad B = \text{Im}[Y] \tag{5-36}$$

式中，X 称为元件的**电抗**（reactance），而 Y 则称为元件的**电纳**（susceptance）。

对于电感

$$X_L = \text{Im}[Z_L] = \omega L \tag{5-37}$$

称为电感的电抗，简称感抗。

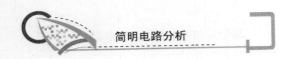

$$Y_L = \text{Im}[Y_L] = -\frac{1}{\omega L} \tag{5-38}$$

称为电感的电纳，简称感纳。

对于电容

$$X_C = \text{Im}[Z_C] = -\frac{1}{\omega C} \tag{5-39}$$

称为电容的电抗，简称容抗。

$$Y_C = \text{Im}[Y_C] = \omega C \tag{5-40}$$

称为电容的电纳，简称容纳。

5.4 相量分析法——用类比方法分析正弦稳态电路

在 5.3 节完成了一个非常重要的工作，就是使电阻、电感和电容的电压电流关系 VCR 在频域实现了统一，使之都遵从欧姆定律的相量形式，至此实现了两类约束关系的相量形式描述，从而为用相量分析方法对正弦稳态电路求解奠定了基础。从两类约束关系的相量形式可以看到，与第 1~3 章电阻电路中的对应定理定律形式上完全相同，其差别仅在于这里不直接用电压电流，而是用代表正弦电压电流的相量；不用电阻和电导，而是用阻抗和导纳。只要注意到这一对应关系，就完全可以将以前已经熟悉的电阻电路分析方法运用到正弦稳态分析中来，也就是说可以仿照（类比方法）电阻电路的方法来对正弦稳态电路进行求解。这就使我们在对正弦稳态电路求解时可以回避对微分方程的求解，仅需完成简单的复数运算即可，从另一方面来讲，在学习该内容过程中也是对电阻电路分析方法的一次全面的复习。阻抗和导纳概念的引入对正弦稳态分析理论的发展起着重要的作用。

5.4.1 相量模型

为便于与电阻电路的类比，引入相量模型（phasor model）的概念。

之前给出的正弦稳态电路模型，电压电流为正弦交流电，元件使用 RLC 原参数表征（R—欧姆，Ω；L—亨利，H；C—法拉，F），这时称为时域电路模型，它们反映的是电路中电压电流之间的时间函数关系。相量模型是使用相量分析方法求解正弦稳态电路时的一种假想模型，它和原正弦稳态时域电路具有相同的拓扑结构，但电路中所有元件用其阻抗（或导纳）表示，所有电量用电压电流相量表示（参考方向不变）。可以理解为引入阻抗和导纳后便将任一线性时不变正弦 RLC 电路变换成了"等效的电阻电路"，见表 5-1。

表 5-1 相量模型关系

变换关系		相量模型的特点
时域	频域	电路结构不变；
$u(t)$、$i(t)$	$\dot{U}$、$\dot{I}$	参考方向不变； 等效的电阻电路
R、L、C	Z、Y	

相量法实际上就是用变换方法分析正弦稳态电路，求解步骤如图 5-15 所示。在得到了相量模型后，就可以类比电阻电路的解法（包括定理定律和求解方法）对其进行求解。

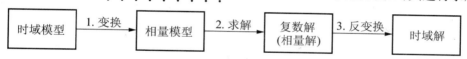

图 5-15　相量法解题步骤

5.4.2　单口网络的阻抗和导纳

对于 RLC 无源单口网络，式(5-29)、式(5-32)中的 $\dot{U}$、$\dot{I}$ 应为该单口网络端口的电压相量和电流相量，Z 和 Y 则对应为该单口网络的阻抗和导纳，即输入阻抗和输入导纳，如图 5-16 所示。

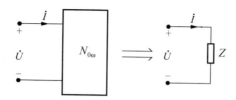

图 5-16　单口网络的阻抗

单口网络 $N_{0\omega}$（下标中的 0 表示该网络不含独立源，ω 表示频域函数）的端口电压相量 $\dot{U}$ 与电流相量 $\dot{I}$ 之比，称为单口网络的**阻抗** Z，即

$$Z = \frac{\dot{U}}{\dot{I}}$$

$$= \frac{U\angle\Psi_u}{I\angle\Psi_i} = \frac{U}{I}\angle(\Psi_u - \Psi_i)$$

$$= |Z|\angle\varphi_Z \qquad (5-41)$$

式(5-41)是阻抗 Z 的极角表达式，显然这是一个复数。其中，$|Z|$（为方便，以后在不引起混淆时也可直接写成 Z）为阻抗的**模**，等于单口网络端口电压电流有效值（也可以是振幅、最大值）之比；φ_Z 为阻抗的辐角，称为**阻抗角**（以后也可直接写成 φ），等于电压初相与电流初相之差，即 $\varphi_Z = \Psi_u - \Psi_i$，表示端口电压超前电流的角度阻抗的；单位为欧姆，$\Omega$。阻抗也可以用直角表达式表示，即

$$Z = R + jX \qquad (5-42)$$

式中，实部 R 称为阻抗 Z 的电阻分量；虚部 X 称为阻抗 Z 的电抗分量。

需要指出的是，单口网络的阻抗与前述 RLC 单一元件的阻抗有所不同，一般而言，它不再是一个纯粹的实数或者纯粹的虚数，电阻分量（而不是电阻）、电抗分量（而不是电抗）也不仅由网络中的电阻或者电抗元件决定，而是与网络中所有元件以及交流电的频率都有关系，关于这个问题我们将在后面"相量模型的等效"内容中进行详细的讨论。

显然，欧姆定律的相量形式也可以应用于单口网络，即

$$\dot{U} = Z\dot{I}$$

阻抗 Z 也可以用复平面上的一个直角三角形（以后称为阻抗三角形）表示，如图 5-17 所示。

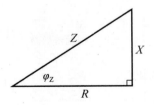

图 5-17　阻抗三角形

由阻抗三角形易得出以下换算关系：

$$\begin{cases} R = Z \cdot \cos\varphi_Z \\ X = Z \cdot \sin\varphi_Z \end{cases}, \text{和} \quad \begin{cases} Z = \sqrt{R^2 + X^2} \\ \varphi_Z = \arctan\dfrac{X}{R} \end{cases} \tag{5-43}$$

单口网络的电抗分量 X 可以为正也可以为负：

当 $X > 0$（$\varphi_Z > 0$）时，电压超前电流 φ_Z，称阻抗 Z 呈现电感的性质，简称呈感性；

当 $X < 0$（$\varphi_Z < 0$）时，电压滞后电流 φ_Z，称阻抗 Z 呈现电容的性质，简称呈容性；

当 $X = 0$（$\varphi_Z = 0$）时，电压与电流同相，称阻抗 Z 呈现电阻的性质，简称呈阻性。

同理，可引入单口网络导纳的概念，即单口网络 $N_{0\omega}$ 的端口电流相量 $\dot{I}$ 与电压相量 $\dot{U}$ 之比，称为单口网络的**导纳** Y，即

$$\begin{aligned} Y &= \frac{\dot{I}}{\dot{U}} \\ &= \frac{I\angle\Psi_i}{U\angle\Psi_u} = \frac{I}{U}\angle(\Psi_i - \Psi_u) \\ &= |Y|\angle\varphi_Y \end{aligned} \tag{5-44}$$

式中，$|Y|$（为方便，以后也可直接写成 Y）为导纳的**模**，等于单口网络端口电流电压有效值（也可以是振幅、最大值）之比；φ_Y 为导纳的辐角，称为**导纳角**，等于电流初相与电压初相之差，即 $\varphi_Y = \Psi_i - \Psi_u = -\varphi_Z$，表示端口电流超前电压的角度；单位为西门子，S。导纳也可以用直角表达式表示，即

$$Y = G + jB \tag{5-45}$$

式中，实部 G 称为导纳 Y 的**电导分量**；虚部 B 称为导纳 Y 的**电纳分量**。

需要特别注意的是，单口网络的阻抗和导纳互为倒数，即 $Y = \dfrac{1}{Z}$、$Z = \dfrac{1}{Y}$，但构成阻抗和导纳的电阻分量与电导分量和电抗分量与电纳分量之间不构成直接倒数关系。关于这个问题可见后面"相量模型的等效"内容中的讨论。

5.4.3　*RLC* 的串联和并联

在建立了相量模型，即"等效电阻电路"后，网络中相互串联或并联的不同种类元件

之间也可以进行串并联等效了。

1. 串联网络

$$Z = \sum_{k=1}^{n} Z_k \tag{5-46}$$

即，任意多个元件构成的串联网络可以等效为一个阻抗。

2. 并联网络

$$Y = \sum_{k=1}^{n} Y_k \tag{5-47}$$

即，任意多个元件构成的并联网络可以等效为一个导纳。

也就是说，由任意多个线性时不变元件（包括含有电阻、受控源、电容和电感）构成的无源单口网络，可以等效为一个阻抗或者一个导纳。

[**例5-9**] RLC 串联电路如图 5-18(a) 所示，已知电源电压 $u_s(t) = 10\cos 2t$ V，$R = 2\Omega$、$L = 2$H、$C = 0.25$F。试求稳态电流 $i(t)$ 及各元件上的电压。

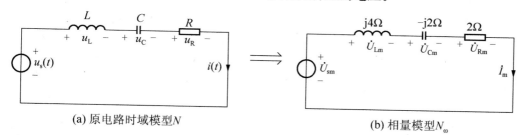

(a) 原电路时域模型 N (b) 相量模型 N_ω

图 5-18 例 5-9 图

解：用相量法求解。

（1）变换——建立相量模型。

$$u(t) \Rightarrow \dot{U}_m = 10 \angle 0° = 10 \text{ V}$$

$$Z_R = R = 2\Omega$$

$$Z_L = j\omega L = j2 \times 2 = j4\Omega$$

$$Z_C = -j \frac{1}{\omega C} = -j2\Omega$$

（2）求解——运用两类约束的相量式求相量解。

类比电阻电路分析方法，多个阻抗串联可等效为一个阻抗，即

$$Z = Z_R + Z_L + Z_C$$

$$= 2 + j4 - j2 = 2 + j2 = 2.83 \angle 45°, \Omega$$

$$\dot{I}_m = \frac{\dot{U}_m}{Z} = \frac{10}{2.83 \angle 45°} = 3.53 \angle -45°, \text{ A}$$

$$\dot{U}_{Rm} = Z_R \cdot \dot{I}_m = 2 \times 3.53 \angle -45° = 7.06 \angle -45°, \text{V}$$

$$\dot{U}_{Lm} = Z_L \cdot \dot{I}_m = j4 \times 3.53 \angle -45° = 14.1 \angle 45°, \text{V}$$

$$\dot{U}_{Cm} = Z_C \dot{I}_m = -j2 \times 3.53\angle{-45°} = 7.06\angle{-135°}, V$$

（3）反变换——得时域函数解。

$$i(t) = 3.53\cos(2t - 45°), A$$
$$u_R(t) = 7.06\cos(2t - 45°), V$$
$$u_L(t) = 14.1\cos(2t + 45°), V$$
$$u_C(t) = 7.06\cos(2t - 135°), V$$

从本例结果可以见到：①端口电压的大小并不等于各元件电压大小之和而是相量之和，其结果要受到各量大小和方向的影响，甚至可以看到仅电感上的电压幅度就比端口电压幅度还要大；②阻抗的辐角反映了端口电压电流之间的相位关系，本例中电压超前电流45°，网络呈感性。

[**例 5 - 10**] RLC 混联网络如图 5 - 19(a)所示，$u_s(t) = 20\sqrt{2}\cos3000t$ V，求各支路电流。

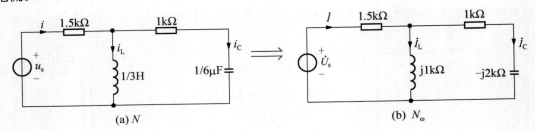

图 5 - 19　例 5 - 10 图

解： 用相量法求解。

（1）建立相量模型。

$$\dot{U} = 20\ V$$
$$Z_L = j3000 \times 1/3 = j1k\Omega$$
$$Z_C = -j\frac{1}{3000 \times 1/6 \times 10^{-6}} = -j2k\Omega$$

（2）类比电阻电路方法求解。

由阻抗的串并联

$$Z = 1.5 + \frac{j1(1-j2)}{j1+1-j2} = 2 + j1.5 = 2.5\angle{36.9°}k\Omega$$

由欧姆定律相量式

$$\dot{I} = \frac{\dot{U}}{Z} = \frac{20}{2.5\angle{36.9°}} = 8\angle{-36.9°}\ mA$$

由分流公式

$$\dot{I}_L = \dot{I} \times \left(\frac{1-j2}{1+j1-j2}\right) = 8\angle{-36.9°} \times 1.58\angle{-18.4°} = 12.64\angle{-55.3°}\ mA$$

$$\dot{I}_C = \dot{I} \times \left(\frac{j1}{1+j1-j2}\right) = 8\angle{-36.9°} \times 0.707\angle{135°} = 5.66\angle{98.1°}\ mA$$

（3）将相量结果变换为时间函数。

$$i(t) = 8\sqrt{2}\cos(3000t - 36.9°) \text{ mA}$$

$$i_L(t) = 12.64\sqrt{2}\cos(3000t - 55.3°) \text{ mA}$$

$$i_C(t) = 5.66\sqrt{2}\cos(3000t + 98.1°) \text{ mA}$$

5.4.4 复杂正弦稳态电路分析

对于复杂正弦稳态电路的相量分析，同样采用与电阻电路类比的方法进行，诸如电路方程分析方法中的网孔法、节点法和电路定理分析方法中的叠加定理、等效变换、戴维南定理等方法都可以采用。下面通过实例说明。

[例 5 - 11] 电路如图 5 - 20(a) 所示，已知 $u_s(t) = 14.1\cos1000t$ V，求 i_1 和 i_2。

解： 用网孔法求解。建立相量模型如图 5 - 20(b) 所示。

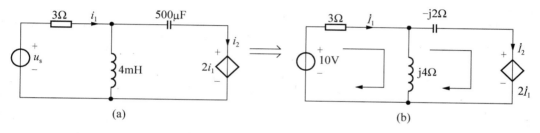

图 5 - 20 例 5 - 11 图

列写网孔方程为

$$\begin{cases} (3+j4)\dot{I}_1 - j4\dot{I}_2 = 10 \\ -j4\dot{I}_1 + (j4-j2)\dot{I}_2 = -2\dot{I}_1 \end{cases}$$

解得

$$\begin{cases} \dot{I}_1 = 1.24\angle29.7°, \text{A} \\ \dot{I}_2 = 2.77\angle56.3°, \text{A} \end{cases}$$

故得

$$i_1(t) = 1.24\sqrt{2}\cos(1000t + 29.7°), \text{A}$$

$$i_2(t) = 2.77\sqrt{2}\cos(1000t + 56.3°), \text{A}$$

[例 5 - 12] 电路如图 5 - 21 所示，求电压 $\dot{U}_1$ 和 $\dot{U}_2$。

解： 用节点法求解。

列写节点方程为

$$\left(\frac{1}{-j3} + \frac{1}{4}\right)\dot{U}_1 - \frac{1}{4}\dot{U}_2 = 3 + \dot{I}$$

$$-\frac{1}{4}\dot{U}_1 + \left(\frac{1}{j6} + \frac{1}{12} + \frac{1}{4}\right)\dot{U}_2 = -\dot{I}$$

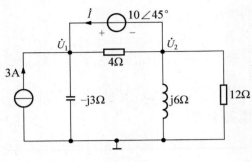

图 5 - 21 例 5 - 12 图

补充方程为

$$\dot{U}_1 - \dot{U}_2 = 10\angle 45°$$

联解得

$$\dot{U}_1 = 25.78\angle -70.48° \text{ V}$$

$$\dot{U}_2 = 31.41\angle -87.18° \text{ V}$$

此例的求解过程中针对 $10\angle 45°$ 电压源设置了辅助变量电流 $\dot{I}$。

[**例 5 - 13**] 电路如图 5 - 22(a)所示，求 3Ω 电阻上的电压 $\dot{U}$。

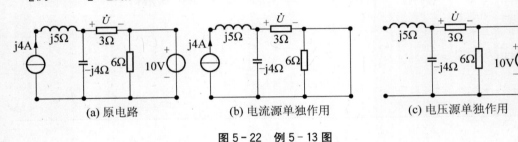

(a) 原电路   (b) 电流源单独作用   (c) 电压源单独作用

图 5 - 22 例 5 - 13 图

解：用叠加定理求解。

(1) 电流源单独作用时，等效电路如图 5 - 22(b)所示。

运用分流公式有

$$\dot{U}' = \frac{-j4}{3-j4} \times j4 \times 3 = 5.76 + j7.77$$

(2) 电压源单独作用时，等效电路如图 5 - 22(c)所示。

运用分压公式有

$$\dot{U}'' = \frac{-3}{3-j4} \times 10 = -3.60 - j4.80$$

(3) 分响应叠加。

$$\dot{U} = \dot{U}' + \dot{U}''$$
$$= (5.76 + j7.77) + (-3.6 - j4.8) = 2.16 + j2.97$$
$$= 3.67\angle 54°, \text{V}$$

5.4.5 相量模型的等效

等效的概念也可以应用于相量模型。先来看一个例子。

[例5-14] 单口网络如图5-23(a)所示，试求其输入阻抗 Z 和输入导纳 Y。

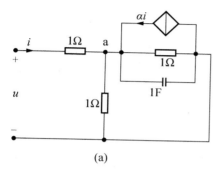

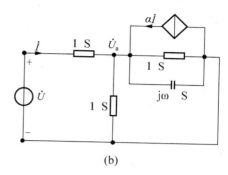

$$\text{图 5-23 例 5-14 图}$$

解： 由于该无源单口网络含有受控源，故用外加电源法，等效电路相量模型如图 5-21(b)所示。

对节点 a 列写节点方程有

$$(1+1+1+j\omega)\dot{U}_a = \dot{U}\times 1 + \alpha\dot{I}$$

列补充方程为

$$\dot{U} - \dot{U}_a = 1\times\dot{I}$$

二式联立有

$$[(3+j\omega)-1]\cdot\dot{U} = (3+j\omega+\alpha)\cdot\dot{I}$$

由此可得

$$Z = \frac{\dot{U}}{\dot{I}} = \frac{3+\alpha+j\omega}{2+j\omega} = \frac{6+2\alpha+\omega^2}{4+\omega^2} - j\frac{(1+\alpha)\omega}{4+\omega^2}$$

$$Y = \frac{\dot{I}}{\dot{U}} = \frac{2+j\omega}{3+\alpha+j\omega} = \frac{6+2\alpha+\omega^2}{(3+\alpha)^2+\omega^2} + j\frac{(1+\alpha)\omega}{(3+\alpha)^2+\omega^2}$$

在前面引入单口网络阻抗定义时已经得到了以下结论：

$$Z = \frac{\dot{U}}{\dot{I}} = |Z|\angle\varphi_Z$$

$$= \mathrm{Re}Z + \mathrm{Im}Z = R + jX \tag{5-48}$$

式中，实部 R 称为阻抗 Z 的电阻分量；虚部 X 称为阻抗 Z 的电抗分量，如图5-24所示。

对照例5-14的结果可以清楚地看到，阻抗的电阻分量和电抗分量一般而言均为网络中所有元件以及频率的函数。即，Z 的电阻分量 $R(\omega)$ 不仅与网络中的电阻和受控源有关，而且与电抗元件有关（通过该项中包含的频率 ω 可以清楚表达）；电抗分量 $X(\omega)$ 不仅与电

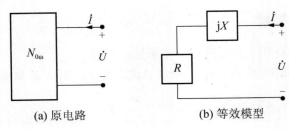

(a) 原电路   (b) 等效模型

图 5-24 单口网络的阻抗等效

抗元件有关，而且与电阻和受控源（等效的电阻）有关（通过该项中包含的系数和 α 可以清楚表达）。

同理，单口网络的导纳为

$$Y = \frac{\dot{I}}{\dot{U}} = |Y| \angle \varphi_Y$$

$$= \mathrm{Re}Y + \mathrm{Im}Y = G + \mathrm{j}B \tag{5-49}$$

式中，实部 G 称为导纳 Y 的电导分量；虚部 B 称为导纳 Y 的电纳分量，如图 5-25 所示。

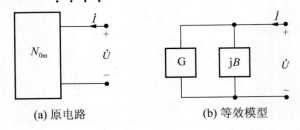

(a) 原电路   (b) 等效模型

图 5-25 单口网络的导纳等效模型

显然，导纳的电导分量和电纳分量一般而言也均为网络中所有元件以及频率的函数，可见例 5-14 的结果。

既然式 (5-47) 的电阻分量串联电抗分量模型和式 (5-48) 的电导分量并联电纳分量模型都是同一个无源单口网络 $N_{0\omega}$ 的等效结果，也就是说，是同一个函数的两种不同表达形式，所以，二者是可以等效互换的，即

$$Y = \frac{1}{Z} = \frac{1}{R + \mathrm{j}X} = \frac{R - \mathrm{j}X}{(R + \mathrm{j}X)(R - \mathrm{j}X)}$$

$$= \frac{R}{R^2 + X^2} - \mathrm{j}\frac{X}{R^2 + X^2} = G + \mathrm{j}B$$

即

$$G = \frac{R}{R^2 + X^2}, \quad B = -\frac{X}{R^2 + X^2} \tag{5-50}$$

从式 (5-49) 可以进一步看出，单口网络的电导分量 G 和电纳分量 B 均由网络中所有元件（R 和 X）共同决定的，并不单纯是 R 或 X 的倒数。

同理

$$Z = \frac{1}{Y} = \frac{1}{G + jB} = \frac{G - jB}{(G + jB)(G - jB)}$$
$$= \frac{G}{G^2 + B^2} - j\frac{B}{G^2 + B^2} = R + jX$$

即

$$R = \frac{G}{G^2 + B^2}, \quad X = -\frac{B}{G^2 + B^2} \qquad (5-50)'$$

从式$(5-50)'$可以进一步看出，单口网络的电阻分量 R 和电抗分量 X 均由网络中所有元件(G 和 B)共同决定的，并不单纯的是 G 或 B 的倒数。

[例 5 - 15] 图 5 - 26 所示电路为一单口网络及其相量模型，试求在 $\omega = 4$ rad/s 和 $\omega = 10$ rad/s 时的等效模型。

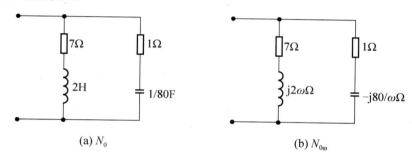

(a) N_0 　　　　　(b) $N_{0\omega}$

图 5 - 26　例 5 - 15 图

解： (1) 当 $\omega = 4$ rad/s 时

$$Z(j4) = \frac{(7 + j8)(1 - j20)}{7 + j8 + 1 - j20} = \frac{2920 + j948}{64 + 144} = 14.04 + j4.56 \ \Omega$$

即阻抗呈感性。其相量模型等效于 14.04Ω 的电阻分量与 $j4.56\Omega$ 的电抗分量相串联，或者，其时域模型等效为一个 14.04Ω 的电阻与一个 1.14H 的电感相串联，如图 5 - 27(a)、(b)所示。

也可用导纳表示为

$$Y(j4) = \frac{1}{Z(j4)} = \frac{1}{14.04 + j4.56} = 0.0644 - j0.0209 \ \text{S}$$

其相量模型等效于 0.0644S 的电导分量与 $-j0.0209$S 的电纳分量相并联，或者，其时域模型为等效于一个 0.0644S 的电导与一个 11.96H 的电感相并联，如图 5 - 27(c)、(d)所示。

(2) 当 $\omega = 10$ rad/s 时

$$Z(j10) = \frac{(7 + j20)(1 - j8)}{7 + j20 + 1 - j8} = \frac{904 + j2292}{64 + 144} = 4.35 - j11.02 \ \Omega$$

即阻抗呈容性。其相量模型等效于 4.35Ω 的电阻分量与 $-j11.02\Omega$ 的电抗分量相串联，或者，其时域模型等效于一个 4.35Ω 的电阻与一个 900μF 的电容相串联，如图 5 - 28(a)、(b)所示。

用导纳表示为

$$Y(j10) = \frac{1}{Z(j10)} = \frac{1}{4.35 - j11.02} = 0.031 + j0.078 \ \text{S}$$

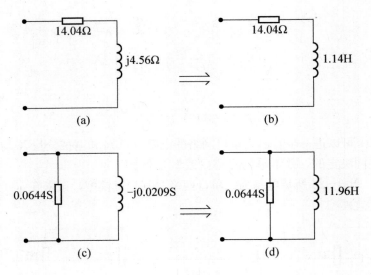

图 5 - 27 $\omega = 4\,\text{rad/s}$ 时

其相量模型等效于 0.031S 的电导分量与 +j0.078S 的电纳分量相并联，或者，其时域模型为等效于一个 0.031S 的电导与一个 7800μF 的电容相并联，如图 5 - 28(c)、(d)所示。

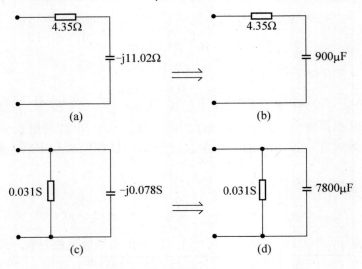

图 5 - 28 $\omega = 10\,\text{rad/s}$ 时

5.4.6 戴维南定理和诺顿定理

戴维南定理和诺顿定理的相量形式可表达为：对于任意单口网络 N_ω 可以等效为一个阻抗与电压源相量串联的戴维南模型，或者等效为一个导纳与电流源相量相并联的诺顿模型。

[例 5 - 16] 用戴维南定理求图 5 - 29 相量模型中的电流相量 $\dot{I}$，已知 $\dot{U} = 10\,\text{V}$。

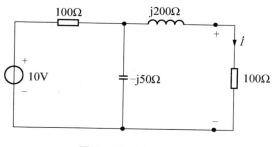

图 5－29　例 5－16 图

解：（1）开路电压 $\dot{U}_{oc}$ 为

$$\dot{U}_{oc} = 10 \times \frac{-\mathrm{j}50}{100 - \mathrm{j}50} = 4.47\angle -63.4° \text{ V}$$

（2）内阻抗 Z 为

$$Z = \mathrm{j}200 + \frac{-\mathrm{j}50 \times 100}{100 - \mathrm{j}50} = 20 + \mathrm{j}160 = 200\angle 53.13° \ \Omega$$

（3）用戴维南等效电路求 $\dot{I}$ 为

$$\dot{I} = \frac{4.47\angle -63.4°}{200\angle 53.13°} = 0.022\angle -116.53° \text{ A}$$

戴维南等效电路如图 5－30 所示。

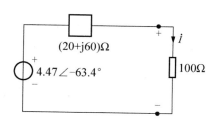

图 5－30　例 5－16 等效电路模型

5.4.7　相量图法

在生产实践中，通过电表测量方法一般只能得到交流电的有效值和相位差，而在实际应用中往往也只需计算得到各量的有效值和相位关系即可，这时利用相量图法可以方便地对这类特殊问题进行分析。

［例 5－17］ 图 5－31（a)所示正弦稳态电路中，电流表 A1、A2 的度数均为 10A，求电流表 A 的度数（即电流 I 的有效值）。

解：（1)为清楚地看出电路中各量的关系，先用相量法求解。

设并联支路电压 $\dot{U} = U\angle 0°$ V，相量图如图 5－31（b)所示，则

$$\dot{I}_1 = \frac{\dot{U}}{R} = \frac{U\angle 0°}{R} = 10\angle 0° \text{ A}, \ \dot{I}_2 = \frac{\dot{U}}{Z_C} = \frac{U\angle 0°}{|Z_C|\angle -90°} = 10\angle 90° \text{ A}$$

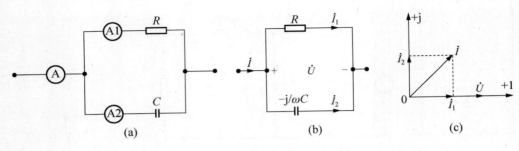

图 5-31 例 5-17 图

由 KCL 有

$$\dot{I} = \dot{I_1} + \dot{I_2} = 10 + j10 = 10\sqrt{2} \angle 45° \text{ A}$$

即电流 I 的有效值为 14.1A。

再用用相量图法求解。

做相量图需要先找一个合适的相量作为参考相量，设其初相为 0，一般串联电路选电流相量，并联电路选电压相量作为参考相量。在做相量图时电路中各量均以与参考相量的关系确定在图中的位置，本例选 $\dot{U}$ 作为参考相量，放在实轴正（0°）方向，相量图如图 5-31(c)所示。

由图 5-31(c)的直角三角形有

$$I = \sqrt{I_1^2 + I_2^2} = \sqrt{10^2 + 10^2} \text{ A} = 10\sqrt{2} \text{ A}$$

[例 5-18] 用实验方法测定线圈的参数 L 和 R，可把该线圈与一个已知电阻 R' 串联后接到正弦交流电源两端。用交流电表测得线圈、电阻 R' 和电源两端的电压分别为 80V、50V 和 100V，如图 5-32(a)所示。已知：$R' = 25\Omega$，电源角频率 $\omega = 314 \text{ rad/s}$，求线圈的参数 L 和 R。

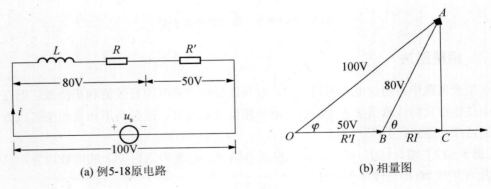

(a) 例5-18原电路   (b) 相量图

图 5-32 例 5-18 图

解： 对于串联电路以电流 $\dot{I}$ 为参考相量，其值为 $(50/25)\text{A} = 2\text{A}$。

（1）对于线圈的总体结果应该是线圈内部的电阻 R 压降 RI（与参考相量 $\dot{I}$ 的方向一致）与电感的电压 ωLI 构成一个直角三角形，其斜边电压 AB 为 80V，如图中的△BCA；线圈

外串联的电阻 R' 的压降 $R'I$ 的方向也与 $\dot{I}$ 同方向，并构成一个任意三角形 $\triangle OBA$，其三条边分别为 50V，80V 和 100V，故利用余弦定理可求得 $\angle\varphi$，即

$$80^2 = 100^2 + 50^2 - 2 \times 100 \times 50 \times \cos\varphi$$

解得

$$\cos\varphi = 0.61, \varphi = 52.4°$$

（2）在直角三角形 $\triangle OCA$ 中由于

$$\frac{\overline{OC}}{\overline{OA}} = \cos\varphi = 0.61$$

得

$$\overline{OC} = \overline{OA} \times 0.61 = 100 \times 0.61 = 61\text{V}$$

即

$$\overline{BC} = 61 - 50 = 11\text{V}$$

故得

$$R = \frac{RI}{I} = \frac{11}{2} = 5.5\Omega$$

又

$$\frac{\overline{CA}}{100} = \sin\varphi = \sin52.4° = 0.7923$$

得

$$\overline{CA} = 100 \times 0.7923 = 798.23 \text{ V}$$

故有

$$\omega L = \frac{79.23}{2} = 39.62 \ \Omega$$

即

$$L = \frac{39.62}{314} = 126\text{mH}$$

（3）用相量法验算，由于

$$\dot{I} = 2\text{A}$$

而

$$\dot{I}(R + R' + j\omega L) = 100\angle\varphi, \dot{I}(R + j\omega L) = 80\angle\theta$$

故得

$$2\sqrt{(R + R')^2 + (\omega L)^2} = 100^2, 2\sqrt{R^2 + (\omega L)^2} = 80^2$$

联立二式即可得解。

5.5　正弦稳态功率

正弦稳态电路的功率问题涉及十分广泛，无论是能量的传输还是信息的获取，都需要

研究其功率及能量。由于在正弦稳态电路中一般都含有储能元件，所以电路除了有能量的消耗外，还存在电磁能量的存储和交换，这就使正弦稳态电路的功率及能量问题要比电阻电路复杂得多，不是简单的类比就能够完全解决的，需要引入一些新的概念才行。

5.5.1 瞬时功率及能量

正弦稳态下的无源单口网络 N_0 如图 $5-33$ 所示，设

$$u(t) = \sqrt{2}U\cos\omega t \text{ V}, \quad i(t) = \sqrt{2}I\cos(\omega t - \varphi) \text{ A}$$

其中 $\varphi = \Psi_u - \Psi_i$ 为单口网络的阻抗角。

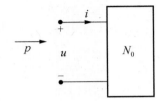

图 $5-33$ 单口网络 N_0

1. 瞬时功率

单口网络的瞬时功率为

$$p(t) = ui = 2UI\cos\omega t \cdot \cos(\omega t - \varphi)$$
$$= \underset{\text{最大值}}{UI} \left[\underset{\text{恒量}}{\cos\varphi} + \underset{\text{变量,可正可负}}{\cos(2\omega t - \varphi)} \right] \tag{5-51}$$

利用三角公式也可改写为

$$p(t) = \underset{\text{电阻分量的功率}}{UI\cos\varphi \cdot (1 + \cos2\omega t)} + \underset{\text{电抗分量的功率}}{UI\sin\varphi \cdot \sin2\omega t} \tag{5-51$'$}$$

由式 $(5-51)'$ 可见，单口网络的 N_0 瞬时功率 $p(t)$ 由以下两个分量组成

（1）第一部分以 $UI\cos\varphi$ 为平均值按 2ω 的角频率变化，且 $p(t) \geqslant 0$，表明它总是消耗功率——即电阻分量的功率；

（2）第二部分是以 $\pm UI\sin\varphi$ 为幅度按 2ω 的角频率变化的正弦函数，其值可正可负，但平均值为零。当 $p(t) > 0$ 时表明网络吸收能量，当 $p(t) < 0$ 时表明网络释放能量，这说明它没有能量的消耗但与电路之间具有能量的交换——即电抗分量的功率。

2. 功率的符号及能量

功率为单位时间内能量的变化，即

$$p(t) = \frac{\mathrm{d}w}{\mathrm{d}t} = u(t) \cdot i(t) \tag{5-52}$$

在时间区间 $t_0 \sim t_1$ 内，电路给予二端元件或单口网络的能量为

$$w(t_0, t_1) = \int_{t_0}^{t_1} ui \, \mathrm{d}t = w(t_1) - w(t_0) \tag{5-53}$$

在关联参考方向下，$p(t)$ 表示流入元件或网络的能量的变化率，称为该元件或网络所吸收的功率。一般而言，$p(t)$ 经式(5-51)中的两项叠加后是可正可负的：若 $p(t) > 0$，网络吸收功率，使 $w(t_1) > w(t_0)$，即 $w(t)$ 增加，网络存储能量；若 $p(t) < 0$，网络产生功率，使 $w(t_1) < w(t_0)$，即 $w(t)$ 减少，网络释放能量。

线性时不变 RLC 的功率与能量的一般关系见表 5-2。

表 5-2 RLC 功率与能量关系

二端元件的 VCR	功率式(5-50)		能量式(5-51)	
	吸收功率	消耗功率	流入能量	存储能量
$u = Ri$ 或 $i = Gu$	$Ri^2 = Gu^2$		$R\int_{t_0}^{t_1} i^2\,\mathrm{d}t$ 或 $G\int_{t_0}^{t_1} u^2\,\mathrm{d}t$	0
$u = L\dfrac{\mathrm{d}i}{\mathrm{d}t}$	$Li\dfrac{\mathrm{d}i}{\mathrm{d}t} = \dfrac{1}{2}L\dfrac{\mathrm{d}}{\mathrm{d}t}i^2$	0	$\dfrac{1}{2}L[i^2(t_1) - i^2(t_0)]$	$\dfrac{1}{2}Li^2$
$i = C\dfrac{\mathrm{d}u}{\mathrm{d}t}$	$Cu\dfrac{\mathrm{d}u}{\mathrm{d}t} = \dfrac{1}{2}C\dfrac{\mathrm{d}}{\mathrm{d}t}u^2$	0	$\dfrac{1}{2}C[u^2(t_1) - u^2(t_0)]$	$\dfrac{1}{2}Cu^2$

下面从上述一般关系出发，分别研究三种单纯的 RLC 元件(因为由任何多个同种类元件组成的网络，最终都可以等效为一个该种类元件，故以下称为单一元件)和单口网络的功率和能量。

5.5.2 三种单一元件的功率及能量

1. 电阻元件——平均功率 P

设施加于电阻两端的电压为

$$u(t) = U_m \cos\omega t$$

则流过该电阻的电流为

$$i(t) = \frac{u(t)}{R} = I_m \cos\omega t$$

因此电阻吸收的瞬时功率为

$$p(t) = U_m I_m \cos^2\omega t = \frac{1}{2}U_m I_m[1 + \cos 2\omega t]$$

$$= UI[1 + \cos 2\omega t] \tag{5-54}$$

可见，电阻元件的功率以 2ω 的频率按正弦率随时间变化，但始终为非负的，即电阻总是消耗电功率而对外做功，将电能转化为其他形式的能（如热和光），电阻功率波形如图 5-34 所示。

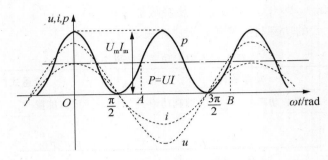

图 5-34　电阻功率波形图

实际上，就其对外做功效果而言，讨论某一时刻功率的大小（即瞬时功率）意义并不太大，而重要的是关心其总体的、平均的结果，故引入平均功率（average power），即

$$P = \frac{1}{T}\int_0^T p\,\mathrm{d}t = UI \tag{5-55}$$

从平均功率定义可知，它反映了电阻对外做功的实际（有用的）效果，故平均功率又称为**有功功率**（active power），对于电阻元件，将欧姆定律代入后可得有功功率的计算公式为

$$P = I^2 R = U^2/R = U^2 G \tag{5-56}$$

2. 电容和电感——平均储能　无功功率 Q

设电容元件两端电压为

$$u(t) = U_\mathrm{m}\cos\omega t$$

由电容元件 VCR 可得电容的电流为

$$i(t) = C\frac{\mathrm{d}u}{\mathrm{d}t} = -\omega C \cdot U_\mathrm{m}\sin\omega t = -I_\mathrm{m}\sin\omega t$$

则电容元件的瞬时功率为

$$p(t) = ui = -U_\mathrm{m}\cos\omega t \cdot I_\mathrm{m}\sin\omega t = -UI\sin 2\omega t \tag{5-57}$$

可见，在正弦激励下电容元件的功率以 2ω 的频率按正弦率对横轴对称变化，其平均功率 $P = 0$，即电容元件不消耗电功率，不会对外做功，如图 5-35 所示。但从式（5-57）又可以看到电容的功率有正负值的变化，说明电容与电路之间有能量的交换，电容元件的瞬时能量为

$$w_\mathrm{C}(t) = \frac{1}{2}Cu^2 = \frac{1}{2}CU_\mathrm{m}^2\cos^2\omega t = \frac{1}{2}CU^2[1+\cos 2\omega t] \tag{5-58}$$

可见，电容的瞬时能量在其平均值 W_C 附近上下波动，但在任何时刻均有 $w_\mathrm{C}(t) \geqslant 0$，这也是符合能量的基本属性的。引入电容元件的**平均储能**

$$W_\mathrm{C} = \frac{1}{2}CU^2 \tag{5-59}$$

为反应电容元件在电路中能量交换规模的大小，引入**无功功率**（reactive power）的概

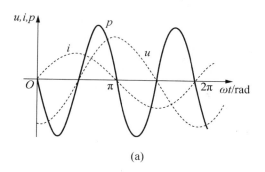

(a)

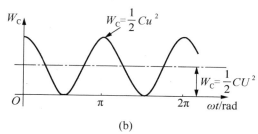

(b)

图 5-35　电容的功率和能量波形图

念，即这个功率是不会对外做功的

$$Q_C = -UI \qquad (5-60)$$

在式（5-60）中，无功功率的单位为乏（var），则无功功率与电容能量的关系可表示为

$$Q_C = -UI = -\omega CU^2 = -2\omega W_C$$

同理，对于电感也有类似的结果。设流过电感元件的电流为

$$i(t) = I_m \cos\omega t$$

由电感元件 VCR 可得电感电压为

$$u(t) = L\frac{\mathrm{d}i}{\mathrm{d}t} = -\omega L \cdot I_m \sin\omega t = -U_m \sin\omega t$$

则电感元件的瞬时功率为

$$p(t) = ui = -I_m \cos\omega t \cdot U_m \sin\omega t = -UI \sin2\omega t \qquad (5-57)'$$

可见，在正弦激励下电感元件的功率以 2ω 的频率按正弦率对横轴对称变化，其平均功率 $P=0$，即电感元件不消耗电功率，不会对外做功，如图 5-36 所示。但从式（5-56）$'$也可以看到电感的功率有正负值的变化，说明电感与电路之间存在能量的交换，电感元件的瞬时能量为

$$w_L(t) = \frac{1}{2}Li^2 = \frac{1}{2}LI_m^2 \cos^2\omega t = \frac{1}{2}LI^2[1 + \cos2\omega t] \qquad (5-58)'$$

可见，电感的瞬时能量在其平均值 W_L 附近上下波动，但在任何时刻均有 $w_L(t) \geqslant 0$，引入电感元件的**平均储能**

$$W_L = \frac{1}{2}LI^2 \qquad (5-59)'$$

则反应电感元件在电路中能量交换规模大小的**无功功率**为

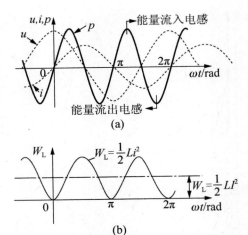

(a)

(b)

图 5-36　电感的功率和能量波形图

$$Q_{\mathrm{L}} = UI \qquad\qquad (5-60)'$$

即电感元件无功功率与能量的关系可表示为

$$Q_{\mathrm{L}} = UI = \omega LI^2 = 2\omega W_{\mathrm{L}}$$

[**例 5-19**] 求图 5-37(a)所示正弦稳态电路中各电阻的平均功率的总和，各电感、电容的平均储能的总和。已知 $u_{\mathrm{s}}(t) = \sqrt{2}\cos 2t$ V。

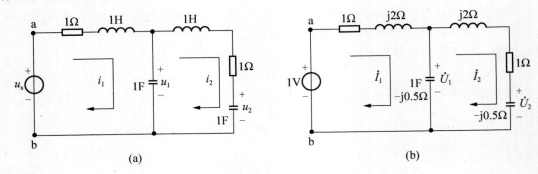

图 5-37　例 5-19 图

解：作相量图如图 5-37(b)所示，列写网孔电流方程为

$$(1+\mathrm{j}2-\mathrm{j}0.5)\dot{I}_1 - (-\mathrm{j}0.5)\dot{I}_2 = 1$$

$$-(-\mathrm{j}0.5)\dot{I}_1 + (1+\mathrm{j}2-\mathrm{j})\dot{I}_2 = 0$$

解得

$$\dot{I}_1 = 0.563\angle-50.7° \text{ A}, \ \dot{I}_2 = 0.2\angle 174.3° \text{ A}$$

各电阻的平均功率总和为

$$P = RI_1^2 + RI_2^2 = 0.563^2 + 0.2^2 = 0.356 \text{ W}$$

各电感的平均储能为

$$W_L = \frac{1}{2}LI_1^2 + \frac{1}{2}LI_2^2 = \frac{1}{2}(0.563^2 + 0.2^2) = 0.178 \text{ J}$$

各电容的平均储能为

$$W_C = \frac{1}{2}CU_1^2 + \frac{1}{2}CU_2^2 = \frac{1}{2}(0.36^2 + 0.1^2) = 0.0698 \text{ J}$$

其中

$$U_2 = \frac{1}{\omega C}I_2 = 0.5 \times 0.2 = 0.1 \text{ V}$$

$$U_1 = I_2 |1 + j2 - j0.5| = 0.2 \times \sqrt{1^2 + 1.5^2} = 0.36 \text{ V}$$

5.5.3 单口网络的三个功率

对于任意单口网络功率的问题要比单一元件网络复杂一些，需要从对外做功和能量交换等多方面考虑，才能全面评价单口网络功率和能量的特性。

1. 平均功率 P

由式(5-51)可知在正弦稳态下的无源单口网络 N_0 的瞬时功率为

$$p(t) = UI[\cos\varphi + \cos(2\omega t - \varphi)]$$

其中，单口网络端口电压电流分别为 $u(t) = \sqrt{2}U\cos\omega t$ 和 $i(t) = \sqrt{2}I\cos(\omega t - \varphi)$。

则单口网络的平均功率为

$$P = \frac{1}{T}\int_0^T p\,dt = \frac{1}{T}\int_0^T UI[\cos\varphi + \cos(2\omega t - \varphi)]$$
$$= UI\cos\varphi \tag{5-61}$$

其中 $\varphi = \Psi_u - \Psi_i$ 为单口网络的阻抗角。

(1) 如果是5.4节讨论的 RLC 单一元件网络，即如果网络只含电阻，则电压电流的相位差 $\varphi = 0°$，$\cos\varphi = 1$，为式(5-55) $P_R = UI$ 的情况；如果网络只含有电感和电容电抗元件，则电压电流的相位差 $\varphi = \pm 90°$，即 $\cos\varphi = 0$，也就是说明电感和电容元件的平均功率为零，$P_X = 0$。

(2) 对于一般的 RLC 单口网络，电压电流的相位差为一个在 $0 \sim \pm 90°$ 之间的任意角，即 $0 < \cos\varphi < 1$，这时网络的平均功率 $0 < P < UI$。

如果网络除上述元件外还含有受控源，则 φ 有可能大于 $90°$，这时 $P < 0$，说明网络可对外提供能量。

可见，任意无源单口网络的平均(有功)功率是由网络中的所有电阻产生的，等于网络内各电阻消耗的平均功率的代数和，即

$$P = \sum P_k \tag{5-62}$$

式中，P_k 为第 k 个元件的平均功率。

2. 视在功率 S

从式(5-61)可见，网络端口电压电流之积 UI 限制了网络平均功率 P 的最大值，它实际上反映了网络功率或能量交换的最大可能值，反映了网络(或者设备、系统)做功或储

能的能力或容量。在电路分析中定义为**视在功率 S，**即

$$S = UI \qquad\qquad (5-63)$$

视在功率的单位为伏安，VA。

显然，平均功率一般是小于视在功率的，相当于在 S 的基础上打了一个折扣，而这个折扣率就是 $\cos\varphi$，称之为**功率因数（power factor）**，记为 λ，即

$$\lambda = \frac{P}{S} = \cos\varphi \qquad\qquad (5-64)$$

因此，阻抗角 φ 也称为功率因数角，它在网络功率概念和实际应用中占有非常重要的地位，后面还会进一步讨论。另外，由于无论 φ 为何值，$\cos\varphi$ 都为正值，这样仅靠功率因数 λ 不能完全反映网络的性质，故还需根据 φ 的符号再增加"超前"、"滞后"或"感性"、"容性"来描述电压电流的相位关系。

3. 无功功率 Q

网络的无功功率反映了单口网络与外电路的能量交换能力，显然，也要受到端口电压电流 UI 大小的限制，即受限于视在功率 S，故参照前述 P 与 S 的关系有

$$Q = UI\sin\varphi = S \cdot \sin\varphi \qquad\qquad (5-65)$$

无功功率的单位为乏（var），式（5-65）的由来在后面会进一步说明。

（1）如果是 5.4 节讨论的 RLC 单一元件网络，即如果网络只含电阻，则电压电流的相位差 $\varphi = 0°$，即 $\sin\varphi = 0$，则 $Q_R = 0$；如果网络只含电感，则电压电流的相位差 $\varphi = +90°$，即 $\sin\varphi = +1$，则 $Q_L = UI = S$；如果网络只含电容，则电压电流的相位差 $\varphi = -90°$，即 $\sin\varphi = -1$，则 $Q_C = -UI = -S$。

（2）对于一般的 RLC 单口网络，则电压电流的相位差为一个在 $0 \sim \pm 90°$ 之间的任意角，当网络呈感性时，$\sin\varphi > 0$，$Q_L = S \cdot \sin\varphi > 0$；当网络呈容性时，$\sin\varphi < 0$，$Q_C = S \cdot \sin\varphi < 0$。由此不难看出无功功率的物理意义为

$$Q = 2\omega(W_L - W_C) \qquad\qquad (5-66)$$

即无功功率 Q 代表了网络中电感电容元件中磁场与电场储能平均值的差额，反映的是磁场与电场可在网络内部实现交换后再与外电路能量往返的差额部分。显然，如果两种储能平均值刚好相等，则外电路（电源）并不参与能量的交换过程，一般而言，利用电感电容无功功率符号相反的特性，可以使网络的阻抗角 φ 减小，从而有利于提高功率因数 λ。

另外也可见，任意无源单口网络的无功功率是由网络中的所有电抗元件产生的，等于网络内各电抗元件无功功率的代数和，即

$$Q = \sum Q_k = \sum (Q_L - Q_C) \qquad\qquad (5-67)$$

式中，P_k 为第 k 个元件的无功功率。式（5-67）称为无功功率守恒关系，类似地，式（5-62）也可称为有功功率守恒关系，这是正弦交流电路分析中的重要关系式。

4. 功率三角形

通过上述三个功率的概念，利用三角关系容易得到视在功率 S、平均功率 P 和无功功率 Q 的关系为

$$S = \sqrt{P^2 + Q^2}$$

$$\lambda = \frac{P}{S} = \cos\varphi \quad \text{和} \quad P = S \cdot \cos\varphi = S \cdot \lambda$$

$$Q = S \cdot \sin\varphi = S \cdot \lambda \qquad\qquad (5-68)$$

可见，各量之间符合直角三角形的关系——功率三角形，如图 5-38 所示。

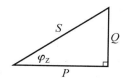

图 5-38 功率三角形

显然，功率三角形与阻抗三角形是相似的。

[**例 5-20**] 某正弦稳态电路的相量模型如图 5-39 所示，已知 $\dot{I} = 12.65\angle 18.5°\text{A}$，$\dot{I}_1 = 20\angle -53.1°\text{A}$，$\dot{I}_2 = 20\angle 90°\text{A}$，$\dot{U} = 100\text{ V}$。求单口网络的 P、Q、S、λ。

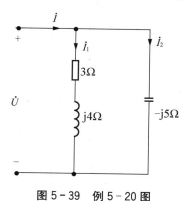

图 5-39 例 5-20 图

解：(1)单口网络的有功功率为

$$P = \sum P_k = RI_1^2 = 3 \times 20^2 = 1200 \text{ W},$$

(2)单口网络的无功功率为

$$Q = \sum Q_k = \sum (Q_L - Q_C) = 4 \times I_1^2 - 5 \times I_2^2 = -400 \text{ var}$$

(3)根据功率三角形有

$$S = \sqrt{P^2 + Q^2} = \sqrt{1200^2 + 400^2} = 1265 \text{ VA}$$

$$\lambda = \frac{P}{S} = \frac{1200}{1265} = 0.949 \text{（容性）}$$

[**例 5-21**] 连接发电机与负载的输电线的电阻为 0.09Ω，电抗 $X_L = 0.3\Omega$，若负载为 20kW 的感应电动机，功率因数为 0.8，负载端的电压为 $220\angle 0°\text{V}$。试求发电机端的电压和功率因数以及发电机提供的功率，如图 5-40 所示。

解：由式(5-63)可求得负载电流为

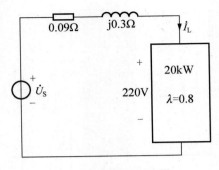

图 5 - 40 例 5 - 21 图

$$I_L = \frac{P_L}{\lambda U_L} = \frac{20 \times 10^3}{0.8 \times 220} = 113.64 \text{ A}$$

感应电动机的阻抗角为

$$\varphi_L = \arccos 0.8 = 36.87°$$

即电动机的电流滞后电压 $36.87°$，则负载电流相量可表示为

$$\dot{I}_L = 113.64 \angle -36.87°, \text{A}$$

由 KVL 可得电源电压相量为

$$\dot{U}_s = 220\angle 0° + (0.09 + \text{j}0.3) \times 113.64 \angle -36.87°$$
$$= 249.53 \angle 4.86°, \text{V}$$

故发电机端的电压为 249.53V，电压与电流的相差为 $4.86° - (-36.87°) = 41.73°$，则发电机端的功率因数为

$$\cos 41.73° = 0.75 \text{（感性）}$$

故发电机提供的功率为

$$P_s = U_s I_L \cos 41.73° = 249.53 \times 113.64 \times 0.7463$$
$$= 21162\text{W}$$

或为负载功率加上线路损耗即

$$P_s = 20 \times 10^3 + 0.09 \times 113.64^2 = 21162\text{W}$$

5. 功率因数的提高

功率因数在电工技术中具有重要意义，它的大小直接影响电源系统（设备）容量利用率和线路的损耗。以下从提高功率因数的意义和方法两方面来介绍。

1）提高功率因数的意义

（1）提高功率因数有利于充分利用供电设备的容量。供电设备（或系统）的容量（视在功率 S）是确定的，对于每一个负载来说希望在一定电压条件下获得一定的有功功率 P，而由前述关系可知，供电系统提供给负载的有功功率为 $P = \lambda \cdot UI$，即在 UI 一定时，系统输出的有功功率与功率因数成正比。比如，有一座容量 $S = 100\text{kVA}$ 的变压器为某小区用户供电，设每户耗电 $P = 1\text{kW}$。如果用户均使用纯电阻负载（如电炉，$\lambda = 1$）则理论上可为 100 户家庭供电，如果用户使用感性负载（如日光灯、洗衣机等，设 $\lambda = 0.8$）则该变电站就只能供给 80 户家庭使用。

(2)提高功率因数有利于减少输电线路损耗。输电线路都存在一定的电阻(虽然很小),供电系统采用定压方式对某一负载供电时(即 U、P 均一定),输电线路的电流为 $I = \dfrac{P}{\lambda \cdot U}$,即与功率因数 λ 成反比。提高功率因数可使输电线路电流 I 减小,则线路损耗(简称线损)$P_1 = R_1 \cdot I^2$ 也会减小。

2)提高功率因数的方法

(1)采用补偿方法提高功率因数。可利用感性和容性负载无功功率符号相反的特点减小网络的无功功率,减小阻抗角。在日光灯的电感镇流器上并联电容就是一个最典型的应用。

(2)使用电设备尽量工作于额定状态。比如,工厂广泛使用的交流异步电动机,在空载时 λ 很小,仅 $0.2 \sim 0.3$,而在额定工作状态 λ 可达 $0.7 \sim 0.85$。

在实际应用中,功率因数通常应提高到 0.9 左右为宜。

5.5.4　复功率及复功率守恒

学习到这里可能有些同学会提出疑问,本章主要是讨论用相量方法对正弦稳态电路进行分析,在两类约束的表达和对电路电压电流求解中已经取得了可喜的收获,但是为什么到了对正弦稳态功率求解时又回到了用时域关系呢?是相量法不适合正弦稳态功率的求解吗?为了解答这些疑问,先看下例。

单口网络相量模型如图 5-41 所示,设 $\dot{U} = U \angle \Psi_u$ V,$\dot{I} = I \angle \Psi_i$ A,如果直接参照前述功率的关系,有

$$\dot{U} \times \dot{I} = U \angle \Psi_u \times I \angle \Psi_i = UI \angle (\Psi_u + \Psi_i)$$

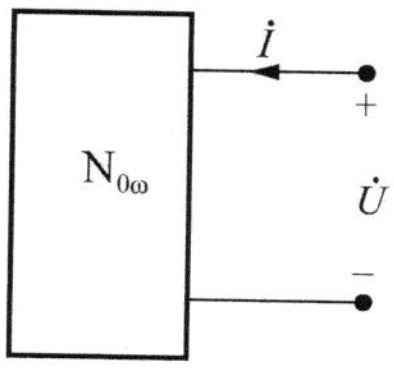

图 5-41　单口网络相量模型

由上式得到了一个有用的结果,即系数 UI 就是单口网络的视在功率 S,但其辐角 $(\Psi_u + \Psi_i)$ 没有特别的意义。但可以发现,如果将其改写为 $(\Psi_u - \Psi_i)$ 岂不刚好就是单口网络的阻抗角 φ_Z 吗,故引入复功率的概念,定义单口网络的**复功率**为

$$\tilde{S} = \dot{U} \cdot \dot{I}^* = UI \angle (\Psi_u - \Psi_i)$$
$$= S \angle \varphi_Z \tag{5-69}$$

即,复功率等于单口网络端口的电压相量与电流相量的共轭复数的乘积。复功率的模即为视在功率 S,复功率的辐角即为单口网络的阻抗角 φ(或者功率因数角)。显然,复功率也可表示为

$$\tilde{S} = P + jQ$$
$$= P + j2\omega(W_L - W_C) \tag{5-69}'$$

式 (5-69)′中复功率的实部 P 即为网络中各电阻元件消耗的功率,虚部 Q 即为网络中各电抗元件无功功率的代数和。这一关系又称为复功率守恒。

将正弦稳态电路单口网络的功率关系罗列于表 5-3 中备查。

表 5-3　单口网络正弦稳态功率关系

符号	名称	公式	备注
p	瞬时功率	$p = ui$	单位:瓦特,W
P	功率	$P = UI\cos\varphi$	即平均功率、有功功率,单位:W;$\varphi = \psi_u - \psi_i$ 为单口网络的阻抗角
Q	无功功率	$Q = UI\sin\varphi$ $= 2\omega(W_L - W_C)$	单位:乏,var;平均储能 W,单位:焦耳,J
S	视在功率	$S = UI = \sqrt{P^2 + Q^2}$	单位:伏安,VA
$\tilde{S}$	复功率	$\tilde{S} = \dot{U} \cdot \dot{I}^*$	单位:VA;但其实部和虚部的单位分别为:W、var
λ	功率因数	$\lambda = \cos\varphi$	系数,当 $\varphi > 0$ 时,呈感性,电压超前电流;当 $\varphi < 0$ 时,呈容性,电压滞后电流

[例 5-22] 电路如图 5-42 所示,求两个负载的总复功率,并求输入电流和总的功率因数。

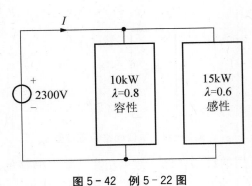

图 5-42　例 5-22 图

解:求每个负载的复功率为

$$\varphi_1 = \arccos 0.8 = -36.9° \text{(容性)}$$

$$S_1 = \frac{10 \times 10^3}{0.8} = 12500 \text{ VA}$$

$$Q_1 = S_1\sin\varphi_1 = 12500\sin(-36.9°) = -7500 \text{ var}$$

则

$$\widetilde{S}_1 = (10000 - j7500) \text{ VA}$$

$$\varphi_2 = \arccos 0.6 = 53.1° \text{（感性）}$$

$$S_2 = \frac{15 \times 10^3}{0.6} = 25000 \text{ VA}$$

$$Q_2 = S_2 \sin\varphi_2 = 25000\sin 53.1° = 20000 \text{ var}$$

则

$$\widetilde{S}_2 = (15000 - j20000) \text{ VA}$$

由复功率守恒有

$$\widetilde{S} = \widetilde{S}_1 + \widetilde{S}_2$$
$$= 25000 + j2500 = 27951\angle 26.56°, \text{VA}$$

故有

$$I = \frac{27951}{2300} = 12.2 \text{ A}$$

$$\lambda = \cos 26.56° = 0.8945 \text{（感性）}$$

5.6　最大功率传输定理

　　功率因数的提高在电力传输和供电系统中具有非常重要的意义，而在电子电路和通信系统中更需要关心的是如何能够使信号源将最大的功率传输给负载。前面在第 3 章得到了电阻电路的最大功率传输关系，这里进一步讨论一般 RLC 单口网络在正弦稳态下的最大功率传输问题。

　　如图 5 - 43 所示电路信号源（激励）等效为一个戴维南模型，交流电压源电压为 $\dot{U}_s$，内阻抗为 $Z_s = R_s + jX_s$，负载（load）阻抗为 $Z_L = R_L + jX_L$。讨论的问题是，在信号源给定（即 $\dot{U}_s$、Z_s 一定）、负载阻抗 Z_L 变化时，满足何条件负载 Z_L 能从正弦稳态电路中获得最大的（有功）功率 P_{Lmax}。关于这个问题下面分成两种情况加以讨论：①负载的电阻分量 R_L 和电抗分量 X_L 均可独立变化；②负载的阻抗角 φ 一定而模 Z 可改变。

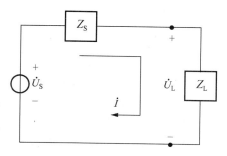

图 5 - 43　求最大功率传输用电路图

1. 负载的 R_L 和 X_L 均可变化时

流过负载的电流相量为

$$\dot{I} = \frac{\dot{U}_s}{(R_s + R_L) + j(X_s + X_L)}$$

即电流的有效值为

$$I = \frac{U_s}{\sqrt{(R_s + R_L)^2 + (X_s + X_L)^2}}$$

由此可得负载电阻的功率为

$$P_L = R_L I^2 = R_L \frac{U_s^2}{(R_s + R_L)^2 + (X_s + X_L)^2}$$

现在的任务是求出使上式中的 P_L 为最大时的 R_L 和 X_L 的值。在上式中分母最小，即当

$$X_L = -X_s \text{ 时}$$

得

$$P_L = \frac{R_L U_s^2}{(R_s + R_L)^2}$$

求上式对 R_L 的导数并命其为零，即

$$\frac{\mathrm{d}P_L}{\mathrm{d}R_L} = U_s^2 \frac{(R_s + R_L)^2 - 2(R_s + R_L)R_L}{(R_s + R_L)^2} = 0$$

得

$$R_L = R_s$$

因此得到在第一种情况下，负载获得最大功率的条件是满足：$X_L = -X_s$ 和 $R_L = R_s$，也就是说负载阻抗为电源内阻抗的共轭复数，即

$$Z_L = Z_s^* \tag{5-70}$$

称之为负载阻抗与电源内阻抗的最大功率匹配或共轭匹配。这时，负载所得到的最大功率为

$$P_{Lmax} = \frac{U_s^2}{4R_s} \tag{5-71}$$

2. 负载的 φ 一定而模 Z 可变化时

设负载阻抗为

$$Z_L = Z\angle\varphi = Z\cos\varphi + jZ\sin\varphi$$

则，流过负载的电流相量为

$$\dot{I} = \frac{\dot{U}_s}{(R_s + Z\cos\varphi) + j(X_s + Z\sin\varphi)}$$

即电流的有效值为

$$I = \frac{U_s}{\sqrt{(R_s + Z\cos\varphi)^2 + (X_s + Z\sin\varphi)^2}}$$

由此可得负载电阻的功率为

$$P_{\mathrm{L}} = R_{\mathrm{L}}I^2 = Z\cos\varphi\frac{U_{\mathrm{s}}^2}{(R_{\mathrm{s}}+Z\cos\varphi)^2+(X_{\mathrm{s}}+Z\sin\varphi)^2}$$

求上式对 Z 的导数并命其为零，即

$$\frac{\mathrm{d}P_{\mathrm{L}}}{\mathrm{d}Z}=\frac{U_{\mathrm{s}}^2[[(R_{\mathrm{s}}+Z\cos\varphi)^2+(X_{\mathrm{s}}+Z\sin\varphi)^2]\cos\varphi-2Z\cos\varphi[(R_{\mathrm{s}}+Z\cos\varphi)\cos\varphi+(X_{\mathrm{s}}+Z\sin\varphi)\sin\varphi]}{[(R_{\mathrm{s}}+Z\cos\varphi)^2+(X_{\mathrm{s}}+Z\sin\varphi)^2]_2}=0$$

解得

$$Z^2 = R_{\mathrm{s}}^2 + X_{\mathrm{s}}^2 = Z_{\mathrm{s}}^2$$

即

$$|Z| = |Z_{\mathrm{s}}| \tag{5-72}$$

因此得到在第二种情况下，负载获得最大功率的条件是满足：$|Z|=|Z_{\mathrm{s}}|$，也就是说负载阻抗的模与电源内阻抗的模相等，称为模匹配。这时，负载所得到的最大功率较之共轭匹配的情况要小一些，即不是真正意义上的最大功率。如果负载的阻抗角也可以变化，那就和第一种情况一样了，所以，这是第一种情况的特例。

[例 5 - 23] 电路如图 5 - 44 所示，求下列几种情况下负载的功率。(1)负载为 5Ω 电阻时；(2)负载为电阻并与电源内阻抗相等时；(3)负载与电源内阻抗共轭匹配时。电源电压为有效值。

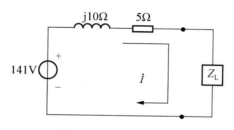

图 5 - 44　例 5 - 23 图

解：电源内阻抗为

$$Z_{\mathrm{s}} = 5 + \mathrm{j}10 = 11.2\angle 63.5° \ \Omega$$

(1) $Z_{\mathrm{L}} = R_{\mathrm{L}} = 5 \ \Omega$ 时。

$$\dot{I} = \frac{141}{Z_{\mathrm{s}}+5} = \frac{141}{14.1\angle 45°} = 10\angle -45° \ \mathrm{A}$$

$$P_{\mathrm{L}} = 5 \times 10^2 = 500 \ \mathrm{W}$$

(2) $Z_{\mathrm{L}} = R_{\mathrm{L}} = |Z_{\mathrm{s}}| = 11.2 \ \Omega$ 时。

$$\dot{I} = \frac{141}{Z_{\mathrm{s}}+11.2} = \frac{141}{19\angle 31.7°} = 7.42\angle -31.7° \ \mathrm{A}$$

$$P_{\mathrm{L}} = 11.2 \times 7.42^2 = 617 \ \mathrm{W}$$

(3) $Z_{\mathrm{L}} = Z_{\mathrm{s}}^* = 5 - \mathrm{j}10 \ \Omega$ 时。

$$\dot{I} = \frac{141}{Z_{\mathrm{s}}+Z_{\mathrm{L}}} = \frac{141}{10\angle 0°} = 14.1\angle 0° \ \mathrm{A}$$

$$P_{\mathrm{L}} = 5 \times 14.1^2 = 1000 \ \mathrm{W}$$

可见共轭匹配时，负载得到的功率是最大的。

5.7 EWB 正弦稳态电路仿真

本节利用 EWB 软件对正弦稳态电路进行分析，可以利用虚拟仪器做测量仿真，直观地得到不同元件参数下对应的正弦电压、电流瞬时值，并研究元件参数对电路特性的影响；也可以用软件的 AC 频率扫描分析功能，求出在工作频率附近各节点电压的幅度有效值和相位值，得到幅频和相频特性曲线。

[例 5-24] 用电压表和示波器测量简单 RL 电路的电压和相位关系。改变电感参数，让电感和电阻上的电压相等，测量电压和相位关系。

解：(1) 建立如图 5-45 所示仿真电路，设定电源频率 $f=1\text{kHz}$，选用可变电感 $L=20\text{mH}$，增量为 1%。如图所示连接电压表，设定所有电压表为 AC 档。

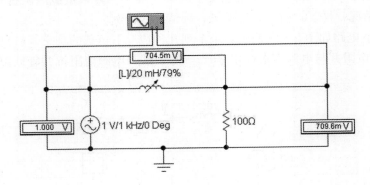

图 5-45 例 5-24 仿真电路

(2) 启动仿真，根据各电压表的数值，调整 L 的比例设定，使得电感和电阻两端电压近似相等，则 $L=15.8\text{ mH}$。

根据理论计算，当感和电阻两端电压相等时，$R=\omega L$，则

$$\dot{U}_R = \frac{R}{R+\text{j}\omega L}\dot{U}_I = \frac{1}{\sqrt{2}}\angle -45°, \quad \dot{U}_L = \frac{\text{j}\omega L}{R+\text{j}\omega L}\dot{U}_I = \frac{1}{\sqrt{2}}\angle +45°$$

如图 5-45 所示，通过仿真验证了电压的幅值相等(由于 EWB 中可变电感的最小增量为 1%，所以电压近似相等)，约为 0.707V。相位关系可以用示波器来测量。

(3) 如图 5-45 所示，在 EWB 中用示波器测量仿真上述条件下输入电压和电阻上输出电压波形，输入电压加在 A 通道，电阻输出电压加在 B 通道，波形如图 5-46 所示。可以看出输出电压相位滞后电源电压。

为准确测量相位差，如图 5-47 所示在示波器的 expand 模式下用游标测出两个波形的过零点时间差 $T_2-T_1=125\mu s$，信号周期为 1ms，相位差 $\varphi=(T_2-T_1)\times 2\pi/T = 45°$。

[例 5-25] 根据例 5-16 所示电路，利用 EWB 验证戴维南定理对交流电路的有效性。

解：建立如图 5-48 所示仿真电路，激活电路进行测试。根据电压表的读数，可得开路电压的有效值为 4.427V；如图 5-49 所示，在示波器的 expand 模式下用游标测出两个波形的过零点时间差，则开路电压的相位角约为 $-63°$，从而确定开路电压相量为 4.427

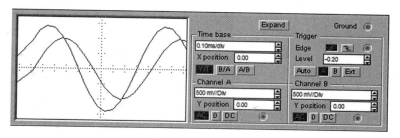

图 5-46　例 5-24 输入和输出波形

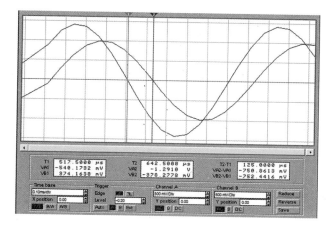

图 5-47　例 5-24 输入和输出波形时间差

∠−63°V，与例 5-16 理论分析一致。

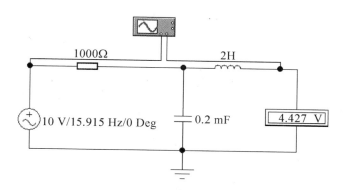

图 5-48　例 5-25 开路电压测试仿真电路

　　为测到等效复阻抗，将电压源置零，并在端口处外加一交流电流源，电流源的频率与电压源的频率相同。建立如图 5-50 所示仿真电路，激活电路进行测试。由电流源可知二端网络电流的有效值为 1A，由电压表测得二端网络端口电压的有效值为 164.1V，则二端网络的阻抗为 164.1Ω；如图 5-51 所示，在示波器的 expand 模式下用游标测出两个波形的过零点时间差，则阻抗角约为 53°，与例 5-16 理论分析基本一致。

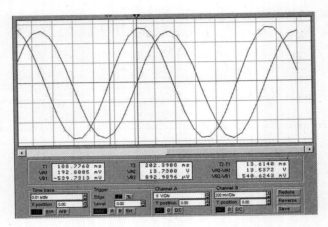

图 5-49　例 5-26 输入和输出波形时间差

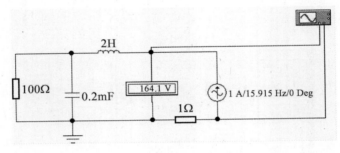

图 5-50　例 5-25 阻抗测试仿真电路

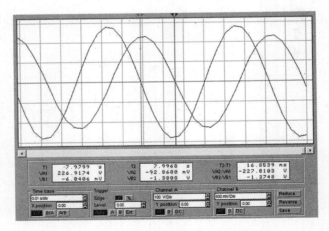

图 5-51　例 5-25 输入和输出波形时间差

本 章 小 结

本章着重讨论了用变换方法对正弦稳态电路的分析——相量分析方法。通过引入相量的概念得到了阻抗、相量模型和两类约束的相量形式，在建立了相量模型后可将频域下的正弦稳态电路视为"等效的电阻电路"，从而采用与电阻电路类似的方法进行分析和求解，牢固掌握正弦稳态电路功率及其功率因数的概念也是很重要的。

频率、幅度和相位是描述正弦交流电的三要素，在单一频率或频率不变时比较正弦电量的关系仅需关心其幅度和初相即可，从而可以借助相量和复数的方法方便地分析正弦稳态响应。

复数运算是相量分析方法的主要运算工具，其主要关系如下。

表示形式：直角式 $A = a + jb$，极角式 $A = |A| \angle \theta$

互换关系：$\begin{cases} a = |A|\cos\theta \\ b = |A|\sin\theta \end{cases}$，$\begin{cases} |A| = \sqrt{a^2 + b^2} \\ \theta = \arctan\dfrac{b}{a} \end{cases}$

运算规则：加减法运算——各复数的实部、虚部分别相加减。

乘除法运算——模相乘除，辐角相加减。

特殊情况：若复数的虚部为零则复数为一个实数，实部为零时复数为一个虚数，实部虚部均为零复数等于零。

二复数相等：实部、虚部分别对应相等，或者模与辐角分别对应相等。

二复数共轭：实部相等，虚部等值异号；或者模相等，辐角等值异号。

旋转因子：$j = \sqrt{-1} \Rightarrow \pi/2$，$j^2 = -1 \Rightarrow \pi$，$j^3 = -j \Rightarrow -\pi/2$，$j^4 = 1 \Rightarrow 0°$。

利用变换方法可以使复杂问题的分析变得更加方便，变换方法一般需经变换、求解、反变换三个步骤。相量就是在交流电频率不变条件下，用交流电的振幅（或有效值）作为相量的模，初相作为相量的辐角的一种复数对应变换关系。

根据相量的线性性质可以得到基尔霍夫定律的相量形式，即

KCL：$\displaystyle\sum_{k=1}^{K} \dot{I}_{km} = 0$，或 $\displaystyle\sum_{k=1}^{K} \dot{I}_k = 0$

KVL：$\displaystyle\sum_{k=1}^{K} \dot{U}_{km} = 0$，或 $\displaystyle\sum_{k=1}^{K} \dot{U}_k = 0$

在引入阻抗（或导纳）的概念后，RLC 的电压电流关系（VCR）均可统一地用欧姆定律的相量式描述，即

VCR：
$$\dot{U} = Z \cdot \dot{I}$$

式中，R、C、L 与 Z 的关系分别为 $Z = R$，$Z = -j\dfrac{1}{\omega C}$，$Z = j\omega L$。

相量模型是使用相量分析方法求解正弦稳态电路时的一种假想模型，它和原正弦稳态电路具有相同的拓扑结构，但电路中所有元件用其阻抗（或导纳）表示，所有电量用电压电流相量表示，其参考方向不变。在建立相量模型后可将原电路视为等效的电阻电路，从而类比电阻电路的方法进行分析和求解。

RLC 无源单口网络的阻抗定义为网络端口电压相量和电流相量之比，即

$$Z = \frac{\dot{U}}{\dot{I}} = |Z| \angle \varphi_Z = R + jX$$

式中，$|Z| = \dfrac{U}{I}$ 为阻抗的模；$\varphi_Z = \Psi_u - \Psi_i$ 为阻抗角，表示端口电压超前电流的角度；实部 R 为电阻分量；虚部 X 为电抗分量；阻抗的单位为欧姆，Ω。

阻抗的倒数为导纳 Y，单位为 S，即

$$Y = \frac{1}{Z} = G + jB$$

式中，G 为电导分量；B 为电纳分量。单口网络的阻抗和导纳虽互为倒数，但构成阻抗和导纳的电阻分量与电导分量和电抗分量与电纳分量之间不构成直接倒数关系。

阻抗三角形是一个重要的概念，可以很好地反映阻抗各分量的关系及属性，当 $X > 0(\varphi_Z > 0)$ 时，电压超前电流 φ_Z，称阻抗 Z 呈感性；当 $X < 0(\varphi_Z < 0)$ 时，电压滞后电流 φ_Z，称阻抗 Z 呈容性；当 $X = 0(\varphi_Z = 0)$ 时，电压与电流同相，称阻抗 Z 呈阻性。

由 RLC 和受控源元件构成的串并联网络可以等效为一个阻抗或一个导纳；

对于复杂正弦稳态电路的相量模型在采用"等效电阻电路"方法分析时，诸如网孔法、节点法和叠加定理、等效变换、戴维南定理等方法均适用。

正弦稳态电路的复功率等于单口网络端口的电压相量与电流相量的共轭复数的乘积，即

$$\tilde{S} = \dot{U} \cdot \dot{I}^* = P + jQ$$

式中，复功率的实部 P 为网络中各电阻元件消耗的功率，即有功功率；虚部 Q 为网络中各电抗元件无功功率的代数和。这一关系又称复功率守恒。

复功率也可表示为

$$\tilde{S} = UI \angle (\Psi_u - \Psi_i) = S \angle \varphi$$

式中，S 为视在功率；φ 为阻抗角。功率三角形与阻抗三角形是相似三角形，功率因数 $\lambda = \dfrac{P}{S} = \cos\varphi$ 决定了有功功率 P 和无功功率 Q 在视在功率 S 中所占的比例，提高功率因数在工程应用中具有重要意义。

负载阻抗得到最大功率的条件是：①共轭匹配，即 $Z_L = Z_s^*$；②模匹配，即 $|Z_L| = |Z_s|$。共轭匹配是理想的匹配条件，可使负载真正得到最大的有功功率。

习　　题

5-1　计算下列各式。

(1) $6\angle 15° - 4\angle 40° + 7\angle -60°$

(2) $\dfrac{(10+j33)\,(4+j5)\,(6-j4)}{7+j3}$

(3) $(2+3\angle 60°)\,(3\angle 150° + 3\angle 30°)$

(4) $\dfrac{-j17 + \dfrac{4}{j} + 5\angle 90°}{2.5\angle 45° + 2.1\angle -30°}$

5-2　已知正弦电流、电压的波形如图 5-52 所示，写出电流、电压的瞬时表达式。

5-3　用相量表示下列正弦量，画出相量图，并比较相位关系。

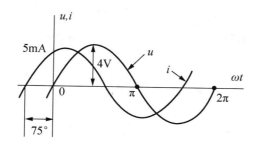

图 5-52　题 5-2 图

$$u_1(t) = 220\sqrt{2}\cos\omega t \text{ V}$$

$$u_2(t) = 220\sqrt{2}\cos(\omega t - 120°) \text{ V}$$

$$u_3(t) = 220\sqrt{2}\cos(\omega t + 90°) \text{ V}$$

5-4　已知角频率 $\omega = 10$ rad/s，写出下列相量对应的函数表达式。

(1) $\dot{U}_1 = 10\angle -30°$ V　　(2) $\dot{U}_{2m} = 60\angle -130°$ V

(3) $\dot{I}_1 = 5j$ A　　(4) $\dot{I}_{2m} = 2$ A

5-5　运算以下各正弦电量，并作相量图。

(1) $i_1(t) = 3\cos\omega t$ mA, $i_2(t) = 4\sin(\omega t - 90°)$ mA，求 $i(t) = i_1(t) + i_2(t)$。

(2) $i_1(t) = 10\cos 314t$ A, $i_2(t) = 10\sin(314t - 120°)$ A，求 $i(t) = i_1(t) + i_2(t)$ 和 $i(t) = i_1(t) - i_2(t)$。

(3) $u_1(t) = 4\cos\omega t$ V, $u_2(t) = 7\cos(\omega t + 90°)$ V, $u_3(t) = 3\cos(\omega t - 90°)$ V，求 $u(t) = u_1(t) + u_2(t) + u_3(t)$。

5-6　(1) 在图 5-53(a) 中，$i_1(t) = 10\cos(\omega t + 36.86°)$ A, $i_2(t) = 60\cos(\omega t + 120°)$ A，求 $i(t)$，并绘相量图。

(2) 已知图 5-53(b) 中，$u_1(t) = 80\cos(\omega t + 36.86°)$ V, $u_2(t) = 60\cos(\omega t + 122.9°)$ V, $u_3(t) = 120\cos(\omega t - 53.13°)$ V，求 $u(t)$，并绘相量图。

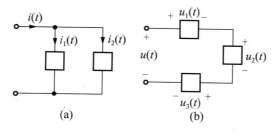

图 5-53　题 5-6 图

5-7　已知元件 A 的正弦电压 $u(t) = 12\cos(1000t + 30°)$ V，若 A 为：(1) 电阻，$R = 4$ kΩ；(2) 电感，$L = 20$ mH；(3) 电容，$C = 1\mu$F，求流过元件 A 的正弦电流 $i(t)$。并绘出三种情况的相量图。

5-8　已知无源单口网络两端的电压 $u(t)$ 和电流 $i(t)$ 如下。试求各情况下的阻抗和导纳。

(1) $u(t) = 200\cos 314t$ V，$i(t) = 10\cos 314t$ A；

(2) $u(t) = 10\cos(10t + 45°)$ V，$i(t) = 2\cos(10t + 35°)$ A；

(3) $u(t) = 100\cos(2t + 30°)$ V，$i(t) = 5\cos(2t - 60°)$ A；

(4) $u(t) = 100\cos(3.14t - 15°)$ V，$i(t) = \sin(3.14t + 45°)$ A；

(5) $u(t) = [-5\cos(2t) + 12\sin(2t)]$ V，$i(t) = 1.3\cos(2t + 40°)$ A；

(6) $u(t) = \mathrm{Re}[je^{j2t}]$ V，$i(t) = \mathrm{Re}[(1+j)e^{j(2t+30°)}]$ mA。

5-9　正弦稳态电路如图 5-54 所示，已知 $u(t) =$ $200\cos(1000t + \dfrac{\pi}{4})$ V。

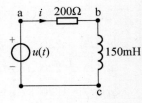

(1)求振幅相量 $\dot{U}_{abm}$、$\dot{U}_{bcm}$、$\dot{I}_m$，并绘相量图；

(2)求 u_{ab}、u_{bc}、i；

(3)求 u_{ab} 和 u_{bc} 间的相差。

图 5-54　题 5-9 图

5-10　图 5-55 所示电路中，施加于电路的电流源为 $i(t) = (8\cos t - 11\sin t)$ A，已知电压 $u(t) = (\sin t + 2\cos t)$ V，求 $i_R(t)$、$i_C(t)$、$i_L(t)$ 以及 L，并绘出相量图。

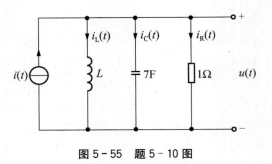

图 5-55　题 5-10 图

5-11　电路如图 5-56 所示，已知 $u_C(t) = \sqrt{2}\cos 2t$ V，试求电源电压 $u_s(t)$。绘出所有电压、电流的相量图。

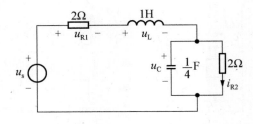

图 5-56　题 5-11 图

5-12　求图 5-57 所示相量模型的阻抗，并分别写出阻抗的电阻分量、电抗分量以及模和阻抗角。

5-13　求图 5-58 相量模型电路的等效阻抗。

5-14　图 5-59 所示电路工作在正弦稳态，$\omega = 5\mathrm{krad/s}$。(1) 计算使输入阻抗 Z 为纯阻时的 C 值，并求出这时的阻抗值；(2) 用 EWB 验证计算结果。

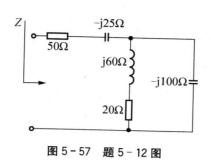

图 5-57　题 5-12 图

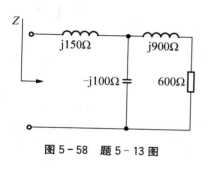

图 5-58　题 5-13 图

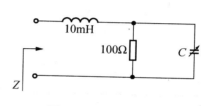

图 5-59　题 5-14 图

5-15　写出图 5-60 电路所示的输入阻抗（$Z=R+\mathrm{j}X$）的具体表达式，并求出使阻抗虚部 $X=0$ 时的频率 ω_0。

5-16　图 5-61 示电路中，$i_s=\sin10^6 t\,\mathrm{mA}$，$R=10\mathrm{k}\Omega$，$L=1\mathrm{mH}$。

（1）计算当 C 为何值时，u 与 i_s 同相（即电路谐振）；

（2）用 EWB 虚拟测量和 AC 频率扫描分析，验证计算结果；

（3）改变电阻 $R=1\,\mathrm{k}\Omega$，$10\,\mathrm{k}\Omega$，$100\,\mathrm{k}\Omega$，用 EWB 测量电路谐振时 I_L/I_S 和 I_C/I_S 值，并用理论分析解释测量结果。

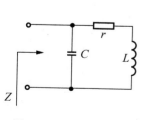

图 5-60　题 5-15 图

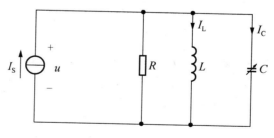

图 5-61　题 5-16 图

5-17　电路的相量模型如图 5-62 所示，试分别用网孔分析和节点分析求解 $\dot{I}_{0\mathrm{m}}$。

5-18　试用网孔分析求解图 5-63 所示电路中的正弦电流 $i_1(t)$ 和 $i_2(t)$。已知 $u_s(t)=9\cos5t\mathrm{V}$。

5-19　电路的相量模型如图 5-64 所示，用节点法求节点电压以及流过电容的电流。

5-20　已知图 5-65 电路中电压表的读数 $V=15\,\mathrm{V}$，$V_1=10\,\mathrm{V}$，求 V_2 的读数。

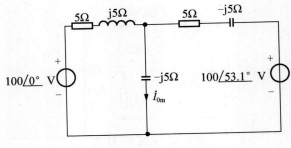

图 5-62 题 5-17 图

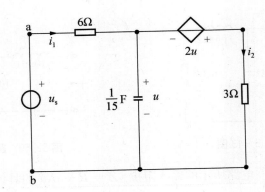

图 5-63 题 5-18 图

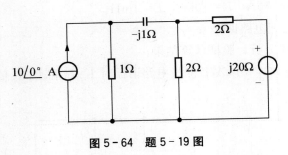

图 5-64 题 5-19 图

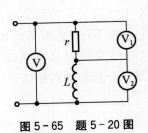

图 5-65 题 5-20 图

5-21 已知图 5-66 电路中 $r=8\Omega$，电源频率 $f=50$ Hz，调节 $R=10\Omega$ 时，电压表读数 $V_1 = V_2$，(1)求 L；(2)用 EWB 仿真方法求上述问题中的 L(将 R 固定，采用可变电感，用键盘输入改变电阻值，当两个交流表读数差不超过较大电压值的 1% 时，即可确定 L 的值)。

5-22 图 5-67 所示正弦稳态电路中，已知 $\omega=1$ rad/s，有效值 $U_{ab}=10$V，$I_2=10$A，试求有效值 I_1 和 U。

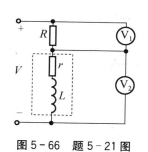

图 5-66 题 5-21 图

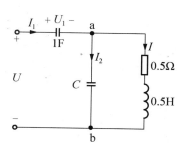

图 5-67 题 5-22 图

5-23 电路如图 5-68 所示,已知 $X_C=-10\Omega$、$R=5\Omega$、$X_L=5\Omega$,各电表指示为有效值,试求 A_0 及 V_0 的读数。

5-24 并联式 RC 交流电桥如图 5-69 所示,用该电桥可测量电容器的电容量即等效电阻。调节 R_3 和 C_3 当电桥平衡时,若 $R_1=500\Omega$,$R_2=1000\Omega$,$R_3=750\Omega$,$C_3=50\mu F$,(1)求 R_x 和 C_x 的值;(2)在 EWB 仿真软件中,用测量电桥平衡时电压的方法验证计算结果。

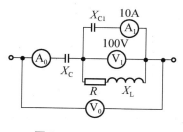

图 5-68 题 5-23 图

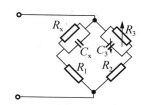

图 5-69 题 5-24 图

5-25 图 5-70 所示为正弦稳态相量电路。(1)用电路化简的方法求出 ab 左端的等效电路,并计算相量电压 $\dot{U}_x$;(2)利用电路的齐次性计算 $\dot{U}_x$。

5-26 已知图题 5-71 电路的 $\dot{U}_{s1}=100\angle 0°$ V,$\dot{U}_{s2}=100\angle -120°$ V,$\dot{I}_s=2\angle 0°$ A,$X_L=|X_C|=R=5\Omega$,用叠加法求 $\dot{I}_1$ 和 $\dot{I}_2$。

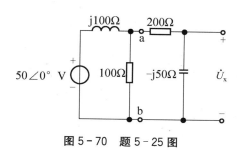

图 5-70 题 5-25 图

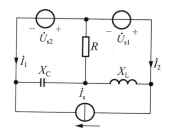

图 5-71 题 5-26 图

5-27 用叠加定理求图 5-72 所示正弦稳态电路的 u_x。已知 $\omega=5\times10^4$ rad/s。

5-28 图 5-73 电路处于正弦稳态,试用叠加定理求 $u_x(t)$。注意电源的频率不相同。

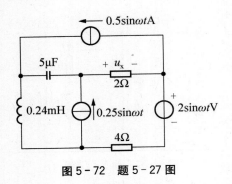

图 5-72 题 5-27 图

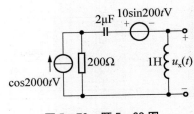

图 5-73 题 5-28 图

5-29 求出图 5-74 稳态电路中负载电阻左面电路的戴维南等效相量模型电路。利用相量模型求出负载上的电压 $u(t)$ 和电流 $i(t)$。

5-30 求图 5-75 电路的相量戴维南等效电路。

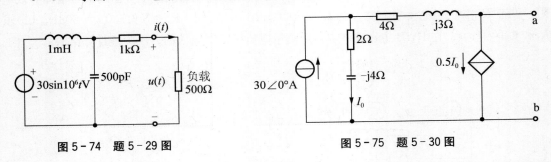

图 5-74 题 5-29 图   图 5-75 题 5-30 图

5-31 图 5-76 所示为正弦稳态电路，（1）用网孔法求 $\dot{I}_0$；（2）求 ab 左端的诺顿等效电路，再求 $\dot{I}_0$。

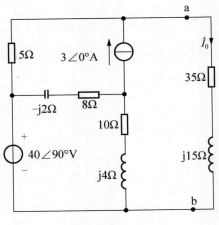

图 5-76 题 5-31 图

5-32 正弦波 $f(t)$ 及其供给与案件的能量 $w(t)$ 如图 5-77 所示。若：（1）$f(t) = u(t)$，单位为 V；（2）$f(t) = i(t)$，单位为 A。试确定元件的性质及参数。

5-33 电路如图 5-78 所示，已知 $i_s(t) = \cos t$ A，试计算稳态时：（1）电感储能的平均值；(2)电容储能的平均值；(3)在一个周期内电阻消耗的能量($t=0\sim2\pi$)。

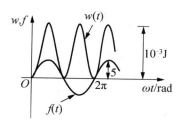

图 5-77 题 5-32 图

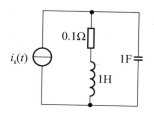

图 5-78 题 5-33 图

5-34 正弦稳态电路如图 5-79 所示，(1)分别求出 4Ω 和 3Ω 电阻的平均功率；(2)试由端口 ab 的电压相量、电流相量，求出 ab 右端单口网络的平均功率。

5-35 已知 $\dot{U}_s=12\angle60°$ V，求图 5-80 所示电路的功率：(1)由两电阻的功率求得；(2)由电源提供的功率求得。

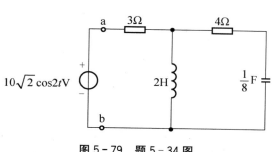

图 5-79 题 5-34 图

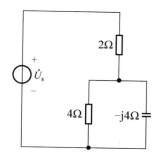

图 5-80 题 5-35 图

5-36 电路如图 5-81 所示，电流 $I=5$A，求电路的 P、S 和 λ。

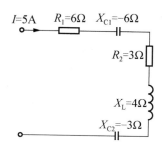

图 5-81 题 5-36 图

5-37 输电线的阻抗为$(0.08+j0.25)$Ω，用它来传送功率给负载。负载为电感性，其电压有效值相量为 $220\angle0°$V，功率为 12kW。已知输电线的功率损失为 560W，试求负载的功率因数角。

5-38 电路如图 5-82 所示，试求每个电源的功率，并指出每个电源对电路是提供还是吸收功率。已知 $\dot{U}_1=100\angle60°$ V、$\dot{U}_2=100\angle0°$ V。

5-39 电路如图 5-83 所示，负载 Z_L 的功率为 2kW，功率因数为 0.8(电容性)，电

压有效值相量为 $240\angle 0° \mathrm{V}$，求点远端的电压 $\dot{U}_\mathrm{s}$，并求负载的等效相量模型。

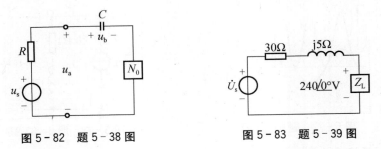

图 5-82 题 5-38 图   图 5-83 题 5-39 图

5-40 正弦稳态电路如图 5-84 所示，已知电流 i 的有效值 $I=10\mathrm{A}$，$\omega=1000\mathrm{rad/s}$。试求电路的 P、Q 和 S。

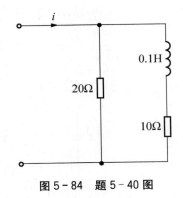

图 5-84 题 5-40 图

5-41 $60\mathrm{kW}$ 的负载，功率因数为 0.5（电感性），负载电压为 $220\mathrm{V}$，由电阻为 0.1Ω 的输电线供电。若要使负载功率因数提高到 0.9（电感性），并联电容应为多大？问并联前后，输电线的功率损失有何变化？

5-42 图题 5-85 所示电路中 $\dot{I}_\mathrm{s}=10\angle 0° \mathrm{A}$，$r=7\Omega$，试分别求 3 条支路的复功率。

5-43 电路如图 5-86 所示，若 Z_L 的实部、虚部均能变动，要使 Z_L 获得最大功率，Z_L 应为何值？最大功率为多少？已知 $\dot{U}_\mathrm{s}=14.1\angle 0° \mathrm{V}$。

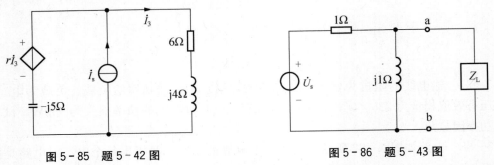

图 5-85 题 5-42 图   图 5-86 题 5-43 图

5-44 电路如图 5-87 所示，试求获得最大功率时负载的阻抗 Z_L，并求所获得的功率 P。

5-45　已知图 5-88 电路的 $U_{ab}=100$ V，$I_2=8$ A，$r_2=9$ Ω，$X_C=12$Ω，电路消耗的总功率为 1000 W，求 r_1 和 X_L。

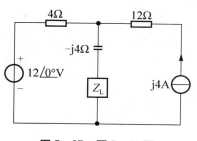

图 5-87　题 5-44 图

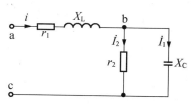

图 5-88　题 5-45 图

5-46　一台设备上有一组 5 台感应电动机同时工作，每台电动机的功率为 64kW，功率因数为 0.68（滞后），供电电源为 50Hz/220V。（1）求该设备总供电电流；（2）要提高该设备功率因数到 0.95（滞后），求需要并联电容的容量和补偿后该设备的总电流。

5-47　220 V 电源供给动力和照明用电，动力负载为 5 台 1.7 kW 的电动机，功率因数 $\cos\varphi=0.8$（感性），照明负载为 200 盏 40 W 白炽灯，求总电流、总功率和功率因数，若想将功率因数提高到 0.9，可增添电容器，求电容量 C。电源频率 $f=50$ Hz。

5-48　用 EWB 仿真软件的 AC 频率扫描分析，求图 5-89RC 有源电路的输入-输出关系。（1）确定口 u_i 信号频率 $f=500$ Hz 时，u_o 与 u_i 幅度比值和相位差；（2）确定 $|u_o/u_i|$ 最大时的频率以及此时 u_o 与 u_i 的相位差；（3）用示波器观察 u_o 与 u_i 的波形，验证上面的分析结果。

5-49　（1）图 5-90 电路为 RC 移相式振荡器的相移电路，若 $R=5$Ω，$C=0.01$ μF，$n=4$，求与的相位差等于 u_1 与 u_2 的相位差等于 180°时的频率 f；（2）用 EWB 仿真软件的 AC 频率扫描分析求上述频率。

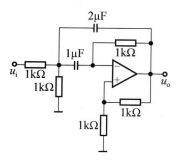

图 5-89　题 5-48 图

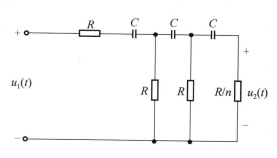

图 5-90　题 5-49 图

第 6 章

互感电路及三相电路

基本内容：本章着重讨论耦合电感电路和三相电路的基本概念和分析方法。首先，介绍互感的概念、伏安关系、去耦等效模型及其含互感电路的分析方法；然后，介绍空心变压器和理想变压器的概念，含理想变压器电路的分析和功率计算；最后，介绍三相电源、三相电路的概念、相线电压电流的关系和对称三相电路分析方法，以及三相电路功率的计算。

基本要求：理解互感和同名端的概念，掌握耦合电感的等效模型及其分析计算，理解理想变压器的特性和分析计算；理解对称三相电源相线电压电流的概念及关系，掌握对称三相电路的分析方法和三相电路功率的计算。

本章首先要介绍两种新的元件——互感(又称耦合电感)和理想变压器。它们与受控源类似都属于耦合元件，都由一条以上的支路组成，其中一条支路的电压电流与其他支路的电压电流有关。但不同的是，受控源反映的是元件输入信号对输出支路电压电流的控制作用，而互感和变压器反映了具有磁耦合的各通电线圈磁场变化时所产生的相互作用。耦合电感和变压器虽然都通过磁耦合实现，但是，这两种元件的性质是不同的，互感是一种动态元件而理想变压器却属于电阻元件；互感具有储能的特性而理想变压器既不能储能也不耗能，以下将分别详细说明。最后将介绍在工程上广泛应用的三相电路的概念及分析方法。

6.1 互　　感

6.1.1 互感的概念

由第 4 章电感元件内容可知，通电线圈在其内部及其周边空间形成磁场，其定义为磁链与电流相约束的元件，即 $\Psi(t) = Li(t)$，如图 6-1 所示。其自感系数为

$$L = \frac{\Psi}{i}$$

它反映了由其自身元件特性所决定的电流-磁场间的制约关系。在关联参考方向下电感元件的 VCR 为

$$u(t) = L \frac{\mathrm{d}i(t)}{\mathrm{d}t}$$

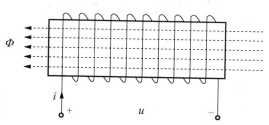

图6-1 通电线圈与磁通

处于同一空间彼此临近的各载流线圈存在磁场的耦合，当线圈中电流变化而引起磁场变化时，将在其他线圈中产生感生电动势的电磁现象称为互感现象。实际上，无论在何处，只要存在两个电流回路就会有互感。一个回路电流所产生的磁场必然会穿过另一回路，两个回路的磁场相互作用，但其相互作用的程度随距离的增加而快速减小，故一般讨论"彼此临近"时互感现象比较明显的情形。

图6-2为两个具有磁耦合的载流线圈，其各自的自感系数分别为 L_1 和 L_2，线圈中电流分别为 i_1 和 i_2，匝数分别为 N_1 和 N_2。线圈1的电流 i_1 产生的自感磁通为 Φ_{11}，与线圈2的耦合磁通（或称互感磁通）为 Φ_{21}，则电流 i_1 在线圈1和线圈2中的磁链分别为

$$\left. \begin{aligned} \Psi_{11} &= N_1 \Phi_{11} = L_1 i_1 \\ \Psi_{21} &= N_2 \Phi_{21} = M i_1 \end{aligned} \right\} \tag{6-1}$$

由式(6-1)可见，互感磁链可表示为 $M i_1$，其中 M 称为**互感系数**(mutual inductance)。互感系数取决于两个线圈的几何形状、尺寸、工艺参数和各自的电流流向、相对位置以及它们周围介质的磁导率等。单位为亨利(简称亨，H)。

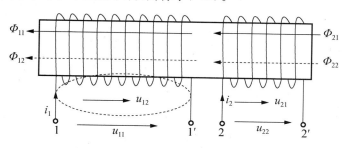

图6-2 线圈的互感

同理，线圈2的电流 i_2 产生的自感磁通为 Φ_{22}，与线圈1的耦合磁通为 Φ_{12}，则电流 i_2 在线圈2和线圈1中的磁链分别为

$$\left. \begin{aligned} \Psi_{22} &= N_2 \Phi_{22} = L_2 i_2 \\ \Psi_{12} &= N_1 \Phi_{12} = M i_2 \end{aligned} \right\} \tag{6-1}'$$

显然，上述磁通(磁链)的方向与电流方向的关系是符合右手螺旋法则的。

式(6-1)所确定的磁链仅考虑了一个线圈电流作用(即假设另一线圈处于开路状态)的情形，如果两个线圈均通以电流，则每一个线圈中的磁通应等于其自感磁通和耦合磁通的

代数和，即

$$\left.\begin{aligned}\Phi_1 &= \Phi_{11} \pm \Phi_{12}\\ \Phi_2 &= \Phi_{22} \pm \Phi_{21}\end{aligned}\right\} \tag{6-2}$$

或

$$\left.\begin{aligned}\Psi_1 &= \Psi_{11} + \Psi_{12} = L_1 i_1 \pm M i_2\\ \Psi_2 &= \Psi_{22} + \Psi_{21} = L_2 i_2 \pm M i_1\end{aligned}\right\} \tag{6-2$'$}$$

式(6-2)表明，耦合线圈中的磁链与施感电流成正比，是各施感电流独立产生的磁链叠加的结果。互感磁链前面的"±"号表示互感的作用有两种表现，其中"+"号表示互感磁链与自感磁链方向一致，使线圈中的磁场得到加强，称为同向耦合。工程上将耦合磁场增强时两个施感电流的流入端定义为**同名端**，并用相同的符号"·"标注出来。式中的"—"号表示互感磁链与自感磁链方向相反，它使线圈中的磁场得到削弱，称为反向耦合。引入同名端概念后，可以用带有互感 M 和同名端标记的电感 L_1 和 L_2 的电路模型来表示耦合电感，如图 6-3(a)、(b)所示。

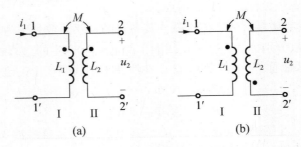

图6-3　耦合电感的电路模型

根据式(6-2)，图 6-3(a)、(b)所示耦合电感两个线圈的磁链分别为

$$\left.\begin{aligned}\Psi_1 &= L_1 i_1 + M i_2\\ \Psi_2 &= L_2 i_2 + M i_1\end{aligned}\right\} \tag{6-3}$$

和

$$\left.\begin{aligned}\Psi_1 &= L_1 i_1 - M i_2\\ \Psi_2 &= L_2 i_2 - M i_1\end{aligned}\right\} \tag{6-3$'$}$$

互感上电压电流方向与互感符号的关系一般按如下方法确定，当施感电流 i 与互感电压 u_M（图 6-3 中的 u_2）的参考方向一致时 M 取"+"号，反之 M 取"—"号。在工程上也可用图 6-4 所示的实验方法确定。虚线框内为待测耦合电感线圈，在其中一个绕组上接有直流电源和开关 S，在另一绕组端钮上连接直流电压表（或电流表）。在开关闭合瞬间，有随时间 t 增长的电流流入端钮 1，即 $\dfrac{\mathrm{d}i_L}{\mathrm{d}t} > 0$。如果此时电压表指针正向偏转，说明施感电流 i 与互感电压 u_M 的参考方向一致，即线圈的端钮 1 与端钮 2 是同名端。

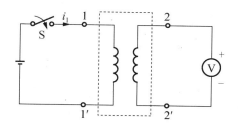

图6-4 同名端的实验确定

6.1.2 互感的VCR

有一组耦合电感其端口电压电流参考方向及同名端如图6-5(a)所示。当耦合电感L_1和L_2中电流变化而引起线圈中磁链变化时，根据电磁感应定律可得到各电感端口VCR为

$$u_1 = \frac{\mathrm{d}\Psi_1}{\mathrm{d}t} = L_1\frac{\mathrm{d}i_1}{\mathrm{d}t} \pm M\frac{\mathrm{d}i_2}{\mathrm{d}t} = u_{11} \pm u_{12} \qquad (6-4)$$

$$u_2 = \frac{\mathrm{d}\Psi_2}{\mathrm{d}t} = L_2\frac{\mathrm{d}i_2}{\mathrm{d}t} \pm M\frac{\mathrm{d}i_1}{\mathrm{d}t} = u_{22} \pm u_{21} \qquad (6-4)'$$

式中，$u_{11} = L_1\dfrac{\mathrm{d}i_1}{\mathrm{d}t}$、$u_{22} = L_2\dfrac{\mathrm{d}i_2}{\mathrm{d}t}$为线圈的自感电压，是由线圈自身流过的电流所产生的；$u_{12} = M\dfrac{\mathrm{d}i_2}{\mathrm{d}t}$、$u_{21} = M\dfrac{\mathrm{d}i_1}{\mathrm{d}t}$为线圈的互感电压，它们是由耦合线圈的电流在对方的线圈中所产生的，所以耦合电感的电压是自感电压和互感电压叠加的结果。耦合电感的VCR式（6-4）是一个微分方程，也说明耦合电感是一种动态元件。

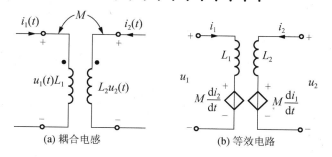

(a) 耦合电感 (b) 等效电路

图6-5 互感的VCR

自感电压的方向与自身的电流方向为关联参考方向，而互感电压正负由耦合电感电流的流入端与同名端的关系决定。若两个线圈的电流流入端均为同名端，则互感电压与自感电压的方向一致，互感电压取"＋"号；如果两线圈电流流入端为异名端，则互感电压与自感电压方向相反，互感电压取"－"号。

当图6-5电路中各电量为同频率正弦量时，可建立耦合电感的相量模型如图6-6所示。这时有

$$\dot{U}_1 = \mathrm{j}\omega L_1\dot{I}_1 + \mathrm{j}\omega M\dot{I}_2 \qquad (6-5)$$

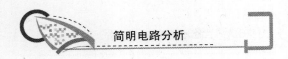
$$\dot{U}_2 = j\omega L_2 \dot{I}_2 + j\omega M \dot{I}_1 \tag{6-5}'$$

式中，$Z_L = j\omega L$ 为自感的阻抗；$Z_M = j\omega M$ 为互感的阻抗。

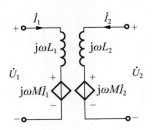

图 6-6　耦合电感的相量模型

[**例 6-1**] 求图 6-7 中的电压 u_1 和 u_2 的表达式。

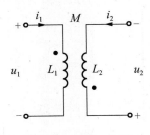

图 6-7　例 6-1 图

解： 线圈 1 中电压 u_1 与电流 i_1 为关联参考方向，所以自感电压 u_{11} 为正，而电流 i_2 与 i_1 的流入端为异名端，所以互感电压 u_{12} 与 u_{11} 方向相反，前面取"－"；而线圈 2 的电压与电流为非关联参考方向，所以自感电压 u_{22} 与 u_2 方向相反，前面应取"－"号，两个线圈电流的流入端为异名端，所以互感电压的"＋"极性端为没有同名端标记的一端，其方向与 u_2 方向也相反，前面应取"－"号，所以 u_1 和 u_2 的表达式为

$$u_1 = u_{11} - u_{12} = L_1 \frac{\mathrm{d}i_1}{\mathrm{d}t} - M \frac{\mathrm{d}i_2}{\mathrm{d}t}$$

$$u_2 = -u_{21} - u_{22} = -M \frac{\mathrm{d}i_1}{\mathrm{d}t} - L_2 \frac{\mathrm{d}i_2}{\mathrm{d}t}$$

耦合电感中的互感磁链 Ψ_1、Ψ_2 不仅与施感电流 i_1 和 i_2 有关，还与由线圈的结构、相互位置和磁介质所决定的线圈间耦合的疏密程度有关，工程上通过耦合电感中互感磁链与自感磁链的比值**耦合系数** k 来描述，定义为

$$k = \frac{M}{\sqrt{L_1 L_2}} \tag{6-6}$$

全耦合时 k 值最大，等于 1；无耦合时，M 为零，故 k 值为零。通常，$0 \leqslant k \leqslant 1$。当 $k > 0.5$ 时称为紧耦合，$k < 0.5$ 时称为松耦合。

由动态元件的特性，可得出含互感的两个线圈 L_1 和 L_2 的储能为

$$w = \frac{1}{2} L_1 i_1^2 + \frac{1}{2} L_2 i_2^2 \pm M i_1 i_2 \tag{6-7}$$

式中，当自感磁通与互感磁通方向一致时取"＋"号，否则取"－"号。可见，耦合电感具有存储能量的属性，是一种记忆元件。

这个关系可利用自感的储能公式 $w = \dfrac{1}{2}Li^2$ 和定义式 $\varPsi = Li$，在分别求出每个线圈的自感磁链储能和互感磁链储能 $\left(w_{\mathrm{M}} = \dfrac{1}{2}Mi_1i_2\right)$ 后，再根据自感磁通与互感磁通方向是否一致而确定互感磁链储能的符号后叠加得出。

6.2 含互感电路的分析

由于耦合电感上的电压包含自感电压和互感电压，因此不仅和自身支路的电流有关，还与耦合支路的电流有关，所以在列写电路 KVL 方程时，应特别注意正确使用同名端确定互感电压的极性，我们常用受控电压源表示互感电压的作用。

6.2.1 耦合电感的串并联

1. 顺接串联

当两个耦合线圈串联，电流 i 从各自的同名端流入，二者的磁通实现同向耦合而得以加强，称为顺接串联，如图 6-8（a）所示。按图示参考方向，利用 KVL 及 VCR 可得电压 u_1、u_2 分别为

$$u_1 = R_1 i + \left(L_1 \frac{\mathrm{d}i}{\mathrm{d}t} + M \frac{\mathrm{d}i}{\mathrm{d}t}\right) = R_1 i + (L_1 + M) \frac{\mathrm{d}i}{\mathrm{d}t}$$

$$u_2 = R_2 i + \left(L_2 \frac{\mathrm{d}i}{\mathrm{d}t} + M \frac{\mathrm{d}i}{\mathrm{d}t}\right) = R_2 i + (L_2 + M) \frac{\mathrm{d}i}{\mathrm{d}t}$$

以上方程也可视为一个去耦合等效电路，如图 6-8（b）所示，串联电路的总电压为

$$u = u_1 + u_2 = (R_1 + R_2)i + (L_1 + L_2 + 2M) \frac{\mathrm{d}i}{\mathrm{d}t} \tag{6-8}$$

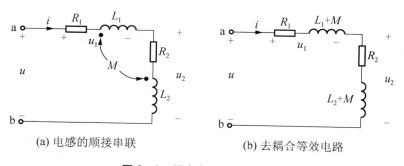

(a) 电感的顺接串联   (b) 去耦合等效电路

图 6-8 耦合电感的顺接串联

可见，该顺接串联电路可用一个等效电阻为 $R = R_1 + R_2$ 和等效电感为 $L = L_1 + L_2 + 2M$ 的串联电路模型等效替换。在正弦稳态时，电压的相量形式分别为

$$\dot{U}_1 = [R_1 + \mathrm{j}\omega(L_1 + M)]\dot{I}$$

$$\dot{U}_2 = [R_2 + j\omega(L_2 + M)]\dot{I}$$

$$\dot{U} = [R_1 + R_2 + j\omega(L_1 + L_2 + 2M)]\dot{I} \qquad (6-9)$$

顺接串联时各电感的阻抗和网络的等效阻抗为

$$Z_1 = R_1 + j\omega(L_1 + M)$$

$$Z_2 = R_2 + j\omega(L_2 + M)$$

$$Z = (R_1 + R_2) + j\omega(L_1 + L_2 + 2M) \qquad (6-10)$$

2. 反接串联

当两个耦合线圈串联，电流 i 从 L_1 的异名端和 L_2 的同名端流入（或相反），二者的磁通实现反向耦合而得以削弱，称为反接串联，如图 6-9(a) 所示，去耦合等效电路如图 6-9(b) 所示。按图示参考方向，利用 KVL 及 VCR 可得电压 u_1、u_2 分别为

$$u_1 = R_1 i + \left(L_1 \frac{\mathrm{d}i}{\mathrm{d}t} - M \frac{\mathrm{d}i}{\mathrm{d}t}\right) = R_1 i + (L_1 - M)\frac{\mathrm{d}i}{\mathrm{d}t}$$

$$u_2 = R_2 i + \left(L_2 \frac{\mathrm{d}i}{\mathrm{d}t} - M \frac{\mathrm{d}i}{\mathrm{d}t}\right) = R_2 i + (L_2 - M)\frac{\mathrm{d}i}{\mathrm{d}t}$$

即

$$u = u_1 + u_2 = (R_1 + R_2)i + (L_1 + L_2 - 2M)\frac{\mathrm{d}i}{\mathrm{d}t} \qquad (6-11)$$

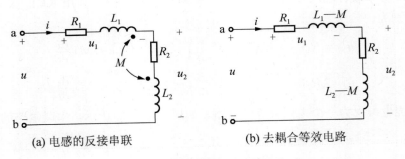

(a) 电感的反接串联   (b) 去耦合等效电路

图 6-9　耦合电感的反接串联

可见，该串联反接电路的等效电阻仍然为 $R = R_1 + R_2$，而等效电感却为 $L = L_1 + L_2 - 2M$。这时，电路的相量式为

$$\dot{U}_1 = [R_1 + j\omega(L_1 - M)]\dot{I}$$

$$\dot{U}_2 = [R_2 + j\omega(L_2 - M)]\dot{I}$$

$$\dot{U} = [R_1 + R_2 + j\omega(L_1 + L_2 - 2M)]\dot{I} \qquad (6-12)$$

反接串联时各电感的阻抗和网络的等效阻抗为

$$Z_1 = R_1 + j\omega(L_1 - M)$$

$$Z_2 = R_2 + j\omega(L_2 - M)$$

$$Z = (R_1 + R_2) + j\omega(L_1 + L_2 - 2M) \qquad (6-13)$$

由式 (6-13) 可见，线圈在反接串联时，各耦合电感支路的阻抗和网络的等效阻抗减

小，类似于在电感上串联电容后的效果，故常称为"容性"效应。但由于 $\dfrac{M}{\sqrt{L_1 L_2}} \leqslant 1$，而使 $L_1 + L_2 - 2M \geqslant 0$，故整个网络仍呈感性。

3. 耦合电感的并联

两个耦合线圈的并联也有两种情况，即顺接并联和反接并联，如图 6-10(a)、(b)所示。耦合电感在顺接并联和反接并联时，利用 KCL 及 VCR 有

$$i = i_1 + i_2$$
$$u = R_1 i_1 + L_1 \dfrac{\mathrm{d}i_1}{\mathrm{d}t} \pm M \dfrac{\mathrm{d}i_2}{\mathrm{d}t}$$
$$u = R_2 i_2 + L_2 \dfrac{\mathrm{d}i_2}{\mathrm{d}t} \pm M \dfrac{\mathrm{d}i_1}{\mathrm{d}t}$$

整理得

$$\left.\begin{aligned}u &= R_1 i_1 + (L_1 \mp M) \dfrac{\mathrm{d}i_1}{\mathrm{d}t} \pm M \dfrac{\mathrm{d}i}{\mathrm{d}t}\\ u &= R_2 i_2 + (L_2 \mp M) \dfrac{\mathrm{d}i_2}{\mathrm{d}t} \pm M \dfrac{\mathrm{d}i}{\mathrm{d}t}\end{aligned}\right\} \tag{6-14}$$

可得出其相量式及阻抗为

$$\left.\begin{aligned}\dot{U} &= R_1 \dot{I}_1 + \mathrm{j}\omega(L_1 \mp M)\dot{I}_1 \pm \mathrm{j}\omega M \dot{I}\\ \dot{U} &= R_2 \dot{I}_2 + \mathrm{j}\omega(L_2 \mp M)\dot{I}_2 \pm \mathrm{j}\omega M \dot{I}\end{aligned}\right\} \tag{6-15}$$

$$Z = \pm \mathrm{j}\omega M + [R_1 + \mathrm{j}\omega(L_1 \mp M)] \;//\; [R_2 + \mathrm{j}\omega(L_2 \mp M)] \tag{6-16}$$

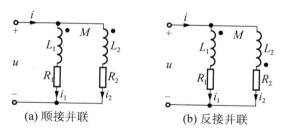

(a) 顺接并联　　(b) 反接并联

图 6-10　耦合电感的并联

耦合电感并联的相量模型如图 6-11 所示。

6.2.2　耦合电感的 T 形去耦等效

对于具有公共端的互感电路，用三端 T 形去耦模型等效比较方便，耦合电感的同侧相连电路如图 6-12(a)、(b)所示。

利用式(6-4)，可得图 6-12(a)的端钮 VCR 为

$$u_1 = u_{11} + u_{12} = L_1 \dfrac{\mathrm{d}i_1}{\mathrm{d}t} + M \dfrac{\mathrm{d}i_2}{\mathrm{d}t}$$

$$u_2 = u_{21} + u_{22} = M \dfrac{\mathrm{d}i_1}{\mathrm{d}t} + L_2 \dfrac{\mathrm{d}i_2}{\mathrm{d}t} \tag{6-17}$$

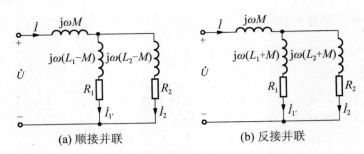

(a) 顺接并联　　　　　　　(b) 反接并联

图 6-11　耦合电感并联的相量模型

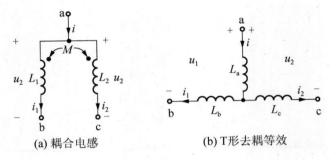

(a) 耦合电感　　　　　(b) T形去耦等效

图 6-12　耦合电感三端网络

图 6-12(b)的端钮 VCR 为

$$u_1 = L_a \frac{\mathrm{d}(i_1 + i_2)}{\mathrm{d}t} + L_b \frac{\mathrm{d}i_1}{\mathrm{d}t} = (L_a + L_b)\frac{\mathrm{d}i_1}{\mathrm{d}t} + L_a \frac{\mathrm{d}i_2}{\mathrm{d}t}$$

$$u_2 = L_a \frac{\mathrm{d}(i_1 + i_2)}{\mathrm{d}t} + L_c \frac{\mathrm{d}i_2}{\mathrm{d}t} = L_a \frac{\mathrm{d}i_1}{\mathrm{d}t} + (L_a + L_c)\frac{\mathrm{d}i_2}{\mathrm{d}t} \tag{6-18}$$

根据等效的定义，比较式(6-17)与式(6-18)，当

$$\begin{cases} L_a = M \\ L_b = L_1 - M \\ L_c = L_2 - M \end{cases} \tag{6-19}$$

时，二式完全相同。即，在满足等效条件式(6-19)时，可用图 6-12(b)所示的 T 形去耦模型等效地替换图 6-12(a)所示的耦合电感模型。

如果改变图中同名端的位置，两个线圈的同名端不在同一侧，则称为异侧相连，两个线圈的互感电压前均为"－"号，则其去耦等效模型仍可采用图 6-12(b)所示的电路，但需将式(6-19)中 M 前面的符号改为与同侧相连时相反，即

$$\begin{cases} L_a = -M \\ L_b = L_1 + M \\ L_c = L_2 + M \end{cases} \tag{6-19'}$$

实际上，两个耦合电感并联即是耦合电感三端网络的特例，只需要把 b/c 两端连成一端就可以了，其去耦等效关系和耦合电感的三端网络完全一样。

6.2.3 含耦合电感电路的分析

分析含有互感的电路，原则上与分析一般动态电路没有区别。不过，在列写电路的电压和电流方程时，还必须考虑互感电压。一方面要注意回路中某线圈的互感电压是由另一线圈中电流产生的，另一方面还需要特别注意互感电压的极性。也可以先消去互感的作用，即采用去耦等效电路进行分析，去掉耦合后的电路分析就与前述的正弦稳态电路分析完全一样了。下面通过一些例子加深对耦合电路分析方法的理解和掌握。

[**例 6-2**] 图 6-13(a) 所示电路中，b、c 两端开路，已知 $L_1 = 3H$，$L_2 = 6H$，$M = 2H$，$i_s = 5\cos10t$ A。求电压 u_{ab}、u_{bc}、u_{ac}。

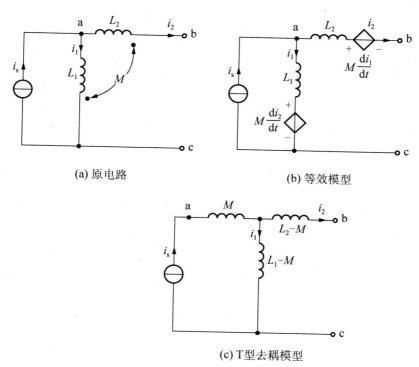

(a) 原电路   (b) 等效模型

(c) T型去耦模型

图 6-13 例 6-2 图

解： 方法一。用受控电压源替代互感电压的作用，其等效电路如图 6-13(b)所示，其中 $i_2 = 0$，故

自感电压 $L_2\dfrac{\mathrm{d}i_2}{\mathrm{d}t} = 0$，互感电压 $M\dfrac{\mathrm{d}i_2}{\mathrm{d}t} = 0$

又

$$i_1 = i_s$$

因此，自感电压

$$L_1\frac{\mathrm{d}i_1}{\mathrm{d}t} = 150\cos(10t + 90°) \text{ V}$$

互感电压
$$M\frac{di_1}{dt} = M\frac{di_s}{dt} = 100\cos(10t + 90°) \text{ V}$$

解得各电压分别为

$$u_{ab} = L_2\frac{di_2}{dt} + M\frac{di_1}{dt} = 100\cos(10t + 90°) \text{ V}$$

$$u_{ac} = L_1\frac{di_1}{dt} + M\frac{di_2}{dt} = 150\cos(10t + 90°) \text{ V}$$

$$u_{bc} = -u_{ab} + u_{ac} = 50\cos(10t + 90°) \text{ V}$$

（2）方法二：根据去耦等效电路求解，等效电路如图 6-13（c）所示，其中 $i_2 = 0$，$i_1 = i_s$，于是 3 个电压分别为

$$u_{ab} = M\frac{di_s}{dt} = 100\cos(10t + 90°) \text{ V}$$

$$u_{bc} = (L_1 - M)\frac{di_1}{dt} = 50\cos(10t + 90°) \text{ V}$$

$$u_{ac} = M\frac{di_s}{dt} + (L_1 - M)\frac{di_1}{dt} = 150\cos(10t + 90°) \text{ V}$$

[例 6-3] 电路如图 6-14(a)所示，试列出求解各电流所需的方程。

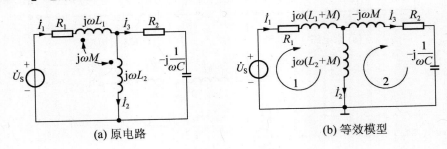

(a) 原电路　　　　　　　(b) 等效模型

图 6-14　例 6-3 图

解：将图 6-14(a)电路进行去耦等效，其等效电路如图 6-14(b)所示。选择参考节点后，对剩下的一个节点列写 KCL 方程为

$$-\dot{I}_1 + \dot{I}_2 + \dot{I}_3 = 0$$

针对网孔列写的 KVL 方程为

$$[R_1 + j\omega(L_1 + M)]\dot{I}_1 + j\omega(L_2 + M)\dot{I}_2 = \dot{U}_s$$

$$[R_2 - j\omega M - j\frac{1}{\omega C}]\dot{I}_3 - j\omega(L_2 + M)\dot{I}_2 = 0$$

6.2.4 空心变压器及反映阻抗

空心变压器（又称线性变压器）由两个具有互感的线圈构成，一个线圈接电源（称为原边或初级），另一线圈接负载（称为副边或次级）。变压器是利用磁场耦合实现从电源到负载或一个电路向另一个电路传输能量或信号的元件，而在原、副边之间没有电的联系。变压器线圈内部可加入或不加入铁心或磁心，加入了铁磁材料的铁心变压器的耦合系数可接

近于1，属于紧耦合；而没有铁心的空心变压器的耦合系数较小，属于松耦合。变压器是基于电磁感应原理工作的，可用耦合电感作为其模型，图6-15为其相量模型。

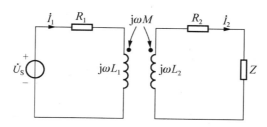

图6-15　空心变压器电路

原、副边回路电压方程为

$$(R_1 + j\omega L_1)\dot{I}_1 - j\omega M \dot{I}_2 = \dot{U}_S \qquad (6\text{-}20)$$

$$-j\omega M \dot{I}_1 + (R_2 + j\omega L_2 + Z)\dot{I}_2 = 0 \qquad (6\text{-}21)$$

令 $Z_{11} = R_1 + j\omega L_1$，称为原边回路阻抗，$Z_{22} = R_2 + j\omega L_2 + Z$ 称为副边回路阻抗，$Z_M = j\omega M$ 称为互阻抗，带入式（6-20）及式（6-21）得

$$Z_{11}\dot{I}_1 - Z_M \dot{I}_2 = \dot{U}_S \qquad (6\text{-}21)'$$

$$-Z_M \dot{I}_1 + Z_{22}\dot{I}_2 = 0 \qquad (6\text{-}22)'$$

联解得

$$\dot{I}_1 = \frac{\dot{U}_S}{Z_{11} + \dfrac{(\omega M)^2}{Z_{22}}}$$

则有，原边回路的输入阻抗为

$$Z_{in} = \frac{\dot{U}_S}{\dot{I}_1} = Z_{11} + \frac{(\omega M)^2}{Z_{22}} \qquad (6\text{-}23)$$

式（6-23）表明，变压器原边回路等效电路的输入阻抗由两个阻抗串联组成。其中，$Z_{11} = R_1 + j\omega L_1$ 称为原边的自阻抗；$Z_1 = \dfrac{(\omega M)^2}{R_2 + j\omega L_2 + Z} = \dfrac{(\omega M)^2}{Z_{22}}$ 称为副边回路对原边的反映阻抗（reflected impedance），它是副边回路和互阻抗通过互感反映到原边的等效结果，这样，在求解原边电流 $\dot{I}_1$ 时，仅需利用这一等效电路即可方便地求得结果。原边等效电路如图6-16(a)所示。

又根据 $\dot{I}_2$ 与 $\dot{I}_1$ 关系可求出

$$\dot{I}_2 = \frac{j\omega M \dot{U}_S}{\left(Z_{11} + \dfrac{(\omega M)^2}{Z_{22}}\right)Z_{22}} = \frac{j\omega M \dot{U}_S}{Z_{11}} \cdot \frac{1}{Z_{22} + \dfrac{(\omega M)^2}{Z_{11}}}$$

其中 $\dfrac{j\omega M \dot{U}_S}{Z_{11}}$ 为副边开路时原边电流 $\dfrac{\dot{U}_S}{Z_{11}}$ 在副边产生的互感电压，此电压也为副边的开路

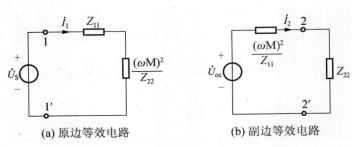

(a) 原边等效电路　　　　　　　(b) 副边等效电路

图 6 - 16　空心变压器原、副边等效电路

电压，故上式也可写为

$$\dot{I}_2 = \frac{\dot{U}_{oc}}{Z_{22} + \frac{(\omega M)^2}{Z_{11}}}$$

根据上式，可得出副边回路的等效电路，如图 6 - 16(b) 所示。其中，$\frac{(\omega M)^2}{Z_{11}}$ 称为原边回路对副边的反映阻抗。

[例 6 - 4] 已知图 6 - 15 中电路各元件参数为：$L_1 = 3.6H$，$L_2 = 0.06H$，$M = 0.465H$，$R_1 = 20\Omega$，$R_2 = 0.08\Omega$，$Z = 42\Omega$，$\omega = 314\text{rad/s}$，$\dot{U}_S = 115\angle 0°\text{ V}$。求 $\dot{I}_1$ 和 $\dot{I}_2$。

解：(1) 方法一。应用原边等效电路求解，如图 6 - 16(a) 所示。

原、副边回路阻抗分别为

$$Z_{11} = R_1 + j\omega L_1 = 20 + j1130.4\Omega$$

$$Z_{22} = R_2 + Z + j\omega L_2 = 42.08 + j18.85\Omega$$

原边回路的反映阻抗为

$$Z_1 = \frac{(\omega M)^2}{Z_{22}} = \frac{146^2}{46.11\angle 24.1°} = 462.3\angle(-24.1°) = 422 - j188.8\Omega$$

则根据原边等效电路，原、副边回路电流分别为

$$\dot{I}_1 = \frac{\dot{U}_S}{Z_{11} + Z_l} = \frac{115\angle 0°}{20 + j1130.4 + 422 - j188.8} = 0.111\angle(-64.9°)\text{A}$$

$$\dot{I}_2 = \frac{j\omega M \dot{I}_1}{Z_{22}} = \frac{j146 \times 0.111\angle -64.9°}{42.08 + j18.85} = \frac{16.2\angle 25.1°}{46.11\angle 24.1°} = 0.351\angle 1°\text{A}$$

(2) **方法二：**应用副边等效电路求解，如图 6 - 16(b) 所示，副边开路电压为

$$\dot{U}_{oc} = j\omega M \dot{I}_1 = j\omega M \cdot \frac{\dot{U}_S}{R_1 + j\omega L_1} = j146 \times \frac{115\angle 0°}{20 + j1130.4} = 14.85\angle 0°\text{V}$$

原边回路对副边的反映阻抗为

$$\frac{(\omega M)^2}{Z_{11}} = \frac{146^2}{20 + j1130.4} = \frac{21316}{1130.6\angle 90°} = -j18.5\Omega$$

则可得副边电流为

$$\dot{I}_2 = \frac{\dot{U}_{oc}}{-j18.5 + 42.08 + j18.85} = \frac{14.85\angle 0°}{42.08} = 0.353\angle 0°\text{A}$$

[例 6 - 5] 图 6 - 17(a)所示电路，已知 $U_S = 20V$，原边反映阻抗 $Z_1 = 10 - j10\Omega$。求 Z_X 和负载获得的有功功率。

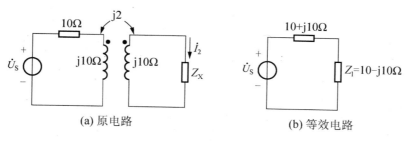

(a) 原电路　　　　　　　　(b) 等效电路

图 6 - 17　例 6 - 5 图

解： 变压器原边等效电路如图 6 - 17(b)所示。

根据反映阻抗的定义，有

$$Z_1 = \frac{(\omega M)^2}{Z_{22}} = \frac{4}{Z_X + j10} = 10 - j10\Omega$$

所以有

$$Z_X = \frac{4}{10 - j10\Omega} - j10 = \frac{4 \times (10 + j10)}{200} - j10 = 0.2 - j9.8\Omega$$

负载的有功功率由变压器将原边反映阻抗吸收的有功功率通过磁场全部传递到副边所得，所以负载吸收的有功功率为

$$P_{Z_X} = P_{R_1} = \left(\frac{20}{10 + 10}\right)^2 R_1 = 10\text{W}$$

6.2.5　耦合电感的功率

当耦合电感中的施感电流变化而引起磁场的变化时，将通过电磁感应原理实现耦合电感原边和副边之间的电磁能量转换和传输。利用图 6 - 18 讨论副边短路时空心变压器电路的复功率，其原、副边电路的 KVL 方程为

$$(R_1 + j\omega L_1)\dot{I}_1 + j\omega M \dot{I}_2 = \dot{U}_S$$

$$j\omega M \dot{I}_1 + (R_2 + j\omega L_2)\dot{I}_2 = 0$$

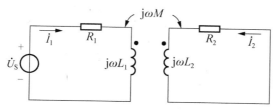

图 6 - 18　副边短路的空心变压器电路

在原边回路中电源提供的复功率为

$$\tilde{S}_1 = \dot{U}_S \dot{I}_1^* = (R_1 + j\omega L_1)I_1^2 + j\omega M \dot{I}_2 \dot{I}_1^*$$

$$(6 - 24)$$

即等于原边回路阻抗和互感电压吸收的复功率。而副边回路没有激励，即电源发出的复功率为零，因此副边回路阻抗和互感电压吸收的复功率也为零，即

$$\widetilde{S}_2 = 0 = j\omega M \dot{I}_1 \dot{I}_2^* + (R_2 + j\omega L_2)I_2^2 \tag{6-25}$$

在原边复功率式(6-24)中，$(R_1 + j\omega L_1)I_1^2$ 为原边回路阻抗吸收的复功率，其实部为电阻 R_1 吸收的有功功率，虚部为自感吸收的无功功率，而 $j\omega M \dot{I}_2 \dot{I}_1^*$ 则表示原边的互感电压所吸收的复功率。在副边复功率式(6-25)中，$(R_2 + j\omega L_2)I_2^2$ 表示副边回路阻抗吸收的复功率，其实部表示副边电阻 R_2 吸收的有功功率，虚部表示副边自感吸收的无功功率，而 $j\omega M \dot{I}_1 \dot{I}_2^*$ 则表示副边的互感电压所吸收的复功率。

若设

$$\dot{I}_1 = I_1 \angle \Psi_1, \dot{I}_2 = I_2 \angle \Psi_2$$

则有

$$\dot{I}_1^* = I_1 \angle -\Psi_1, \dot{I}_2^* = I_2 \angle -\Psi_2$$

原边互感电压吸收的复功率则为

$$j\omega M \dot{I}_2 \dot{I}_1^* = j\omega I_1 I_2 \angle (\Psi_1 - \Psi_2) = j\omega I_1 I_2 \angle \varphi$$
$$= -\omega M I_1 I_2 \sin\varphi + j\omega M I_1 I_2 \cos\varphi$$

副边互感电压吸收的复功率则为

$$j\omega M \dot{I}_1 \dot{I}_2^* = j\omega I_1 I_2 \angle (\Psi_2 - \Psi_1) = j\omega I_1 I_2 \angle -\varphi$$
$$= \omega M I_1 I_2 \sin\varphi + j\omega M I_1 I_2 \cos\varphi$$

由以上分析可知，原、副边互感电压吸收的复功率其实部异号而虚部同号。虚部同号说明原、副边吸收的无功功率性质和大小均一样；实部异号说明原、副边吸收的有功功率大小相等但符号相反，即说明当一边吸收功率时另外一边则产生功率，其产生和吸收的功率相等。也即说明耦合电感通过互感传递有功功率时，有功功率从一个端口输入，必将从另外一个端口输出，其自身并不消耗电能，这是互感非耗能特性的体现。

6.3 理想变压器电路分析

理想变压器(ideal transformer)是一种双口电阻元件，是实际变压器的理想化模型，用与耦合电感相同的电路符号表示，但与之不同的是，理想变压器唯一的参数是一个称之为**变比(transformstion ratio)** 或**匝数比(yurns ratio)** 的常数 $n = N_1 : N_2$，而不是 L_1、L_2 和 M 等参数。变压器的主要作用是实现电压的升降，所以希望变压器仅仅作为能量传递的元件，而其自身既不消耗能量也不储存能量，也就是说希望变压器能将原边吸收的电能全部转移到副边的负载上，这样的变压器就称为理想变压器。因此，理想变压器也是极限情况下的耦合电感，其理想化条件为：

(1)电路无损耗。即要求原、副边线圈电阻为零，且作为磁心的铁磁材料的磁导率为无限大。

(2)实现全耦合。即原边将电能全部传递到副边，因此耦合系数 $k=1$，即有 $M=\sqrt{L_1 L_2}$。

(3)电感参数为无限大，但是 L_1/L_2 为一常数，即 $L_1,L_2,M \Rightarrow \infty$，而 $\sqrt{L_1/L_2}=N_1/N_2=n$。

6.3.1 理想变压器的 VCR

在如图 6-19(a)所示电路中，理想变压器的原边和副边电压 u_1、u_2 具有一致的同名端关系，端口电压电流取关联参考方向时，其端口伏安关系 VCR 为

$$\left.\begin{aligned} u_2(t) &= \frac{1}{n}u_1(t) \\ i_2(t) &= ni_1(t) \end{aligned}\right\} \tag{6-26}$$

式(6-26)即为理想变压器的定义式，其中，$n=N_1:N_2$ 为变压器的匝数比即变比。可见，在任意时刻，理想变压器的端口电压电流成比例，也就是说由这一组代数关系式所定义的理想变压器是一种电阻元件。如果变压器同名端改为图 6-19(b)所示情形，即原边和副边电压 u_1、u_2 为相反的同名端关系，端口电压电流仍为关联参考方向，即电流 i_2 改由"·"端流出时，则式(6-26)应加上"一"号，即

$$\left.\begin{aligned} u_2(t) &= -\frac{1}{n}u_1(t) \\ i_2(t) &= -ni_1(t) \end{aligned}\right\} \tag{6-26$'$}$$

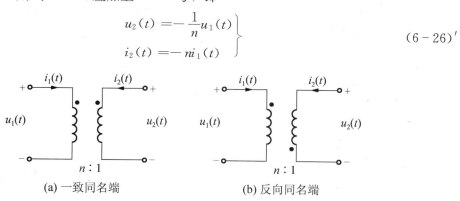

(a) 一致同名端   (b) 反向同名端

图 6-19 理想变压器的 VCR

另外，将式(6-23)中二式相乘，可得

$$u_1(t)i_1(t)+u_2(t)i_2(t)=0 \tag{6-27}$$

即，在任意时刻 t，原边和副边线圈输入的功率之和为零。也就是说，理想变压器不消耗功率也不产生功率，它仅实现电能的传递而不能实现能量的存储，是非能元件，是无记忆性的元件。

需要注意的是，理想变压器的电路符号虽然与线圈(电感)一样，但这并不代表理想变压器会有任何电感的(电抗)作用，它实现的是原边和副边之间电压及电流的按比例变换，仅此而已。下面讨论理想变压器的电压变换、电流变换等重要性质。

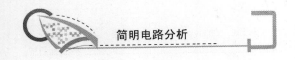

6.3.2 电压及电流变换性质

1. 电压变换性质

对于如图 6-19 所示理想变压器，原、副边匝数分别为 N_1 和 N_2，在线圈电压与电流为关联参考方向时，铁心中由 $i_1(t)$ 和 $i_2(t)$ 共同产生的磁场，在全耦合下总磁通 $\Phi = \Phi_1 + \Phi_2$，与线圈 1、2 交链的总磁链分别为 $\Psi_1 = N_1\Phi$ 和 $\Psi_2 = N_2\Phi$，根据楞次定律有

$$u_1 = \frac{\mathrm{d}\Psi_1}{\mathrm{d}t} = N_1\frac{\mathrm{d}\Phi}{\mathrm{d}t} \quad \text{和} \quad u_2 = \frac{\mathrm{d}\Psi_2}{\mathrm{d}t} = N_2\frac{\mathrm{d}\Phi}{\mathrm{d}t}$$

则原、副边电压之比为

$$\frac{u_1}{u_2} = \frac{N_1}{N_2} = n \qquad\qquad (6-28)$$

式中，$n = N_1/N_2$ 即为理想变压器的匝数比，简称为变比。式（6-25）表明，理想变压器原、副边电压的大小与相应的匝数成正比，即实现了原边到副边电压的变换。若 $N_1 > N_2$，则 $u_1 > u_2$ 为降压变压器，反之为升压变压器。

2. 电流变换性质

对于如图 6-19 所示理想变压器，线圈 1 两端电压为自感电压和互感电压之和，即

$$u_1 = L_1\frac{\mathrm{d}i_1}{\mathrm{d}t} + M\frac{\mathrm{d}i_2}{\mathrm{d}t}$$

从上式中解出 $i_1(t)$ 为

$$i_1(t) = \frac{1}{L_1}\int_0^t u_1(\xi)\mathrm{d}\xi - \frac{M}{L_1}i_2(t)$$

由理想化条件 $L_1, L_2, M \Rightarrow \infty$，并且 $\sqrt{L_1/L_2} = N_1/N_2 = n$，则有 $M/L_1 = \sqrt{L_2/L_1} = \frac{1}{n}$，故可得

$$i_1 = -\frac{M}{L_1}i_2 = -\frac{1}{n}i_2 \qquad\qquad (6-29)$$

式（6-29）表明，理想变压器不仅能改变输入电压，还能改变输入电流，理想变压器原、副边电流之比等于匝数比的倒数。同理，若 $i_1(t)$ 和 $i_2(t)$ 分别从异名端流入，则应有 $i_1(t) = \frac{1}{n}i_2(t)$，所以在应用变流关系的时候，一定要特别注意电流方向与同名端的关系。

6.3.3 阻抗变换性质

以上说明了理想变压器具有变压和变流的作用，由此可得出它同时也具有改变阻抗大小的作用。图 6-20(a) 所示为变比为 n、负载阻抗为 Z 的理想变压器电路的相量模型。

图 6-20 原边端口的输入阻抗为

$$Z_{\mathrm{in}} = \frac{\dot{U}_1}{\dot{I}_1} = \frac{n\dot{U}_2}{-1/n\dot{I}_2} = n^2\left(-\frac{\dot{U}_2}{\dot{I}_2}\right) = n^2 Z$$

即

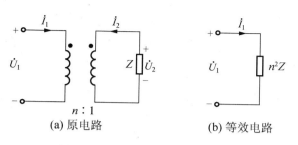

(a) 原电路　　　　　　　(b) 等效电路

图 6-20　理想变压器的阻抗变换

$$Z_{in} = n^2 Z \tag{6-30}$$

可见，图 6-20(a)所示电路其原边的输入阻抗可用 6-20(b)所示电路等效，我们把 $n^2 Z$ 称为副边负载阻抗折算到原边的等效阻抗(或称折合阻抗)。我们也可以通过改变匝数比 n 来改变副边负载阻抗折算到原边的等效阻抗，使电路满足阻抗匹配条件，从而使负载获得最大功率。比如，在广播扩音系统中，扩音机的输出阻抗较大(一般在数百欧姆到数千欧姆左右)，而负载喇叭的阻抗较小(一般在数欧姆左右，常见为 4Ω 和 8Ω)。如果将喇叭直接连接在扩音机的输出端，则由于未实现阻抗匹配而使喇叭不能得到足够的功率(声音很小)，所以，一般需经输出变压器阻抗变换后，使喇叭折合到扩音输出端的阻抗与其输出阻抗匹配，从而获得足够的功率(声音洪亮)。理想变压器的阻抗变换性质只改变阻抗的大小，不改变阻抗的性质。

6.3.4　理想变压器的功率

对于图 6-19(a)所示电路，在如图电压电流参考方向下有，$u_1(t) = nu_2(t)$，$i_1(t) = -\dfrac{1}{n}i_2(t)$，则理想变压器在任一时刻吸收的功率为

$$
\begin{aligned}
p(t) &= u_1 i_1 + u_2 i_2 \\
&= u_1 i_1 + \frac{1}{n} u_1 \times (-n i_1) = 0
\end{aligned}
$$

上式表明，理想变压器既不储能，也不耗能，在电路中只起传递信号和能量的作用。

[**例 6-6**] 已知图 6-21(a)所示电路中，电源内阻 $R_s = 1\text{k}\Omega$，负载电阻 $R_L = 10\Omega$，为使 R_L 上获得最大功率，求理想变压器的变比 n。

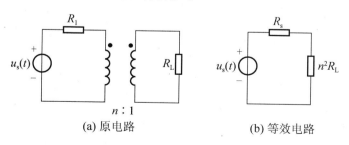

(a) 原电路　　　　　　　(b) 等效电路

图 6-21　例 6-6 图

解： 应用理想变压器阻抗变换的性质，得出将副边负载电阻折算到原边的等效电路如图 6-21(b)所示。负载 R_L 上获得的功率，是从变压器原边通过磁场传递到副边的，由于理想变压器无损耗，则原边吸收的功率会全部传递到副边，也即图(b)中 $n^2 R_L$ 吸收的功率。因此，若要使负载获得最大功率，也就是 $n^2 R_L$ 上获得最大功率。

根据最大功率传输定理，只有当 $R_s = n^2 R_L$ 时，才能在 $n^2 R_L$ 上获得最大功率，则有

$$n = \sqrt{\frac{R_s}{R_L}} = 10$$

6.4　三　相　电　路

由于三相供电系统在发电、输电和用电方面具有许多优点，目前，世界各国的电力系统大多采用三相制。比如，由于单相电路的瞬时功率是随时间交变的，而对称三相电路的总瞬时功率却是恒定的，可以使三相电动机产生恒定的转矩；三相电源便于大功率电能的传输，并可灵活地取其中一相作为日常生活用电，其供电能力较单相电源更强，更加稳定方便；大功率电子整流器利用三相甚至更多相交流电源，可获得更大功率和更平滑的直流输出。

6.4.1　三相电源

三相电力系统由三相电源、三相负载和三相输电线路组成。三相电源是由 3 个频率相同、振幅相同、初相位依次滞后 120°的正弦电源按一定规则连接组成的。三相电源来源于三相发电机，图 6-22(a)为三相发电机示意图，三相发电机由定子和转子两部分构成。定子又包含铁心、绕组和机座，在定子铁心的内表面分布放置三组相同的绕组 AX、BY 和 CZ，其中 A、B、C 为三相绕组的首端，X、Y、Z 为尾端。为分析方便，我们用三相集中绕组代替实际的三相分布绕组，同一相绕组的首端和尾端在空间上呈 180°，三相绕组的三个首端在空间上呈 120°角放置。转子由转子铁心和转子绕组组成，转子铁心做成凸极式的，给转子绕组通入直流励磁电流，将会在转子铁心中产生恒定磁场，其转子铁心表面的磁场近似呈正弦规律分布，该磁场通过转子铁心、定子铁心和它们之间的空气间隙形成磁路。

当转子以 ω 的角速度顺时针匀速旋转时，磁场依次切割三个定子绕组并产生随时间按正弦规律变化的感生电压，三相绕组及三相电压如图 6-22(b)所示。由于三个定子绕组结构完全相同，又被同一磁场切割，因此，这三个感生电压的频率、振幅相同。但由于三个绕组空间分布位置不同，磁场切割三个相定子绕组的先后次序不同，因此所产生感生电压的相位也不同。若以 AX 这一相作为参考，令其电压的初相为 0°，则 BY 相在位置上滞后 AX 相 120°，因此，其电压的初相也滞后 120°。同理，CZ 相电压的初相滞后 BY 相 120°，或超前 AX 相 120°。因此，图 6-22(a)所示的三相发电机可以获得如下的三相正弦交流电压：

$$u_A(t) = \sqrt{2}U\cos\omega t$$
$$u_B(t) = \sqrt{2}U\cos(\omega t - 120°) \quad\quad\quad (6\text{-}31)$$
$$u_C(t) = \sqrt{2}U\cos(\omega t + 120°)$$

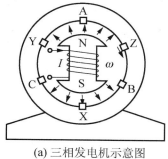

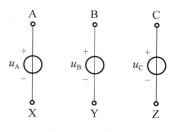

(a) 三相发电机示意图   (b) 三相正弦电压

图 6 - 22 三相发电机和三相电压

图 6 - 23(a)为该三相电压的波形图。三相电压经过正最大值(或负最大值)的先后顺序称为相序,该三相电压的相序为 A→B→C→A,称此相序为正序。若相序为 A→C→B→A,则称为逆序。该三相电压的有效值相量表达式为

$$\dot{U}_A = U\angle 0°$$
$$\dot{U}_B = U\angle -120° \quad\quad\quad (6\text{-}32)$$
$$\dot{U}_C = U\angle 120°$$

三相电压的相量图如图 6 - 23(b)所示。由图中可知,该三相电压大小相等、相位互差 120°,故称为对称三相电源电压。对它们求相量和,则有

$$\dot{U}_A + \dot{U}_B + \dot{U}_C = 0$$

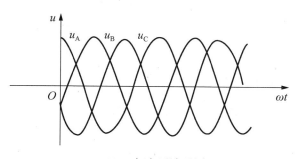

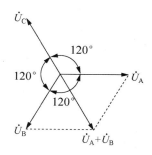

(a) 三相电压波形图   (b) 三相电压相量图

图 6 - 23 三相电压的波形和相量图

该三相电压相量对应的瞬时值之和也为零,即

$$u_A + u_B + u_C = 0$$

上式表明,在任一瞬时,对称三相电源电压之和等于零。

6.4.2 三相电源的连接及相线电压

将三相定子绕组的三个尾端 X、Y、Z 连接成一点，称为**中性点**，用 N 表示，其引线称为**中线**（或称零线、地线）；从三相绕组三个首端引出的三条电线，分别用 A、B、C 表示，称其为**端线**或者相线（俗称火线），这种连接方式称为电源的 Y 形（又称星形）连接。电源按 Y 形连接时，能提供两种规格的电压，一种是每相绕组的端电压（在 Y 形连接中也是相线和中线之间的电压），称为**相电压**，分别为图 6-24(a) 中的 $\dot{U}_A$、$\dot{U}_B$、$\dot{U}_C$。显然，该三个相电压为对称三相电压，其有效值用 U_P 表示。另一种是端线与端线之间的电压，称为**线电压**，分别为图 6-24(a) 中的 $\dot{U}_{AB}$、$\dot{U}_{BC}$、$\dot{U}_{CA}$，其有效值用 U_1 表示。各线电压与相应的相电压之间的相量关系为

$$\dot{U}_{AB} = \dot{U}_A - \dot{U}_B = U\angle 0° - U\angle -120° = \sqrt{3}U_P\angle 30°$$

$$\dot{U}_{BC} = \dot{U}_B - \dot{U}_C = U\angle -120° - U\angle 120° = \sqrt{3}U_P\angle -90° \qquad (6-33)$$

$$\dot{U}_{CA} = \dot{U}_C - \dot{U}_A = U\angle 120° - U\angle 0° = \sqrt{3}U_P\angle 150°$$

可见，它们的相量之和、瞬时值之和也为零。每个线电压均超前于对应的相电压 30°，有效值为相电压的 $\sqrt{3}$ 倍，即有 $U_1 = \sqrt{3}U_P$，线电压与相应的相电压关系表示为

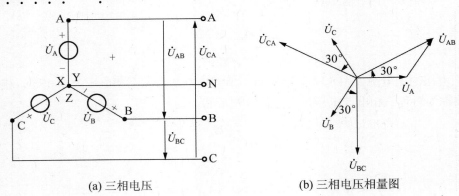

(a) 三相电压　　　　　　　　　　　(b) 三相电压相量图

图 6-24　三相电源 Y 形连接及线电压、相电压关系

$$\dot{U}_{AB} = \sqrt{3}\dot{U}_A\angle 30°$$

$$\dot{U}_{BC} = \sqrt{3}\dot{U}_B\angle 30° \qquad (6-33)'$$

$$\dot{U}_{CA} = \sqrt{3}\dot{U}_C\angle 30°$$

如果将电源的三相定子绕组首尾顺序连接，从三个连接点引出三条端线，这种连接方式称为△形（又称三角形）连接，如图 6-25 所示。△形连接时电源每相绕组的相电压仍然记为 $\dot{U}_A$、$\dot{U}_B$、$\dot{U}_C$，而线电压为 $\dot{U}_{AB}$、$\dot{U}_{BC}$、$\dot{U}_{CA}$。从图中可得线电压和相电压之间的关系为

$$\dot{U}_{AB} = \dot{U}_A = U_P\angle 0°$$

$$\dot{U}_{BC} = \dot{U}_B = U_P \angle -120°$$

$$\dot{U}_{CA} = \dot{U}_C = U_P \angle 120° \tag{6-34}$$

即，线电压等于相电压，$\dot{U}_l = \dot{U}_P$。但这种连接方式的电源对负载只能提供一种规格的电压。

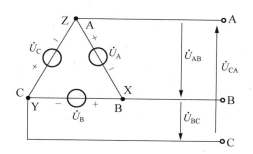

图 6-25 三相电源的△形连接

6.4.3 三相负载的连接及相线电流

当三相负载按 Y 形连接并与 Y 形连接三相电源构成 Y-Y 连接方式时，相量模型如图 6-26 所示。三相负载三端的连接点称为负载中点，用"n"表示，通常和电源中点"N"相连接，n-N 的连接线即为中线，这样的供电系统称为三相四线制供电系统。每相负载的端电压为相电压，分别为 $\dot{U}_a$、$\dot{U}_b$、$\dot{U}_c$，端线与端线之间的电压为线电压，分别为 $\dot{U}_{ab}$、$\dot{U}_{bc}$、$\dot{U}_{ca}$。如果忽略线路阻抗，负载线电压等于电源线电压。在有中线的情况下，负载相电压也等于电源相电压。

当三相负载和三相电源连接构成回路后，电路中就产生电流。每相负载的电流，称为相电流，如图 6-26 中的 $\dot{I}_a$、$\dot{I}_b$、$\dot{I}_c$；端线中流过的电流称为线电流，如图 6-26 中的 $\dot{I}_A$、$\dot{I}_B$、$\dot{I}_C$。由图可知，当负载与电源采用 Y-Y 连接时线电流与相电流为同一个电流，即线电流等于对应的相电流。线电流、相电流、中线电流与相电压的关系为

$$\dot{I}_A = \dot{I}_a = \frac{\dot{U}_a}{Z_a} = \frac{\dot{U}_A}{Z_a}$$

$$\dot{I}_B = \dot{I}_b = \frac{\dot{U}_b}{Z_b} = \frac{\dot{U}_B}{Z_b} \tag{6-35}$$

$$\dot{I}_C = \dot{I}_c = \frac{\dot{U}_c}{Z_c} = \frac{\dot{U}_C}{Z_c}$$

$$\dot{I}_N = \dot{I}_A + \dot{I}_B + \dot{I}_C$$

当三相负载阻抗相等，即有 $Z_a = Z_b = Z_c = Z \angle \varphi$ 时，称为对称三相负载。设 $\dot{U}_A = U_P \angle 0°$，则，线电流或相电流为

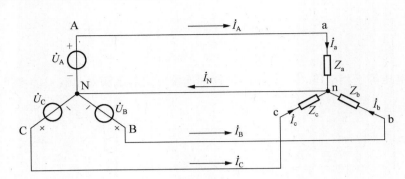

图 6-26　三相四线制电路

$$\dot{I}_A = \frac{\dot{U}_A}{Z_a} = \frac{U_P\angle 0°}{Z\angle \varphi} = \frac{U_P}{Z}\angle -\varphi$$

$$\dot{I}_B = \frac{\dot{U}_B}{Z_b} = \frac{U_P\angle -120°}{Z\angle \varphi} = \frac{U_P}{Z}\angle -120° -\varphi = \dot{I}_A\angle -120° \qquad (6-36)$$

$$\dot{I}_C = \frac{\dot{U}_C}{Z_c} = \frac{U_P\angle 120°}{Z\angle \varphi} = \frac{U_P}{Z}\angle 120° -\varphi = \dot{I}_A\angle 120°$$

由式(6-33)可知，三个线电流大小相等，相位互差120°。所以，当三相对称负载按Y形连接时，其三相电流也对称，其相电流有效值用 I_P 表示。我们可以仅求其中一相的电流，其他两相的电流根据和该相的相位差关系即可求得。由于三相电流对称，所以有

$$\dot{I}_A + \dot{I}_B + \dot{I}_C = 0$$

$$i_A + i_B + i_C = 0$$

因此，三相对称负载Y形连接时，中线电流 $\dot{I}_N = \dot{I}_A + \dot{I}_B + \dot{I}_C = 0$，即，中线上没有电流流过，此时可以去掉中线，这样的供电系统称为三相三线制，如图 6-27 所示。以电源中点 N 为参考节点，列写负载中点和电源中点的节点电压方程为

$$\left(\frac{1}{Z} + \frac{1}{Z} + \frac{1}{Z}\right)\dot{U}_{nN} = \frac{1}{Z}\dot{U}_A + \frac{1}{Z}\dot{U}_B + \frac{1}{Z}\dot{U}_C$$

$$\frac{3}{Z}\dot{U}_{nN} = \frac{1}{Z}(\dot{U}_A + \dot{U}_B + \dot{U}_C) = 0$$

故
$$\dot{U}_{nN} = 0$$

上式表明，在负载对称时，即使没有中线，负载中点和电源中点仍然等电位，仍然有负载相电压等于电源相电压的关系，因此，此时计算电流仍然可以用式(6-36)求解。

[例 6-7] 已知对称三相电源线电压为380V，$Z = 6.4 + j4.8\ \Omega$，$Z_l = 3 + j4\ \Omega$，电路如图 6-28(a)所示。求负载 Z 的相电压、线电压和电流。

解：完整的三相电路如图 6-28(b)所示。三相负载对称，三相线路阻抗也相同，所以，该三相电路仍然是对称的，相电压、线电流仍然具有对称关系。电源中点 N 和负载中点 n 等电位，可以仅用 A 相电路进行计算，如图 6-28(c)所示。

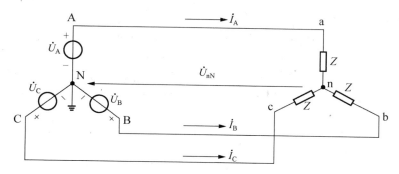

图6-27 Y形连接的三相三线制电路

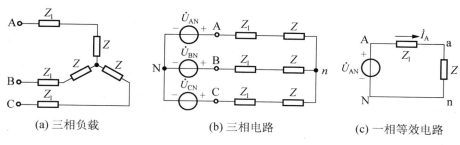

(a) 三相负载　　　　　(b) 三相电路　　　　　(c) 一相等效电路

图6-28 例6-7图

设$\dot{U}_{AB}=380\angle 0°$V，则有

$$\dot{U}_{AN}=220\angle -30°\text{V}$$

$$\dot{I}_A=\frac{\dot{U}_{AN}}{Z+Z_1}=\frac{220\angle -30°}{9.4+\text{j}8.8}=\frac{220\angle -30°}{12.88\angle 43.1°}=17.1\angle -73.1°\text{A}$$

$$\dot{U}_{an}=\dot{I}_A\cdot Z=17.1\angle -73.1°\cdot 8\angle 36.9°=136.8\angle -36.2°\text{V}$$

$$\dot{U}_{ab}=\sqrt{3}\ \dot{U}_{an}\angle 30°=\sqrt{3}\times 136.8\angle -6.2°=236.9\angle -6.2°\text{V}$$

如果三相负载首尾相连构成△连接形式，从各连接点分别引出三条端线与电源相连，这样的连接方式称为Y-△连接，如图6-29所示。

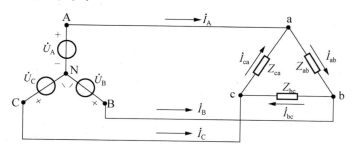

图6-29 Y-△连接的三相电路

Y-△连接电路为三相三线制电路，它没有中线。每相负载的相电压，分别为$\dot{U}_{ab}$、

$\dot{U}_{bc}$、$\dot{U}_{ca}$，端线与端线之间的电压为线电压，仍然为 $\dot{U}_{ab}$、$\dot{U}_{bc}$、$\dot{U}_{ca}$。即，△连接的负载，负载得到的相电压等于线电压。若忽略线路阻抗，负载线电压等于电源线电压。

每相负载流过的相电流为图 6-29 中的 $\dot{I}_{ab}$、$\dot{I}_{bc}$、$\dot{I}_{ca}$，端线中流过的电流为线电流，如图 6-29 中的 $\dot{I}_A$、$\dot{I}_B$、$\dot{I}_C$。故有相电流与三相电压的关系为

$$\dot{I}_{ab} = \frac{\dot{U}_{ab}}{Z_{ab}} = \frac{\dot{U}_{AB}}{Z_{ab}}$$

$$\dot{I}_{bc} = \frac{\dot{U}_{bc}}{Z_{bc}} = \frac{\dot{U}_{BC}}{Z_{bc}} \tag{6-37}$$

$$\dot{I}_{ca} = \frac{\dot{U}_{ca}}{Z_{ca}} = \frac{\dot{U}_{CA}}{Z_{ca}}$$

根据 KCL 可求出线电流 $\dot{I}_A$、$\dot{I}_B$、$\dot{I}_C$ 与相电流 $\dot{I}_{ab}$、$\dot{I}_{bc}$、$\dot{I}_{ca}$ 之间的关系为

$$\dot{I}_A = \dot{I}_{ab} - \dot{I}_{ca}$$

$$\dot{I}_B = \dot{I}_{bc} - \dot{I}_{ab} \tag{6-38}$$

$$\dot{I}_C = \dot{I}_{ca} - \dot{I}_{bc}$$

当三相负载对称时，有 $Z_{ab} = Z_{bc} = Z_{ca} = Z\angle\varphi$，设 $\dot{U}_A = U_P\angle 0°$，则相电流分别为

$$\dot{I}_{ab} = \frac{\dot{U}_{AB}}{Z_{ab}} = \frac{U_l\angle 30°}{Z\angle\varphi} = \frac{U_l}{Z}\angle 30° - \varphi$$

$$\dot{I}_{bc} = \frac{\dot{U}_{BC}}{Z_{bc}} = \frac{U_l\angle -90°}{Z\angle\varphi} = \frac{U_l}{Z}\angle -90° - \varphi = \dot{I}_{ab}\angle -120° \tag{6-39}$$

$$\dot{I}_{ca} = \frac{\dot{U}_{CA}}{Z_{ca}} = \frac{U_l\angle 150°}{Z\angle\varphi} = \frac{U_l}{Z}\angle 150° - \varphi = \dot{I}_{ab}\angle 120°$$

由式(6-36)可知，三个相电流大小相等，相位互差 120°。所以，当对称三相负载按△连接时，其三相电流也对称，对称负载时相电流有效值用 I_P 表示。我们也可以先求其中一相的电流，其他两相电流根据和该相的相差关系即可求得。则在负载对称情况下，三个线电流分别为

$$\dot{I}_A = \dot{I}_{ab} - \dot{I}_{ca} = \sqrt{3}\dot{I}_{ab}\angle -30°$$

$$\dot{I}_B = \dot{I}_{bc} - \dot{I}_{ab} = \sqrt{3}\dot{I}_{bc}\angle -30° \tag{6-40}$$

$$\dot{I}_C = \dot{I}_{ca} - \dot{I}_{bc} = \sqrt{3}\dot{I}_{ca}\angle -30°$$

三相负载△形连接时，线电流大小也相等（其有效值用 I_l 表示），其值为相电流的 $\sqrt{3}$ 倍，即 $I_l = \sqrt{3}I_P$，其相位均比对应的相电流滞后 30°。由于相电流对称，因此三个线电流也是对称的。对称三相负载△形连接时的线电流、相电流相量图如图 6-30 所示。

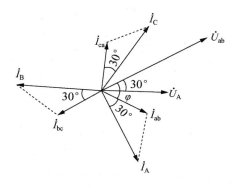

图 6 – 30 对称负载△形连接的相电流和线电流相量图

[**例 6 – 8**] 如图 6 – 31(a)所示为两个对称三相电路，电源线电压为 380V，$|Z_1| = 10\Omega$，$\cos\varphi_1 = 0.6$（滞后），$Z_2 = -j50\Omega$，$Z_N = 1 + j2\Omega$。求线电流、相电流。

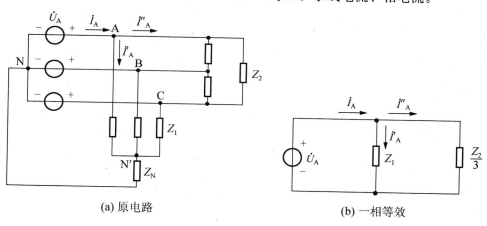

(a) 原电路	(b) 一相等效

图 6 – 31 例 6 – 8 图

解： 作出其中一相等效计算图，将△形连接负载等效为 Y 形连接负载（参见第 3.6 节 △- Y 的等效变换），如图 6 – 31(b)所示。则有

设 $\dot{U}_A = 220\angle 0°\text{V}$ 则

$$\dot{U}_{AB} = 380\angle 30°\text{V}$$

$$\cos\varphi_1 = 0.6 \ , \ \varphi_1 = 53.1°$$

$$Z_1 = 10\angle 53.1° = 6 + j8\Omega \qquad Z_2' = \frac{1}{3}Z_2 = -j\frac{50}{3}\Omega$$

$$\dot{I}_A' = \frac{\dot{U}_{AN}}{Z_1} = \frac{220\angle 0°}{10\angle 53.13°} = 22\angle -53.13° = 13.2 - j17.6\text{A}$$

$$\dot{I}_A'' = \frac{\dot{U}_{AN}}{Z_2'} = \frac{220\angle 0°}{-j50/3} = j13.2\text{A}$$

$$\dot{I}_A = \dot{I}_A' + \dot{I}_A'' = 13.9\angle -18.4°\text{A}$$

根据三相负载对称特性，得 B、C 相的线电流、相电流为

$$\dot{I}_B = 13.9\angle -138.4°\text{A}$$

$$\dot{I}_C = 13.9\angle 101.6°\text{A}$$

第一组负载的相电流为

$$\dot{I}'_A = 22\angle -53.1°\text{A} \quad \dot{I}'_B = 22\angle -173.1°\text{A} \quad \dot{I}'_C = 22\angle 66.9°\text{A}$$

第二组负载的相电流为

$$\dot{I}_{AB2} = \frac{1}{\sqrt{3}} \dot{I}''_A\angle 30° = 13.2\angle 120°\text{A} \quad \dot{I}_{BC2} = 13.2\angle 0°\text{A} \quad \dot{I}_{CA2} = 13.2\angle -120°\text{A}$$

通常，在不对称三相电路中，只是负载不对称，而电源仍然是对称的。不对称三相电路是具有三个电源的复杂交流电路，可用 KCL、KVL 以及网孔电流法、节点电压法等方法求解。如图 6-32(a)所示具有线路阻抗和中线阻抗的不对称 Y 形连接三相电路，以电源中点 N 作为参考点列写电路的节点电压方程，可求得负载中点 n 对电源中点 N 的节点电压为

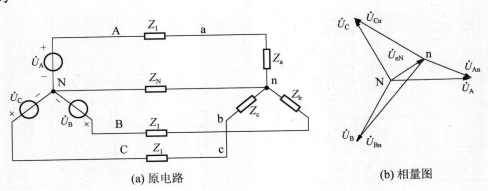

(a) 原电路   (b) 相量图

图 6-32 不对称三相负载 Y 形连接电路

$$\dot{U}_{nN} = \frac{\dot{U}_A/(Z_a+Z_1) + \dot{U}_B/(Z_b+Z_1) + \dot{U}_C/(Z_c+Z_1)_c}{1/(Z_a+Z_1)_a + 1/(Z_b+Z_1) + 1/(Z_c+Z_1) + 1/Z_N} \neq 0$$

由于两个中点的电位不相等，则电源端 A、B、C 对负载中点 n 的电压不再对称，分别为

$$\dot{U}_{An} = \dot{U}_A - \dot{U}_{nN}, \dot{U}_{Bn} = \dot{U}_B - \dot{U}_{nN}, \dot{U}_{Cn} = \dot{U}_C - \dot{U}_{nN}$$

它们与电源相电压的相量图如图 6-32(b)所示，相量图中电源中点与负载中点不重合的现象称为中性点位移。这时，负载端的相电压分别为

$$\dot{U}_{an} = \frac{Z_a}{Z_a+Z_1} \dot{U}_{An}, \dot{U}_{bn} = \frac{Z_b}{Z_b+Z_1} \dot{U}_{Bn}, \dot{U}_{cn} = \frac{Z_c}{Z_c+Z_1} \dot{U}_{Cn}$$

在电源对称情况下，可以根据中点位移的情况来判断负载端不对称的程度。当中点位移较大时，会造成负载相电压严重不对称，使负载的工作状态不正常。为避免这种情况发生，工程上用中线将负载中点与电源中点连接，强制使二者为等电位关系，从而确保三相负载的相电压相等，使负载得以正常工作。但若中线出现故障（如断路），则会造成负载各

相电压的差异而影响其正常工作。

负载为△形连接时，则可先等效为 Y 形连接电路再求解。

在三相电路中，负载的连接方式取决于负载相电压的额定值和电源的电压。当负载相电压的额定值与电源线电压相同时，应使用△连联接；当负载相电压与电源相电压相同时，应使用 Y 形连接。例如，相电压的额定值为 220V 的三相电动机与线电压为 380V 的三相电源连接时，电机应作 Y 形连接，而与线电压为 220V 的三相电源联接时电机应作△形连接，这样才能保证电动机在额定电压下正常运转。

6.4.4 三相电路的功率

对于对称三相电路，由于每一相的相电压、相电流和阻抗角都相同。因此，根据正弦稳态电路的功率计算方法，一相的平均功率为

$$P_P = U_P I_P \cos\varphi$$

则三相的总功率为

$$P = 3U_P I_P \cos\varphi \tag{6-41}$$

当负载 Y 形连接时，因为有 $U_1 = \sqrt{3}U_P$，$I_1 = I_P$，代入式(6-41)得

$$P = 3 \cdot \frac{1}{\sqrt{3}}U_1 I_1 \cos\varphi = \sqrt{3}U_1 I_1 \cos\varphi$$

当负载△形连接时，因为有 $U_1 = U_P$，$I_1 = \sqrt{3}I_P$，代入式(6-41)得

$$P = 3U_1 \cdot \frac{1}{\sqrt{3}}I_1 \cos\varphi = \sqrt{3}U_1 I_1 \cos\varphi$$

所以，不管负载是 Y 形连接还是△连接，对称负载三相总有功功率均为

$$P = \sqrt{3}U_1 I_1 \cos\varphi \tag{6-41$'$}$$

同理可得，三相对称负载的总无功功率为

$$Q = \sqrt{3}U_1 I_1 \sin\varphi \tag{6-42}$$

三相对称负载的总视在功率为

$$S = \sqrt{3}U_1 I_1 \tag{6-43}$$

三相电路的瞬时功率为各相负载瞬时功率之和。对图 6-25 所示的对称三相电路，有

$$p_A = u_A i_A = \sqrt{2}U_A \cos\omega t \times \sqrt{2}I_A \cos(\omega t - \varphi)$$
$$= U_A I_A[\cos\varphi + \cos(2\omega t - \varphi)]$$

$$p_B = u_B i_B = \sqrt{2}U_A \cos(\omega t - 120°) \times \sqrt{2}I_A \cos(\omega t - \varphi - 120°)$$
$$= U_A I_A[\cos\varphi + \cos(2\omega t - \varphi + 120°)]$$

$$p_C = u_C i_C = \sqrt{2}U_A \cos(\omega t + 120°) \times \sqrt{2}I_A \cos(\omega t - \varphi + 120°)$$
$$= U_A I_A[\cos\varphi + \cos(2\omega t - \varphi - 120°)]$$

则，三相总的瞬时功率为

$$p = p_A + p_B + p_C = 3U_A I_A \cos\varphi = 3P_A$$

可见，对称三相电路瞬时功率之和是与时间无关的常量，其值等于平均功率，这是对

称三相电路的一个重要优点。如果负载为三相电动机，则电动机的转矩平衡，无振动(转矩和功率成正比)，而单相电动机则因瞬时功率以两倍电源频率随时间变化，其转矩也是随时间变化的，因此振动是不可避免的。

对于不对称负载的平均功率和无功功率，由于三相不相等，所以，只能相逐相计算出结果后相加得到，而视在功率则按下式计算

$$S = \sqrt{P^2 + Q^2}$$

三相功率的测量分为两种情况：三相四线制和三相三线制。三相四线制采用 3 个功率表，称为三表法，电路如图 6-33(a)所示，此时每个功率表的读数为对应相的有功功率。若为三相三线制供电系统，则需要采用二表法，即用两个功率表测量三相的功率，图 6-33(b)所示电路为其中一种连接方式，两表读数的代数和为三相总功率。但是，其中任何一个功率表的读数没有实际意义，有时甚至为负数。以上两种测量方法，对对称负载和不对称负载均适用，且功率表都需要将电流线圈标有"·"号的端钮作为线电流流入端，电流线圈串联在端线上，电压线圈标有"·"号的端钮接功率表所在的相线，非"·"号端接到未接功率表的端线(或中线)上。

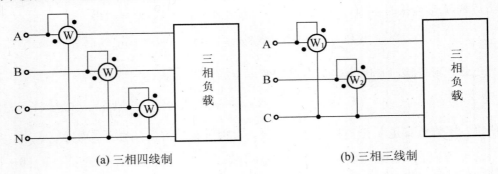

图 6-33　三相功率测量电路

可以证明，在图 6-33(b)二表法中两个功率表的读数之和为三相功率。设两个功率表的读数分别为 P_1 和 P_2，则三相总的瞬时功率为

$$p = u_A i_A + u_B i_B + u_C i_C$$

由 KCL 有 $i_C = -(i_A + i_B)$，将其带入上式，则可得

$$p = (u_A - u_C)i_A + (u_B - u_C)i_B = u_{AC} i_A + u_{BC} i_B$$

对上式求平均值，则得到三相总的有功功率为

$$P = U_{AC} I_A \cos\varphi_1 + U_{BC} I_B \cos\varphi_2 = P_1 + P_2$$

式中，φ_1 为 u_{AC} 与 i_A 的相位差，φ_2 为 u_{BC} 与 i_B 的相位差。功率表在图 6-32(b)所示接法下，$U_{AC} I_A \cos\varphi_1$ 为 W_1 的读数，$U_{BC} I_B \cos\varphi_2$ 为 W_2 的读数。

[例 6-9] 已知三相电动机绕组的电阻 $R = 48\Omega$，感抗 $X_L = 64\Omega$，相电压的额定值为 220V，求此电动机分别接到线电压为 380V 和 220V 的三相电源时的相电流、线电流和消耗的功率。

解：(1) 当电源线电压为 380V 时，电动机的三个绕组应接成 Y 形，则

$$U_P = \frac{U_1}{\sqrt{3}} = \frac{380}{\sqrt{3}} = 220\text{V}$$

这与额定电压值相符，所以电动机正常运转，此时

$$I_L = I_P = \frac{U_P}{\sqrt{R^2 + X_L^2}} = \frac{220}{\sqrt{48^2 + 64^2}} = \frac{220}{80} = 2.75\text{A}$$

$$P = 3I_P^2 2R = 3 \times 2.75^2 \times 48 = 1089\text{W}$$

或

$$\cos\varphi = \frac{R}{Z} = \frac{48}{80} = 0.6\,(\text{功率因数})$$

$$P = 3U_P I_P \cos\varphi = 3 \times 220 \times 2.75 \times 0.6 = 1089\text{W}$$

（2）当电源线电压为 220 V 时，电机绕组应按△形连接，则

$$U_P = U_1 = 220\text{V}$$

$$I_P = \frac{U_P}{\sqrt{R^2 + X_L^2}} = \frac{220}{\sqrt{48^2 + 64^2}} = \frac{220}{80} = 2.75\text{A}$$

$$I_L = \sqrt{3}\,I_P = \sqrt{3} \times 2.75 = 4.77\text{A}$$

此时，相电流和功率与（1）的结果相同。

6.5 EWB 互感和三相电路仿真

利用 EWB 软件分析互感电路的模型是变压器（transformer），如图 6-34 所示。图中虚线部分是一个理想变压器，电感为无穷大。本节通过实例介绍利用变压器分析互感的方法，以及利用 EWB 分析三相电路中线电压与相电压、线电流与相电流之间的关系。

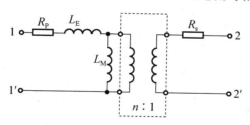

图 6-34　EWB 变压器模型

［例 6-10］设 $N = 2, L_E = 1\text{H}, L_M = 1\text{H}, R_s = 1e-06, R_P = 1e-06$，在互感的初级端加一电流源，测量电流源上的电压，从而验证上述模型的参数关系。

解：在 EWB 中建立如图 6-35 所示的仿真电路，双击变压器的图标，在"Transformer Properties"中，单击"Edit"，"Transformer Model 'ideal'"对话框如图 6-36 所示，其中 Primary-to-secondary truns ratio（N）原副线圈匝数比设为 2；Leakage inductance（LE）原副线圈的漏电感设为 1H；Megnetizing inductance（LM）原线圈的电感量设为 2H；Primary winding resistance（RP）原线圈的电阻设为 1e-06；Sencondary winding resinstance（RS）副线圈电阻设为 1e-06，单击"确定"按钮。单击 EWB 仿真开关，测得电流源上的电压如图 6-35 所示。

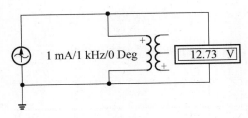

图 6-35 例 6-10 仿真电路

Transformer Model 'ideal'

Sheet 1

Primary-to-secondary turns ratio (N): 2

Leakage inductance (LE): 1 H

Magnetizing inductance (LM): 2 H

Primary winding resistance (RP): 1e-06

Secondary winding resistance (RS): 1e-06

确定   取消

图 6-36 变压器参数设置

在图 6-35 中，电流源上的电压为 12.73 V，电流是 1 mA，从而可以推算等效电感 $L = U/2\pi f I \approx 2\text{H}$。这和等效模型显示的结果相同。

[**例 6-11**] 利用 EWB 验证三相负载 Y 形连接和△形连接时线电压与相电压、线电流与相电流之间的关系。

解：（1）三相负载对称。

三相负载 Y 形连接：在 EWB 中建立如图 6-37 所示仿真电路。单击 EWB 仿真开关，根据各电压表和电流表的数值，可得 $U_1 = \sqrt{3}U_P$，$I_1 = I_P$，$I_N = 0\text{A}$，且三相电流也是对称的，与理论计算相符。

三相负载△形连接：在 EWB 中建立如图 6-38 所示仿真电路。单击 EWB 仿真开关，根据各电压表和电流表的数值，可得 $U_1 = U_P$，$I_1 = \sqrt{3}I_P$，且三相电流也是对称的，与理论计算相符。

（2）三相负载不对称。

三相负载 Y 形连接：在 EWB 中建立如图 6-39 所示仿真电路。单击 EWB 仿真开关，根据各电压表和电流表的数值，可得各相 $U_1 = \sqrt{3}U_P$，$I_1 = I_P$，中性线电流不为零，三相电流不对称，与理论计算相符。

三相负载△形连接：在 EWB 中建立如图 6-40 所示仿真电路。单击 EWB 仿真开关，根据各电压表和电流表的数值，可得各相 $U_1 = U_P$，I_1 和 I_P 与各相负载有关，三相电流不对称，与理论计算相符。

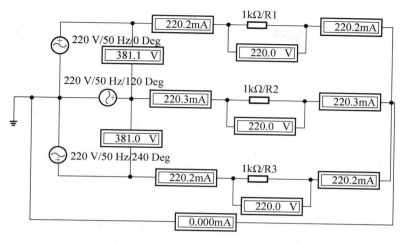

图 6－37　对称三相负载 Y 形连接

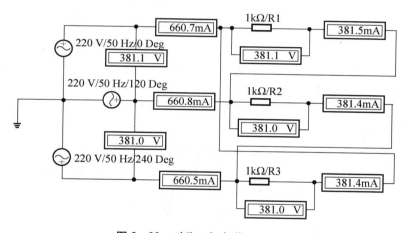

图 6－38　对称三相负载 △ 形连接

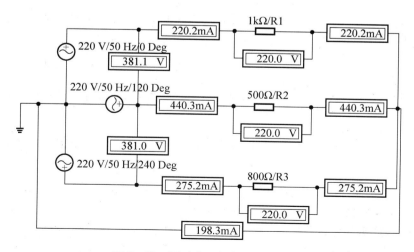

图 6－39　不对称三相负载 Y 形连接

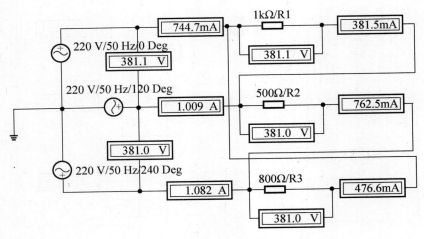

图 6-40　不对称三相负载△形连接

本 章 小 结

本章着重讨论了耦合电感电路和三相电路的基本概念和分析方法。通过互感和去耦等效模型的概念，得到了含互感电路的分析方法；通过理想变压器的概念，得到了变压器的变压、变流和阻抗变换关系及功率；最后，介绍了对称三相电路的结构、特性和线、相电压电流关系以及功率的计算。

处于同一空间彼此临近的线圈间存在互感，互感线圈中的时变电流将在另一线圈中产生感应电压，从而使每一线圈的端电压等于其自感电压和互感电压之和，即

$$u_1 = \frac{\mathrm{d}\Psi_1}{\mathrm{d}t} = L_1 \frac{\mathrm{d}i_1}{\mathrm{d}t} \pm M \frac{\mathrm{d}i_2}{\mathrm{d}t} = u_{11} \pm u_{12}$$

$$u_2 = \frac{\mathrm{d}\Psi_2}{\mathrm{d}t} = L_2 \frac{\mathrm{d}i_2}{\mathrm{d}t} \pm M \frac{\mathrm{d}i_1}{\mathrm{d}t} = u_{22} \pm u_{21}$$

由上式可见，耦合电感是一种动态元件。式中 M 的符号由线圈上电压电流方向与同名端的关系确定，当施感电流 i 与互感电压 u_M 的参考方向一致时 M 取"＋"号，反之 M 取"－"号。

在电路中耦合电感常用以下方法处理。

(1) 基本方法：把互感电压用一个 CCVS 替代，然后按一般含受控源电路的分析方法处理。

(2) 去耦等效：把互感的作用用去耦等效模型替换后，按一般正弦稳态电路的方法处理。

(3) 反映阻抗法：对于含空心变压器的电路，利用反映阻抗的概念，通过作出原、副边等效电路的方法分析。

理想变压器是实际变压器的理想化模型，具有无损耗、全耦合及电感量无限大的特点。它具有以下重要性质：电压变换、电流变换、阻抗变换和原副边功率之和为零。一般

用折合阻抗法进行分析。

对称三相电源由三个同频率、同幅度、相位依次相差 $120°$ 的正弦电压源按一定方式连接组成。一般可提供两种规格电压，即线电压和相电压。

三相电路的负载可以按 Y 形连接或 △ 形连接。若各相阻抗相同则为对称负载，可与三相电源构成对称三相电路。

对称三相电路的计算一般按以下方法：对于 Y - Y 系统可选其一相计算，对于 Y - △ 系统可先变换为 Y - Y 系统后选其一相计算，利用该相结果按相位关系即可得到其他两相的结果。

对称三相电路的功率为：$P = \sqrt{3}U_1 I_1 \cos\varphi$，$Q = \sqrt{3}U_1 I_1 \sin\varphi$，$S = \sqrt{3}U_1 I_1$。

习　　题

6 - 1　试确定图 6 - 41 所示含耦合线圈的同名端。

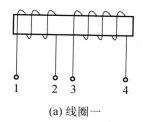

(a) 线圈一　　　　　　　　(b) 线圈二

图 6 - 41　题 6 - 1 图

6 - 2　写出图 6 - 42 所示电路中端口电压与电流关系式。

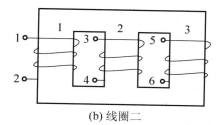

(a) 电路一　　　　　　　　(b) 电路二

图 6 - 42　题 6 - 2 图

6 - 3　图 6 - 43 中，$L_1 = 6\mathrm{H}$，$L_2 = 3\mathrm{H}$，$M = 4\mathrm{H}$，$C = 1\mathrm{F}$，$R = 1\Omega$，求等效阻抗(设电源角频率为 ω)。

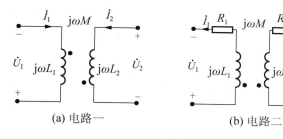

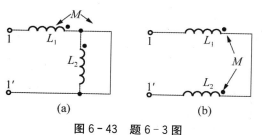

(a)　　　　　　　　(b)

图 6 - 43　题 6 - 3 图

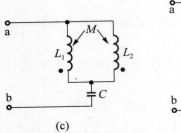
(c)

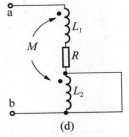
(d)

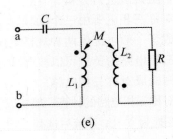
(e)

图 6-43 题 6-3 图(续)

6-4 图 6-44 所示电路中，耦合系数 $k = 0.9$，$\omega = 2\text{rad/s}$，求电路的输入阻抗。

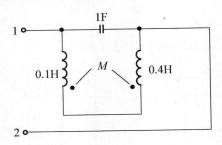

图 6-44 题 6-4 图

6-5 求图 6-45 中 1-1′端口的戴维南等效电路。已知 $\omega L_1 = \omega L_2 = 10\Omega$，$\omega M = 5\Omega$，$R_1 = R_2 = 6\Omega$，正弦电源的有效值为 60V。

6-6 求图 6-46 所示电路中 $M = 0.04\text{H}$，求此电路的谐振频率。

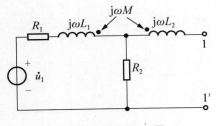

图 6-45 题 6-5 图

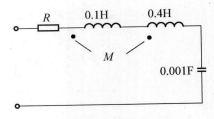

图 6-46 题 6-6 图

6-7 电路如图 6-47 所示，求二端网络的等效阻抗 Z_{ab}。

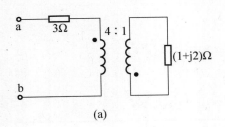
(a)

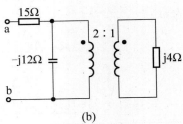
(b)

图 6-47 题 6-7 图

6-8　电路如图 6-48 所示，已知电源角频率 $\omega = 200\text{rad/s}$，$\dot{U} = 200\angle 0°\text{V}$，求端口电流 $\dot{I}$ 和电容电压 $\dot{U}_C$。

6-9　电路如图 6-49 所示，电源角频率 $\omega = 5\text{rad/s}$。求：

(1) $\dot{I}$ 和 $\dot{I}_1$。

(2) 若将功率因数提高到 1，应并联多大的电容 C?

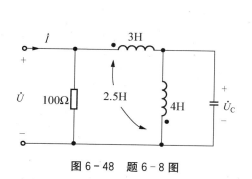

图 6-48　题 6-8 图

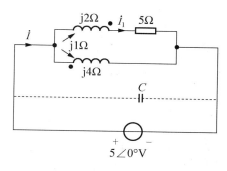

图 6-49　题 6-9 图

6-10　电路如图 6-50 所示，已知 $u_s(t) = 100\cos(10^3 t + 30°)\text{V}$，求 $i_1(t)$ 和 $i_2(t)$。

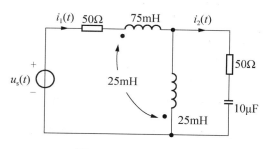

图 6-50　题 6-10 图

6-11　电路如图 6-51 所示，求电压 $\dot{U}$ 和电流 $\dot{I}$。

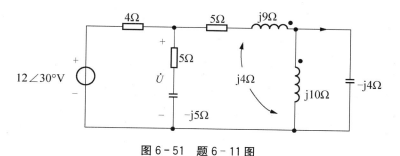

图 6-51　题 6-11 图

6-12　电路如图 6-52 所示，具有互感的两个线圈间的耦合系数 $k = 0.5$，求其中一个线圈上的电压 $\dot{U}_1$。

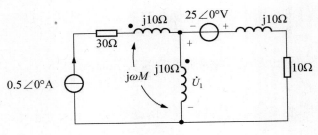

图 6-52 题 6-12 图

6-13 如图 6-53 所示的空心变压器电路中，$R_1 = 200\Omega$，$R_2 = 100\Omega$，$L_1 = 9H$，$L_2 = 4H$，$k = 0.5$，电源内阻为 $500 + j100\Omega$，电源电压 $u_s = 300\sqrt{2}\cos 400t V$，负载 $Z = 400 + \dfrac{1}{j\omega C}\Omega$，$C = 1\mu F$。计算：

（1）原边阻抗 Z_{11} 和副边阻抗 Z_{22}。

（2）副边对原边的反映阻抗 Z_1。

（3）求 cd 两端的戴维南等效电路。

6-14 电路如图 6-54 所示，已知 $u_s = 10\sqrt{2}\cos\omega t V$，求 i_2 以及电源 u_s 发出的有功功率 P。

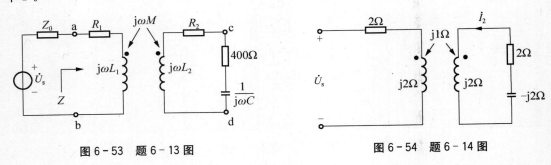

图 6-53 题 6-13 图   图 6-54 题 6-14 图

6-15 电路如图 6-55 所示，已知电源电压 $u_s = 200\sqrt{2}\cos 10^3 t V$，$R_1 = 100\Omega$，$R_2 = 1\Omega$，$C_1 = 10\mu F$，$C_2 = 10^3\mu F$，$L_1 = 100mH$，$L_2 = 1mH$，$M = 10mH$，求 i_1 和 i_2。

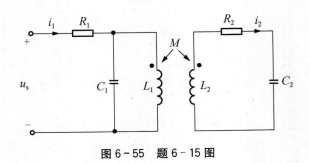

图 6-55 题 6-15 图

6-16 电路如图 6-56 所示，如果理想变压器原边电流 i_1 是电流源 i_s 电流的 $\dfrac{1}{3}$，试

确定变压器的变比 n。

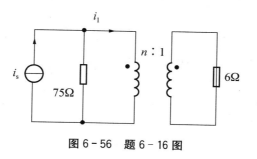

图 6-56 题 6-16 图

6-17 求图 6-57 电路中的电流 $\dot{I}_2$。

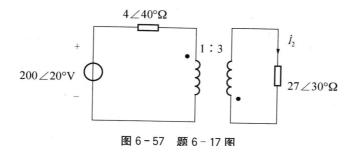

图 6-57 题 6-17 图

6-18 电路如图 6-58 所示，当负载取何值时可获得最大功率？该最大功率是多少？

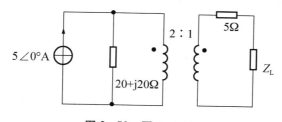

图 6-58 题 6-18 图

6-19 电路如图 6-59 所示，为对称的 Y-Y 三相电路，负载阻抗 $Z=30+j20\Omega$，电源的相电压为 220V。求：(1)图中电流表的读数；(2)三相负载吸收的功率；(3)如果 A 相的负载阻抗等于零(其他不变)，再求(1)、(2)；(4)如果 A 相的负载开路，再求(1)、(2)。

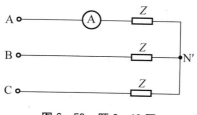

图 6-59 题 6-19 图

6-20 两台三相异步电动机并联接于线电压为 380V 的对称三相电源，其中一台电动机为星形连接，每相阻抗为 $Z=30+j17.3\Omega$，另一台电动机为三角形连接，每相阻抗为

$Z = 16.6 + j14.15\Omega$，试求线电流。

6-21 图题 6-60 所示电路中，$\dot{U}_{A'B'} = 380\angle 0° V$，三相电动机吸收的功率为 1.4kW，其功率因数为 $\lambda = 0.866$（滞后），$Z_1 = -j55\Omega$，求电源端的功率因数 λ' 和 U_{AB}。

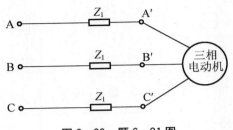

图 6-60　题 6-21 图

6-22 对称三相电源，线电压 $U_1 = 380V$，对称三相感性负载作星形连接，若测得线电流 $I_1 = 17.3A$，三相平均功率 $P = 9.12kW$，求每相负载的电阻和感抗。

6-23 对称三相电路如图 6-61 所示，已知负载端线电压为 380V，线电流为 2A，负载的功率因数为 0.8（感性），线路阻抗 $Z_1 = 4 + j3\Omega$。求：

(1) 电源线电压。

(2) 电源提供的平均功率、无功功率和视在功率。

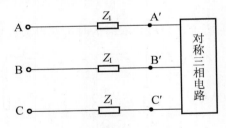

图 6-61　题 6-23 图

6-24 对称三相电路如图 6-62 所示，已知负载阻抗和线路阻抗分别为 $Z = 19.2 + j14.4\Omega$ 和 $Z_1 = 1.6 + j1.2\Omega$，电源线电压为 380V。求负载端的线电压 $\dot{U}_{B'C'}$ 和线电流 $\dot{I}_A$ 以及相电流 $\dot{I}_{C'A'}$。（设 $\dot{U}_{AN} = U_{AN}\angle 0°$）

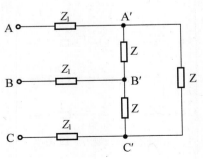

图 6-62　题 6-24 图

6-25 图 6-63 所示为对称三相电源供电，$U_{AB} = 380V$，$Z = 27.5 + j47.64\Omega$。求：(1)图中功率表的读数；(2)若开关 S 打开，再求(1)。

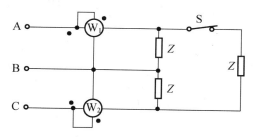

图 6-63 题 6-25 图

6-26 不对称三相四线制电路中的线路阻抗为零，对称三相电源的线电压为 380V，不对称的星形连接负载分别是 $Z_A = 6 + j8\Omega$，$Z_B = -j8\Omega$，$Z_C = j10\Omega$，试求各相电流、线电流及中线电流并画出相量图。

6-27 图 6-64 所示电路中，对称三相电源线电压为 380V，单相负载阻抗 $Z = 38\Omega$，对称三相负载吸收的平均功率 $P = 3290W$，$\lambda = 0.5$（滞后），求 $\dot{I}_A$，$\dot{I}_B$ 和 $\dot{I}_C$。（设 $\dot{U}_{AN} = U_{AN}\angle 0°$）

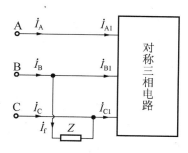

图 6-64 题 6-27 图

6-28 三相异步电动机的额定参数为：$P = 7.5kW$，$\cos\varphi = 0.88$，线电压为 380V，试求图 6-65 中两个功率表的读数。

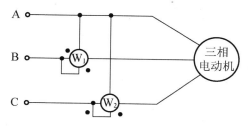

图 6-65 题 6-28 图

6-29 图 6-66 所示对称三相电路中，已知 $R = 40\Omega$，$\omega L = 80\Omega$，$\omega M = 40\Omega$，$\dfrac{1}{\omega C} = 300\Omega$，电源的线电压为 380V。试求：(1)功率表 W_1 与 W_2 的读数；(2)电源输出的总功率 P 和无功功率 Q。

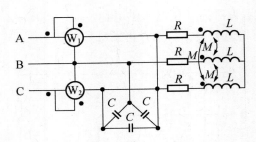

图 6－66　题 6－29 图

第**7**章
网络函数及 s 域分析

基本内容：本章着重讨论电路的复频域分析方法、网络函数及频率响应。首先，借助拉普拉斯(Laplace)变换引入复频域信号、复频域阻抗的概念，并在复频域建立网络函数，使相量的概念得以扩展；然后，讨论了网络函数的零极点和频率响应的概念以及波特图描述；最后，通过 EWB 实例分析电路的频率响应。

基本要求：掌握电路的复频域(s 域)分析方法及网络函数的建立；掌握电路的频率响应。

7.1　复频域分析法

在前面的直流电阻电路分析和动态电路的时域分析及相量分析中，电路的直流或正弦稳态响应实际上是电路对于直流或正弦激励的强制响应。虽然，在第 4 章的动态电路时域分析中，也讨论了动态电路响应的一般分析方法，即用微分方程法(经典法)求解。但是，对于二阶或二阶以上的电路，建立和求解微分方程就比较困难。那么，对于更加复杂的一般动态电路，如涉及的激励不只是正弦波、研究的对象也不只是电路的稳定状态时，就需要找到一种更加方便的线性时不变动态电路的一般分析方法才行。这里把相量分析加以推广，用复频率信号来表征更广泛的一类波形，利用推广的阻抗分析——s 域阻抗分析来计算电路对复频率信号的强制响应。由拉普拉斯(Laplace)变换引入的复频域(s 域)分析法可以较好地解决上述问题。

7.1.1　拉普拉斯变换及基本性质

拉普拉斯变换是一种数学积分变换，通过这种积分变换把电路分析的时域微分方程转换为复频域函数的代数方程，在求出复频域函数后，再把复频域函数反变换回时域，即可求出满足电路初始条件的原微分方程的解。这种方法不需要建立微分方程，也不需要确定积分常数，使之成为求解高阶复杂动态电路有效且重要的方法之一。应用拉普拉斯变换进行电路分析的方法称为电路的复频域分析法(s 域分析法)，或运算法。

定义，一个在 $[0,\infty)$ 区间的时域函数 $f(t)$ 的拉普拉斯变换为

$$F(s) = \int_{0_-}^{\infty} f(t) \mathrm{e}^{-st} \mathrm{d}t \tag{7-1}$$

其中 $s = \sigma + j\omega$ 称为**复频率**。$F(s)$ 称为 $f(t)$ 的**象函数**，$f(t)$ 称为 $F(s)$ 的**原函数**。拉普拉斯变换常记作

$$F(s) = \mathscr{L}[f(t)] \qquad\qquad (7-1)'$$

式(7-1)表明拉普拉斯变换是一种积分变换，式中的符号 $\mathscr{L}[\quad]$ 表示对方括号中的时域函数取拉普拉斯变换。它是把原函数 $f(t)$ 与 e^{-st} 的乘积从 $t = 0_-$ 到 ∞ 对时间 t 积分，由此得到的积分结果不再是时间函数，而变成了复变量 s 即复频率 s 的函数。所以，拉普拉斯变换就是一个把时间函数 $f(t)$ 变换成为 s 域内复变函数 $F(s)$ 的过程。

电路的时域变量 $u(t)$ 和 $i(t)$ 经拉普拉斯变换后用复变函数 $U(s)$ 和 $I(s)$ 来表示。但需要注意的是，时间函数 $f(t)$ 所表示的电压 $u(t)$ 和电流 $i(t)$，是可以用电压表或电流表来测量得到的，或用示波器观测到它们的时间变化规律，是真实存在于电路之中的。而它们的拉普拉斯变换 $U(s)$ 和 $I(s)$ 则是为分析方便而引入的一种抽象变量，这与之前在正弦稳态分析中采取的相量（频域变量）类似，仅仅是为了简化电路的分析、计算而采取的一种变换方法。为方便，$U(s)$ 和 $I(s)$ 仍使用 $u(t)$ 和 $i(t)$ 的单位，伏特（V）和安培（A），但这并不意味着这些变换量具有相应的物理意义。

另外，从拉普拉斯变换的定义式(7-1)可见，其积分下限是 $t = 0_-$，即，如果 $f(t)$ 中包含有一个 $t = 0$ 时刻的冲激函数 $\delta(t)$，则定义积分式中将包含这一冲激信号，即

$$F(s) = \int_{0_-}^{+\infty} f(t)e^{-st}\,dt = \int_{0_-}^{0_+} f(t)e^{-st}\,dt + \int_{0_+}^{\infty} f(t)e^{-st}\,dt$$

其中 $\int_{0_-}^{0_+} f(t)e^{-st}\,dt \neq 0$。

[**例 7-1**] 求单位阶跃函数 $\varepsilon(t)$ 的拉普拉斯变换。

解：
$$\mathscr{L}[\varepsilon(t)] = \int_{0_-}^{\infty} \varepsilon(t)e^{-st}\,dt = \int_{0_-}^{\infty} e^{-st}\,dt$$
$$= -\frac{1}{s}e^{-st}\Big|_{0_-}^{\infty} = -\frac{1}{s}(0-1) = \frac{1}{s}$$

[**例 7-2**] 求冲激函数 $\delta(t)$ 的拉普拉斯变换。

解：
$$\mathscr{L}[\delta(t)] = \int_{0_-}^{\infty} \delta(t)e^{-st}\,dt$$
$$= e^{-s(0)} = 1$$

[**例 7-3**] 求指数函数 $f(t) = e^{at}$ 的拉普拉斯变换。

解：
$$\mathscr{L}[e^{at}] = \int_{0_-}^{\infty} e^{at}e^{-st}\,dt$$
$$= -\frac{1}{s-a}e^{-(s-a)t}\Big|_{0_-}^{\infty} = \frac{1}{s-a}$$

求函数 $f(t)$ 的拉普拉斯变换并非本书的主要任务，在工程上对于常用函数的拉普拉斯变换一般通过查表得到。常用函数的拉普拉斯变换见表 7-1。

表 7-1　常用函数的拉普拉斯变换

$f(t)$	$F(s)$	$f(t)$	$F(s)$
$A\delta(t)$	A	$(1-at)\mathrm{e}^{-at}$	$\dfrac{s}{(s+a)^2}$
$A\varepsilon(t)$	$\dfrac{A}{s}$	$\sin\omega t$	$\dfrac{\omega}{s^2+\omega^2}$
e^{-at}（a 为实数或复数）	$\dfrac{1}{s+a}$	$\cos\omega t$	$\dfrac{s}{s^2+\omega^2}$
t	$\dfrac{1}{s^2}$	$\sin(\omega t+\varphi)$	$\dfrac{s\sin a+\omega\cos a}{s^2+\omega^2}$
$\dfrac{t^n}{n!}\mathrm{e}^{-at}$（$a$ 为实数或复数）	$\dfrac{1}{(s+a)^{n+1}}$（$n=1,2,\cdots$）	$\cos(\omega t+\varphi)$	$\dfrac{s\cos a-\omega\sin a}{s^2+\omega^2}$
$t\mathrm{e}^{-at}$	$\dfrac{1}{(s+a)^2}$	$\mathrm{e}^{-at}\sin\omega t$	$\dfrac{\omega}{(s+a)^2+\omega^2}$
$1-\mathrm{e}^{-at}$	$\dfrac{1}{s(s+a)}$	$\mathrm{e}^{-at}\cos\omega t$	$\dfrac{s+a}{(s+a)^2+\omega^2}$

利用拉普拉斯变换求解电路问题是基于其函数性质实现的，电路分析中常用的函数性质有：线性性质、微分性质、积分性质和延迟性质，见表 7-2。

表 7-2　拉普拉斯变换的常用性质

名称	内容
线性性质	$\mathscr{L}[a_1f_1(t)+a_2f_2(t)]=a_1F_1(s)+a_2F_2(s)$ 其中 a_1、a_2 为任意实数或复数 $\mathscr{L}[f_1(t)]=F_1(s)$ $\mathscr{L}[f_2(t)]=F_2(s)$
微分性质	$\mathscr{L}\left[\dfrac{\mathrm{d}f(t)}{\mathrm{d}t}\right]=sF(s)-f(0_-)$　　其中 $\mathscr{L}[f(t)]=F(s)$
积分性质	$\mathscr{L}\left[\displaystyle\int_{0_-}^{t}f(\xi)\mathrm{d}\xi\right]=\dfrac{1}{s}F(s)$　　其中 $\mathscr{L}[f(t)]=F(s)$
延迟性质	$\mathscr{L}[f(t-t_0)\varepsilon(t-t_0)]=\mathrm{e}^{-st_0}F(s)$　　其中 $\mathscr{L}[f(t)]=F(s)$

由线性性质可以将 KCL 和 KVL 的时域形式转换为 s 域（复频域）形式（见后述）。

由微分性质可见，当初始条件均为零时，在时域内对 t 求一次导数即相当于在复频域内乘以 s，即时域内的微分运算相当于复频域内的乘法运算。同理，时域内的积分运算相当于复频域内的除法运算。由微分和积分性质可以将 VCR 的时域形式转换为 s 域形式。

[例 7-4] 利用拉普拉斯变换的性质求函数 $f(t)=\sin\omega t$ 的象函数。

解：$f(t)=\sin\omega t$ 的象函数为

$$F(s) = \mathscr{L}\left[\sin\omega t\right] = \mathscr{L}\left[\frac{1}{2j}(e^{j\omega t} - e^{-j\omega t})\right]$$

根据拉普拉斯变换的线性性质有

$$F(s) = \frac{1}{2j}\left[\mathscr{L}(e^{j\omega t}) - \mathscr{L}(e^{-j\omega t})\right]$$

$$= \frac{1}{2j}\left[\frac{1}{s-j\omega} - \frac{1}{s+j\omega}\right] = \frac{\omega}{s^2 + \omega^2}$$

7.1.2 拉普拉斯反变换

拉普拉斯变换的逆运算即为拉普拉斯反变换，可以直接用下式求得：

$$f(t) = \frac{1}{2\pi j}\int_{\sigma-j\infty}^{\sigma+j\infty} F(s)e^{st}\,ds \qquad (7-2)$$

式中，σ 为正的有限常数。式(7-2)通常记作

$$\mathscr{L}^{-1}\left[F(s)\right] = f(t) \qquad (7-2)'$$

这是一个复变函数的积分，通常计算比较困难。对于简单函数的拉普拉斯反变换也可通过查表7-1获得，而对于在表7-1中查不到的复杂函数可以将 $F(s)$ 分解为简单项的组合，即

$$F(s) = F_1(s) + F_2(s) + \cdots + F_n(s)$$

若其中每一项的拉普拉斯反变换可以通过查表7-1获得，则可得到

$$f(t) = f_1(t) + f_2(t) + \cdots + f_n(t)$$

集总参数电路响应的拉普拉斯变换（象函数）通常是实系数 s 的有理分式，即

$$F(s) = \frac{N(s)}{D(s)} = \frac{a_0 s^m + a_1 s^{m-1} + \cdots + a_m}{b_0 s^n + b_1 s^{n-1} + \cdots + b_n}, (n \geqslant m) \qquad (7-3)$$

式中，m 和 n 为正整数。在 $n = m$ 时，可表示为

$$F(s) = A + \frac{N_0(s)}{D(s)}$$

式中，$F(s) = \dfrac{N_0(s)}{D(s)}$ 是一个真分式；$A = \dfrac{a_0}{b_0}$ 为常数，对应的原函数为 $A\delta(t)$。

在用部分分式展开时，需要对分母多项式做因式分解，这就需要先求出 $D(s) = 0$ 的根。$D(s) = 0$ 的根可以是单根、共轭复根和重根，以下分别讨论。

(1) 若 $D(s) = 0$ 有 n 个单根分别为 $p_1, p_2, \cdots p_n$，这时有

$$F(s) = \frac{K_1}{s-p_1} + \frac{K_2}{s-p_2} + \cdots + \frac{K_n}{s-p_n} \qquad (7-4)$$

式中，$K_i = \left[F(s,p_2)(s-p_i)\right]\big|_{s=p_i}, i = 1,2,\cdots,n$。
则

$$f(t) = K_1 e^{s_1 t} + K_2 e^{s_2 t} + \cdots + K_n e^{s_n t} \qquad (7-5)$$

(2) 若 $D(s) = 0$ 有多重根，即 $D(s) = (s-p_i)^n$，这时有

$$F(s) = \frac{K_1}{(s-p_1)^n} + \frac{K_2}{(s-p_1)^{n-1}} + \cdots + \frac{K_n}{(s-p_1)} \qquad (7-6)$$

式中，$K_i = \dfrac{1}{(q-1)!} \cdot \dfrac{\mathrm{d}^{q-1}}{\mathrm{d}s^{q-1}}[F(s)(s-p_1)^q]\big|_{s=p_1} \; i = 1,2,\cdots,n$。

故有

$$f(t) = K_1 \frac{s^{n-1}}{(q-1)!}\mathrm{e}^{s_1 t} + K_2 \frac{s^{n-2}}{(q-2)!}\mathrm{e}^{s_2 t} + \cdots + K_n \mathrm{e}^{s_n t} \tag{7-7}$$

（3）若 $D(s) = 0$ 具有共轭复根，即 $p_1 = \alpha + \mathrm{j}\omega$、$p_2 = \alpha - \mathrm{j}\omega$，这时有

$$F(s) = \frac{K_1}{s-\alpha-\mathrm{j}\omega} + \frac{K_2}{s-\alpha+\mathrm{j}\omega} + \frac{N_1(s)}{D_1(s)} \tag{7-8}$$

式中，$K_{1,2} = [F(s)(s-\alpha\mp\mathrm{j}\omega)]\big|_{s=\alpha\pm\mathrm{j}\omega} = \dfrac{N(s)}{D'(s)}\big|_{s=\alpha\pm\mathrm{j}\omega}$，即 K_1、K_2 为共轭复根。设 $K_1 = |K_1|\mathrm{e}^{\mathrm{j}\theta_1}$，则 $K_2 = |K_1|\mathrm{e}^{-\mathrm{j}\theta_1}$，则有

$$\begin{aligned}f(t) &= K_1 \mathrm{e}^{(\alpha+\mathrm{j}\omega)t} + K_1 \mathrm{e}^{(\alpha-\mathrm{j}\omega)t} \\ &= 2|K_1|\mathrm{e}^{\alpha t}\cos(\omega t + \theta_1)\end{aligned} \tag{7-9}$$

［例 7-5］ 求 $F(s) = \dfrac{4s+5}{s^2+3s+2}$ 的原函数。

解： 利用部分分式分解得

$$F(s) = \frac{4s+5}{s^2+3s+2} = \frac{K_1}{s+2} + \frac{K_2}{s+1}$$

其中，$K_1 = \dfrac{4s+5}{s+1}\big|_{s=-2} = 3$，$K_2 = \dfrac{4s+5}{s+2}\big|_{s=-1} = 1$

则

$$f(t) = 3\mathrm{e}^{-2t}\varepsilon(t) + \mathrm{e}^{-3t}\varepsilon(t)$$

［例 7-6］ 求 $F(s) = \dfrac{s+5}{(s+1)(s^2+2s+5)}$ 的原函数。

解： 利用部分分式分解得

$$F(s) = \frac{K_1}{s+1} + \frac{K_2}{s+1-\mathrm{j}2} + \frac{K_3}{s+1+\mathrm{j}2}$$

其中

$$K_1 = \frac{s+5}{s^2+2s+5}\big|_{s=-1} = 1$$

$$K_2 = \frac{s+5}{(s+1)(s+1+\mathrm{j}2)}\big|_{s=-1+\mathrm{j}2} = -0.5 - \mathrm{j}0.25$$

$$K_3 = K_2^* = -0.5 + \mathrm{j}0.25$$

则

$$f(t) = [\mathrm{e}^{-t} + 2\mathrm{e}^{-t}(-0.5\cos 2t + 0.25\sin 2t)]$$

［例 7-7］ 求 $\mathscr{L}^{-1}\left[\dfrac{30(s+1)(s+2)}{s(s+3)(s^2+9s+20)}\right]$。

解： $\qquad F(s) = \dfrac{30(s+1)(s+2)}{s(s+3)(s^2+9s+20)} = \dfrac{K_1}{s} + \dfrac{K_2}{s+3} + \dfrac{K_3}{s+4} + \dfrac{K_4}{s+5}$

其中

$$K_1 = \frac{30(s+1)(s+2)}{(s+3)(s+4)(s+5)}\bigg|_{s=0} = \frac{30 \times 1 \times 2}{3 \times 4 \times 5} = 1$$

$$K_2 = \frac{30(s+1)(s+2)}{s(s+4)(s+5)}\bigg|_{s=-3} = \frac{(30)(-2)(-1)}{(-3)(1)(2)} = -10$$

$$K_3 = \frac{30(s+1)(s+2)}{s(s+3)(s+5)}\bigg|_{s=-4} = \frac{(30)(-3)(-2)}{(-4)(-1)(1)} = 45$$

$$K_4 = \frac{30(s+1)(s+2)}{s(s+3)(s+4)}\bigg|_{s=-5} = \frac{(30)(-4)(-3)}{(-5)(-2)(-1)} = -36$$

得

$$\mathcal{L}^{-1}[F(s)] = \mathcal{L}^{-1}\left[\frac{1}{s} - \frac{10}{s+3} + \frac{45}{s+4} - \frac{36}{s+5}\right]$$
$$= (1 - 10e^{-3t} + 45e^{-4t} - 36e^{-5t})\varepsilon(t)$$

以下为共轭复根的例子。

[例 7 - 8] 求 $\mathcal{L}^{-1}\left[\dfrac{s}{s^2+2s+5}\right]$。

解:

$$B(s) = s^2 + 2s + 5 = 0$$

解得

$$s = -1 \pm j2$$

即为一对共轭复根。

$$F(s) = \frac{s}{s^2+2s+5} = \frac{s}{(s-s_1)(s-s_2)} = \frac{s}{(s+1-j2)(s+1+j2)}$$
$$= \frac{K_1}{s+1-j2} + \frac{K_2}{s+1+j2}$$

其中

$$K_1 = \frac{s}{s+1+j2}\bigg|_{s=-1+j2} = \frac{-1+j2}{-1+j2+1+j2} = \frac{2+j}{4}$$

$$K_2 = \frac{s}{s+1-j2}\bigg|_{s=-1-j2} = \frac{2-j}{4}$$

K_1 与 K_2 成共轭关系，即 $K_2 = K_1^*$。

$$\mathcal{L}^{-1}\left[\frac{s}{s^2+2s+5}\right] = \frac{1}{4}\mathcal{L}^{-1}\left[\frac{2+j}{s+1-j2} + \frac{2-j}{s+1+j2}\right]$$

$$= \frac{1}{4}\left[(2+j)e^{(-1+j2)t} + (2-j)e^{(-1-j2)t}\right]$$

$$= \frac{1}{4}e^{-t}\left[2(e^{j2t} + e^{-j2t}) + j(e^{j2t} + e^{-j2t})\right]$$

$$= \frac{1}{2}e^{-t}(2\cos2t - \sin2t)\varepsilon(t)$$

以下为重根的例子。

[例 7 - 9] 求 $\mathcal{L}^{-1}\left[\dfrac{10(s+3)}{(s+1)^3(s+2)}\right]$。

解：
$$F(s) = \frac{10(s+3)}{(s+1)^2(s+2)} = \frac{K_{11}}{s+1} + \frac{K_{12}}{(s+1)^2} + \frac{K_{13}}{(s+1)^3} + \frac{K_2}{(s+2)}$$

其中

$$K_{13} = (s+1)^3 F(s) \big|_{s=-1} = \frac{10(s+3)}{(s+2)} \big|_{s=-1} = 20$$

$$K_{12} = \frac{\mathrm{d}}{\mathrm{d}s}\big[(s+1)^3 F(s)\big]\big|_{s=-1} = \frac{-10}{(s+2)^2}\big|_{s=-1} = -10$$

$$K_{11} = \frac{1}{2}\frac{\mathrm{d}^2}{\mathrm{d}s^2}\big[(s+1)^3 F(s)\big]\big|_{s=-1} = \frac{10}{(s+2)^3}\big|_{s=-1} = 10$$

$$K_2 = (s+2)F(s)\big|_{s=-2} = -10$$

$$\mathscr{L}^{-1}\Big[\frac{10(s+3)}{(s+1)^3(s+2)}\Big] = (10\mathrm{e}^{-t} - 10t\mathrm{e}^{-t} + 20t^2\mathrm{e}^{-t} - 10\mathrm{e}^{-2t})\varepsilon(t)$$

7.1.3 线性电路的复频域模型

两类约束是求解电路的基本依据。但对于复频域模型，首先需要得到基尔霍夫定律的复频域形式，然后再根据元件伏安关系的时域形式导出各元件在复频域下电压电流之间的关系，即元件的复频域模型和 VCR 的复频域形式，从而将时域电路变换到复频域中，得到线性电路的复频域模型，即运算电路。

1. 基尔霍夫定律的复频域形式

基尔霍夫定律的时域形式为

KCL：对任一节点 $\qquad\qquad \sum i(t) = 0$

KVL：对任一回路 $\qquad\qquad \sum u(t) = 0$

根据拉普拉斯变换的线性性质，可得基尔霍夫定律在复频域下的运算形式为

KCL：对任一节点 $\qquad\qquad \sum I(s) = 0$

KVL：对任一回路 $\qquad\qquad \sum U(s) = 0$ $\qquad\qquad$ (7-10)

2. 元件伏安关系的复频域形式

1) 电阻元件

在时域内如图 7-1(a)所示，电阻元件的 VCR 为欧姆定律，即 $u = Ri$。

对其取拉普拉斯变换，可得电阻元件 VCR 的运算式如式(7-11)所示和运算电路模型如图 7-1(b)所示，可见电阻在复频域下仍表示为 R(或电导 G)。

$$U(s) = RI(s)，或 I(s) = GU(s) \qquad\qquad (7-11)$$

2) 电感元件

在时域内如图 7-2(a)所示，电感元件的 VCR 为

$$u(t) = L\frac{\mathrm{d}i(t)}{\mathrm{d}t}，或 \quad i(t) = i(0_-) + \frac{1}{L}\int_{0_-}^{t} u(\xi)\mathrm{d}\xi$$

对其取拉普拉斯变换，可得电感元件 VCR 的复频域运算式为

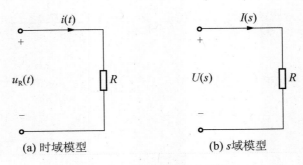

(a) 时域模型　　　　　　　　(b) s域模型

图 7-1　电阻元件的复频域模型

$$U(s) = sLI(s) - Li(0_-),\ \text{或}\quad I(s) = \frac{U(s)}{sL} + \frac{i(0_-)}{s} \qquad (7-12)$$

式中，sL 称为电感元件的**复频率阻抗**；$i(0_-)$ 表示电感的初始电流。可见，电感元件的复频域模型即运算电路等效为一个复频率阻抗与附加电压源 $Li(0_-)$ 相串联，如图 7-2(b)所示；或者，一个复频率导纳 $1/sL$ 与附加电流源 $\dfrac{i(0_-)}{s}$ 相并联，如图 7-2(c)所示。模型中的附加电压源或附加电流源均表示了电感初始电流（状态）的作用。

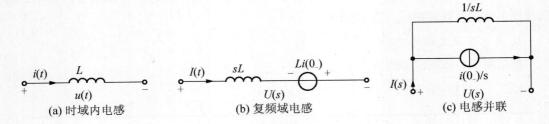

(a) 时域内电感　　　　　(b) 复频域电感　　　　　(c) 电感并联

图 7-2　电感元件的复频域模型

3）电容元件

在时域内如图 7-3(a)所示，电容元件的 VCR 为

$$u = u(0_-) + \frac{1}{C}\int_{0_-}^{t} i(\xi)\,\mathrm{d}\xi,\ \text{或}\quad i(t) = C\frac{\mathrm{d}u(t)}{\mathrm{d}t}$$

对其取拉普拉斯变换，可得电容元件 VCR 的复频域运算式为

$$U(s) = \frac{1}{sC}I(s) + \frac{u(0_-)}{s},\ \text{或}\quad I(s) = sCU(s) - Cu(0_-) \qquad (7-13)$$

式中，$\dfrac{1}{sC}$ 称为电容元件的复频率阻抗；$u(0_-)$ 表示电容的初始电压。可见，电容元件的复频域模型即运算电路等效为一个复频率阻抗与附加电压源 $\dfrac{u(0_-)}{s}$ 相串联，如图 7-3(b)所示；或者，一个复频率导纳 sC 与附加电流源 $Cu(0_-)$ 相并联，如图 7-3(c)所示。模型中的附加电压源或附加电流源均表示了电容初始电压（状态）的作用。

4）耦合电感

在时域内如图 7-4(a)所示，耦合电感元件的 VCR 为

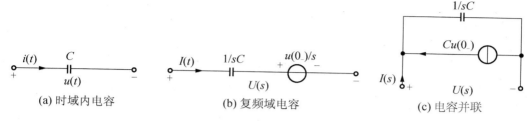

(a) 时域内电容   (b) 复频域电容   (c) 电容并联

图 7 - 3 电容元件的复频域模型

$$u_1(t) = L_1 \frac{\mathrm{d}i_1(t)}{\mathrm{d}t} + M \frac{\mathrm{d}i_2(t)}{\mathrm{d}t}$$

$$u_2(t) = L_2 \frac{\mathrm{d}i_2(t)}{\mathrm{d}t} + M \frac{\mathrm{d}i_1(t)}{\mathrm{d}t}$$

对其取拉普拉斯变换,可得耦合电感元件 VCR 的复频域运算式为

$$\left. \begin{aligned} U_1(s) &= sL_1 I_1(s) - L_1 i_1(0_-) + sMI_2(s) - Mi_2(0_-) \\ U_2(s) &= sL_2 I_2(s) - L_2 i_2(0_-) + sMI_1(s) - Mi_1(0_-) \end{aligned} \right\} \tag{7-14}$$

式中,sM 称为互感的**复频率阻抗**;$i_1(0_-)$ 和 $i_2(0_-)$ 表示耦合电感两个绕组的初始电流。$Mi_1(0_-)$ 和 $Mi_2(0_-)$ 均为附加电压源,其极性与参考方向和同名端有关。耦合电感元件的复频域模型即运算电路如图 7-4(b)所示。

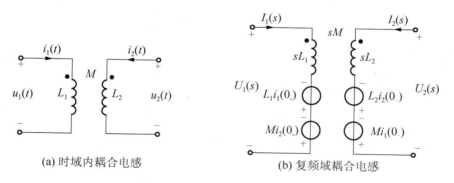

(a) 时域内耦合电感   (b) 复频域耦合电感

图 7 - 4 耦合电感的复频域模型

7.1.4 *s* 域分析法——用类比方法分析复频域模型

两类约束仍然是求解电路响应的基本依据。*s* 域分析(运算法)也属于变换方法,即,运算法与相量法的基本思想类似,相量法把正弦电量变换为相量(复数),把时域电路转变为频域下的相量模型,从而把求解线性电路正弦稳态响应的问题(一般为一阶、二阶微分方程)转化为求解关于相量的线性代数方程问题。运算法把时域函数变换为象函数,把时域电路转换为复频域下的运算电路,从而把求解时域高阶线性电路的问题转化为求解关于象函数的线性代数方程的问题。相量法使正弦稳态电路的分析计算得到简化,运算法使高阶线性电路的分析计算得到简化。

从复频域阻抗 $Z(s) = \dfrac{U(s)}{I(s)}$ 的定义可见，复频域阻抗 $Z(s)$ 也可由正弦稳态电路相量模型中的阻抗 $Z(j\omega)$ 将 $j\omega$ 替换成 s 得到。实际上，复频域分析中的 s 域模型与相量分析中的相量模型概念相当，即在利用复频率阻抗（或导纳）将时域电路模型变换为复频域（s 域）电路模型后，也可采用类比电阻电路的方法进行分析和计算，可以看成是相量分析方法在复频域中的推广，包括网孔法、节点法、叠加定理、等效变换、戴维南定理、诺顿定理等均可参照运用。

运算法一般有以下 3 个步骤。

(1) 变换——取拉普拉斯变换，将时域电路转换为 s 域运算电路。

(2) 求解——在变换域类比电阻电路方法进行分析。

(3) 反变换——对 s 域的解取拉普拉斯反变换，得到时域响应解。

[**例 7-10**] 求图 7-5(a)所示电路中的 $u_o(t)$，设电路的初始条件为零。

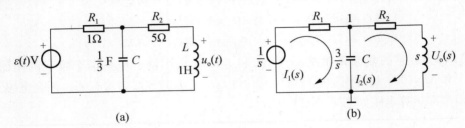

图 7-5　例 7-10 图

解：首先将电路由时域变换到 s 域，如图 7-5(b)所示。

(1) 解法一。用网孔法对图 7-5(b)运算电路中的两个网孔列写网孔方程

$$\begin{cases} \left(R_1 + \dfrac{3}{s}\right)I_1(s) - \dfrac{3}{s}I_2(s) = \dfrac{1}{s} \\[3mm] \left(R_2 + s + \dfrac{3}{s}\right)I_2(s) - \dfrac{3}{s}I_1(s) = 0 \end{cases}$$

即

$$\begin{cases} \left(1 + \dfrac{3}{s}\right)I_1(s) - \dfrac{3}{s}I_2(s) = \dfrac{1}{s} \\[3mm] \left(5 + s + \dfrac{3}{s}\right)I_2(s) - \dfrac{3}{s}I_1(s) = 0 \end{cases}$$

解得

$$I_2(s) = \frac{3}{s^3 + 8s^2 + 18s}$$

$$U_o(s) = sI_2(s) = \frac{3}{s^2 + 8s^1 + 18} = \frac{3}{\sqrt{2}}\left[\frac{\sqrt{2}}{(s+4)^2 + (\sqrt{2})^2}\right]$$

查表 7-1 得

$$u_o(t) = \mathscr{L}^{-1}[U_o(s)] = \frac{3}{\sqrt{2}}e^{-4t}\sin\sqrt{2}\,t\varepsilon(t)\ \text{V}$$

（2）解法二。用节点法，图 $7-5(b)$ 运算电路是一个单节点偶电路，仅需对图中的节点电压 $U_1(s)$ 列写一个节点方程即可，即

$$U_1(s)\left(\frac{1}{R_1}+\frac{s}{3}+\frac{1}{R_2+s}\right)=\frac{1/s}{R_1}$$

解得

$$U_1(s)=\frac{1/s}{\left(1+\frac{s}{3}+\frac{1}{5+s}\right)}$$

$$U_o(s)=\frac{U_1(s)}{R_2}+s=\frac{1}{\left(5+s+\frac{s}{3}(5+s)+1\right)}$$

$$=\frac{3}{s^2+8s^1+18}=\frac{3}{\sqrt{2}}\left[\frac{\sqrt{2}}{(s+4)^2+(\sqrt{2})^2}\right]$$

查表 $7-1$ 得

$$u_o(t)=\mathscr{L}^{-1}[U_o(s)]=\frac{3}{\sqrt{2}}\mathrm{e}^{-4t}\sin\sqrt{2}\,t\varepsilon(t)\ \mathrm{V}$$

（3）解法三。直接由图 $7-5(b)$ 运算电路中运算阻抗的串并联和分压关系得

$$U_o(s)=\frac{1/s}{R_1+\frac{3}{s}\,/\!/\,(R_2+s)}\times\left[\frac{3}{s}\,/\!/\,(R_2+s)\right]\times\left(\frac{s}{R_2+s}\right)$$

$$=\frac{3/s}{R_1\left(\frac{3}{s}+R_2+s\right)+\frac{3}{s}\times(R_2+s)}$$

$$=\frac{3}{s^2+8s+18}=\frac{3}{\sqrt{2}}\left[\frac{\sqrt{2}}{(s+4)^2+(\sqrt{2})^2}\right]$$

查表 $7-1$ 得

$$u_o(t)=\mathscr{L}^{-1}[U_o(s)]=\frac{3}{\sqrt{2}}\mathrm{e}^{-4t}\sin\sqrt{2}\,t\varepsilon(t)\ \mathrm{V}$$

[**例 7-11**] 求图 $7-6(a)$ 所示电路中的 $u_C(t)$，设 $u_C(0_-)=5\ \mathrm{V}$。

解： 由于 $\mathscr{L}[10\mathrm{e}^{-t}\varepsilon(t)]=\dfrac{10}{s+1}$，$\mathscr{L}[2\delta(t)]=2$，$Cu_C(0_-)=0.1\times5=0.5$，对图

$7-6(b)$ 所示的单节点偶运算电路列写节点方程（将 $\dfrac{10}{s+1}$ 电压源与 R_1 串联的戴维南模型变换为诺顿模型），有

$$\left(\frac{1}{R_1}+\frac{1}{R_2}+\frac{s}{10}\right)U_C(s)=\frac{10/(s+1)}{R_1}+0.5+2$$

解得

$$U_C(s)=\frac{10s+35}{(s+1)(s+2)}=\frac{K_1}{s+1}+\frac{K_2}{s+2}$$

其中

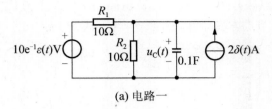

(a) 电路一

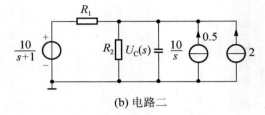

(b) 电路二

图 7-6　例 7-11 图

$$K_1 = [(s+1)U_C(s)]|_{s=-1} = \frac{25s+35}{s+2}|_{s=-1} = 10$$

$$K_2 = [(s+2)U_C(s)]|_{s=-2} = \frac{25s+35}{s+1}|_{s=-2} = 15$$

故有

$$U_C(s) = \frac{10}{s+1} + \frac{15}{s+2}$$

查表 7-1 得

$$u_C(t) = \mathscr{L}^{-1}[U_C(s)] = (10e^{-t} + 15e^{-2t})\varepsilon(t) \text{ V}$$

[**例 7-12**] 电路如图 7-7(a)所示，开关 S 原来处于闭合状态并已达稳态。求开关 S 打开后电路的电流 $i(t)$ 和电感元件的电压。

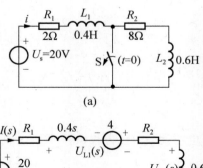

(a)

(b)

图 7-7　例 7-12 图

解：由题可知，电感 L_1 的初始电流 $i(0_-) = \dfrac{U_s}{R_1} = 10\ \text{A}$，$L_2$ 的初始电流为 0。开关 S

打开后的运算电路如图 7-7(b)所示，是一个单回路电路，对其列写电路方程有

$$I(s) = \frac{\dfrac{20}{s} + 4}{R_1 + 0.4s + R_2 + 0.6s} = \frac{4s + 20}{s(s + 10)}$$

$$= \frac{K_1}{s} + \frac{K_2}{s + 10}$$

其中

$$K_1 = \big[sI(s)\big]\big|_{s=0} = \frac{4s + 20}{s + 10}\Big|_{s=0} = 2$$

$$K_2 = \big[(s + 10)I(s)\big]\big|_{s=-10} = \frac{4s + 20}{s}\Big|_{s=-10} = 2$$

故有

$$I(s) = \frac{2}{s} + \frac{2}{s + 10}$$

查表 7-1 得

$$i(t) = \mathscr{L}^{-1}\big[I(s)\big] = (2 + 2\mathrm{e}^{-10t})\ \text{A}$$

又由图 7-7(b)运算电路求得电感的电压为

$$U_{L_1}(s) = 0.4sI(s) - 4$$

$$= \frac{0.4s \times 2}{s} + \frac{0.4s \times 2}{s + 10} - 4 = \frac{-8}{s + 10} - 2.4$$

$$U_{L_2}(s) = 0.6sI(s)$$

$$= \frac{0.6s \times 2}{s} + \frac{0.6s \times 2}{s + 10} = \frac{-12}{s + 10} + 2.4$$

查表 7-1 得

$$u_{L_1}(t) = \mathscr{L}^{-1}\big[U_{L_1}(s)\big] = \big[-8\mathrm{e}^{-10t}\varepsilon(t) - 2.4\delta(t)\big]\ \text{V}$$

$$u_{L_2}(t) = \mathscr{L}^{-1}\big[U_{L_2}(s)\big] = \big[-12\mathrm{e}^{-10t}\varepsilon(t) + 2.4\delta(t)\big]\ \text{V}$$

$$u_{L_1}(t) + u_{L_2}(t) = -20\mathrm{e}^{-10t}\varepsilon(t)\ \text{V}$$

本例中电感 L_1 的初始电流 $i(0_-) = 10\ \text{A}$，L_2 的初始电流为 0。但当开关 S 打开后的瞬间，L_1、L_2 的电流在 $t = 0_+$ 时刻都被强制约束为同一电流，其大小为 $i(0_+) = 4\ \text{A}$，即两个电感的电流都产生了跃变。由于电流的跃变，$u_{L_1}(t)$ 和 $u_{L_2}(t)$ 中便出现了冲激函数 $-2.4\delta(t)\ \text{V}$ 和 $2.4\delta(t)\ \text{V}$，由于这两个冲激函数等值异号，故在 $u_{L_1}(t) + u_{L_2}(t)$ 中并不表现出来，从而保证了整个回路满足 KVL。

7.2　网络函数

网络函数又称传递函数，它是信号处理技术中一个非常重要的概念。在第 3 章电阻电路分析和第 5 章正弦稳态相量分析中，已就网络函数的有关问题进行了一些讨论，这里将

对一般线性时不变电路的网络函数进行定义。

7.2.1 网络函数的概念

当电路激励为复频率信号时，由线性 RLC 元件和受控源组成的线性时不变网络对于激励的强制响应是同样形式的复频率信号，且电路的激励与响应呈线性关系，它们对应的复频率域分析也呈线性关系，利用网络阻抗或导纳的概念，可将激励与响应联系起来。

线性时不变网络在单一激励下，其零状态响应的象函数 $Y(s)$ 与激励的象函数 $X(s)$ 之比为该电路的**网络函数** $H(s)$，即

$$H(s) = \frac{\mathscr{L}[零状态响应]}{\mathscr{L}[激励函数]} = \frac{\mathscr{L}[y(t)]}{\mathscr{L}[x(t)]} = \frac{Y(s)}{X(s)} \tag{7-15}$$

注意式中的 $Y(s)$ 在本书中既表示 $\mathscr{L}[y(t)]$，又表示广义导纳，这需要结合上下文加以区别。在具体电路分析中 $Y(s)$ 和 $X(s)$ 可以是 $U(s)$ 或 $I(s)$，如图 7-8 所示。若激励与响应在同一端口，则 $H(s)$ 称为**策动点函数**，将 $H(s) = \dfrac{I_1(s)}{U_1(s)}$ 称为策动点导纳，$H(s) = \dfrac{U_1(s)}{I_1(s)}$ 称为策动点阻抗，分别具有导纳和阻抗的量纲；若激励与响应不在同一端口，则 $H(s)$ 称为**转移函数**，将 $H(s) = \dfrac{U_2(s)}{U_1(s)}$ 称为电压传输系数，$H(s) = \dfrac{I_2(s)}{I_1(s)}$ 称为电流传输系数，而将 $H(s) = \dfrac{I_2(s)}{U_1(s)}$ 称为转移导纳，$H(s) = \dfrac{U_2(s)}{I_1(s)}$ 称为转移阻抗，分别具有导纳和阻抗的量纲，见表 7-3。网络函数表示信号通过电路网络是如何被处理的，即其输出量相对于输入量的行为特性和从输入到输出的传输特性。网络函数是一个非常重要的工具，用于寻求网络响应，判断（或设计）网络稳定性和网络合成等问题。

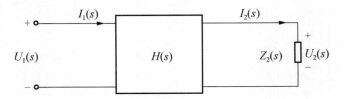

图 7-8　s 域模型响应与激励的关系

表 7-3　网络函数

激励，响应的位置	$Y(s), X(s)$	属性	$H(s)$ 的名称
网络的同一端口	电流，电压 电压，电流	阻抗 导纳	策动点阻抗 策动点导纳
网络的不同端口	电流，电压 电压，电流 电压，电压 电流，电流	阻抗 导纳 电压比 电流比	转移阻抗 转移导纳 电压传输系数 电流传输系数

式(7-15)是在已知激励 $X(s)$ 和响应 $Y(s)$ 情况下求网络函数 $H(s)$，反之，在已知激

励 $X(s)$ 情况下求给定网络（$H(s)$ 确定）的响应，则有

$$Y(s) = H(s)X(s) \tag{7-16}$$

当输入是单位冲激函数时，$x(t) = \delta(t)$，所以 $X(s) = \mathscr{L}[\delta(t)] = 1$，由式（7-16）可得

$$Y(s) = H(s) \quad \text{或} \quad y(t) = h(t) \tag{7-17}$$

式中

$$h(t) = \mathscr{L}^{-1}[H(s)] \tag{7-18}$$

即网络函数 $H(s)$ 的原函数 $h(t)$ 是电路的单位冲激响应，是电路对单位冲激函数在时域中的响应。在已知电路冲激响应 $h(t)$ 的情况下，由式（7-16）可在 s 域中求出任意输入信号 $X(s)$ 作用下电路的零状态响应 $Y(s)$，同理，对 $Y(s)$ 求拉普拉斯反变换，即可求出在任意输入情况下电路的时域零状态响应 $y(t)$。若电路为非零状态，只需在上述结果上叠加相应的零输入响应，就可以得到全响应。

[**例 7-13**] 求如图 7-9 所示电路的网络函数 $H(s) = U_o(s)/I_s(s)$。

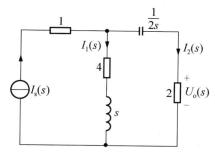

图 7-9 例 7-13 图

解：（1）方法一。利用分流关系有

$$I_2(s) = \frac{(s+4)I_s(s)}{s+4+2+1/2s}$$

则有

$$U_o(s) = 2I_2(s) = 2 \times \frac{(s+4)I_s(s)}{s+4+2+1/2s}$$

所以

$$H(s) = \frac{U_o(s)}{I_s(s)} = 2 \times \frac{(s+4)I_s(s)}{s+6+1/2s} = \frac{4s(s+4)}{2s^2+12s+1}$$

（2）方法二。利用反推关系，令 $U_o(s) = 1$，则

$$I_2(s) = \frac{U_o(s)}{2} = \frac{1}{2}$$

$$I_1(s) = \frac{I_2(s)(2+1/2s)}{s+4} = \frac{4s+1}{4s(s+4)}$$

由 KCL 有

$$I_s(s) = I_1(s) + I_2(s) = \frac{4s+1}{4s(s+4)} + \frac{1}{2} = \frac{2s^2+12s+1}{4s(s+4)}$$

所以

$$H(s) = \frac{U_o(s)}{I_s(s)} = \frac{1}{I_s(s)} = \frac{4s(s+4)}{2s^2 + 12s + 1}$$

[例 7 - 14] 如图 7 - 10(a)所示电路，已知 $i_s(t) = \varepsilon(t)$，求 $u_1(t)$，$u_2(t)$。

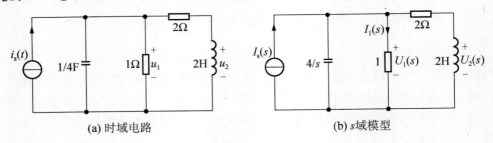

(a) 时域电路   (b) s 域模型

图 7 - 10   例 7 - 14 图

解： $i_s(t)$ 为电路的激励，$u_1(t)$ 和 $u_2(t)$ 为电路对激励的响应，可通过求得 $H(s)$ 和 $I(s)$ 后，利用网络函数的定义求得激励的象函数 $U_1(s)$ 和 $U_2(s)$，再利用拉式反变换求得 $u_1(t)$ 和 $u_2(t)$。利用网络函数求解避免了对微分方程的求解，运算更简便。

电路的复频域（s 域）电路模型如图 7 - 10(b)所示。

对节点列写 KCL 有

$$I_s(s) = \frac{U_1(s)}{\dfrac{4}{s}} + \frac{U_1(s)}{1} + \frac{U_1(s)}{2 + 2s}$$

则

$$H_1(s) = \frac{U_1(s)}{I_s(s)} = \frac{1}{\dfrac{s}{4} + 1 + \dfrac{1}{2 + 2s}} = \frac{4s + 4}{s^2 + 5s + 6}$$

$$H_2(s) = \frac{U_2(s)}{I_s(s)} = \frac{2sU_1(s)}{(2 + 2s)I_s(s)} = \frac{4s}{s^2 + 5s + 6}$$

则

$$U_1(s) = H_1(s)I_s(s) = \frac{4s + 4}{s(s^2 + 5s + 6)}$$

$$U_2(s) = H_2(s)I_s(s) = \frac{4}{s^2 + 5s + 6}$$

利用拉式反变换求得

$$u_1(t) = \frac{2}{3} + 2e^{-2t} - \frac{8}{3}e^{-3t}$$

$$u_2(t) = 4e^{-2t} - 4e^{-3t}$$

7.2.2   网络函数的零极点

线性时不变电路的网络函数将电路的激励与响应的象函数联系起来，若已知网络函数 $H(s)$ 和 $X(s)$，则可求得 $Y(s)$，即

$$Y(s) = H(s) \cdot X(s) = \frac{N(s)}{D(s)} \cdot \frac{P(s)}{Q(s)}$$

式中，$H(s)=\dfrac{N(s)}{D(s)}$，$X(s)=\dfrac{P(s)}{Q(s)}$，而 $N(s)$、$D(s)$、$P(s)$、$Q(s)$ 均为 s 的多项式。在用部分分式法求响应的原函数时，$D(s)Q(s)=0$ 的根包括 $D(s)=0$ 和 $Q(s)=0$ 的根。其中，$Q(s)$ 即激励 $X(s)$ 分母的根，属于强制响应分量，决定了电路强制响应(稳态响应)随时间变化的方式；$D(s)$ 即网络函数 $H(s)$ 的分母为电路的特征多项式，它的根为特征根，决定着固有响应(暂态响应)随时间变化的方式。

将 $H(s)$ 表示为一个有理分式

$$
\begin{aligned}
H(s)=\frac{N(s)}{D(s)} &= \frac{b_m s^m+b_{m-1}s^{m-1}+\cdots+b_0}{a_n s^n+a_{n-1}s^{n-1}+\cdots+a_0}\\
&= H_0\frac{(s-z_1)(s-z_2)\cdots(s-z_m)}{(s-p_1)(s-p_2)\cdots(s-p_n)}\\
&= H_0\frac{\displaystyle\prod_{i=1}^{m}(s-z_i)}{\displaystyle\prod_{j=1}^{n}(s-p_j)}
\end{aligned}
\tag{7-19}
$$

式中，H_0 为一实数；$z_1,z_2,\cdots,z_i$ 是分子多项式 $N(s)$ 的根，当 $s=z_i$ 时网络函数 $H(s)=0$，故称 $z_1,z_2,\cdots,z_i$ 为网络函数的**零点**；$p_1,p_2,\cdots,p_j$ 是分母多项式 $D(s)=0$ 的根，当 $s=p_j$ 时分母多项式 $D(s)=0$，网络函数 $H(s)$ 将趋于无限大，故称 $p_1,p_2,\cdots,p_j$ 为网络函数的**极点**。如果 $N(s)$ 和 $D(s)$ 分别有重根，则称之为重零点和重极点。

任意网络函数都具有以下特性。

(1) H_0 为实常数，可正可负。

(2)所有零点和极点均为实数或共轭复数对。

(3)极点个数等于电路中独立动态元件的个数。

对于绝大多数电路的网络函数而言，$m\leqslant n$，即零点的个数不超过极点的个数。因零极点一般为复数，故可以用 s 平面坐标中的点表示。将复数的实部 σ 作为横轴，虚部 $j\omega$ 作为纵轴，建立的平面坐标系称为复平面(s 平面)。这时，复频率 $s=\sigma+j\omega$ 的任意取值都可表示为 s 平面上的一个点。在复平面上极点用"×"表示，零点用"。"表示，即可得到网络函数零极点的分布图(简称零极图)。

[**例 7-15**] 绘出 $H(s)=\dfrac{s^2-6s+8}{s^3+4s^2+s+4}$ 的零极点分布图。

解：
$$N(s)=s^2-6s+8=(s-2)(s-4)$$
则 $H(s)$ 的零点为
$$z_1=2,z_2=4$$
$$D(s)=s^3+4s^2+s+4$$
$$=(s+4)(s+j)(s-j)$$
则 $H(s)$ 的极点为
$$p_1=-4,p_{2,3}=\pm j$$
$H(s)$ 的零极点分布如图 7-11 所示。

一般情况下，$h(t)$ 的特性就是时域响应中固有分量的特性，所以网络函数极点的分布

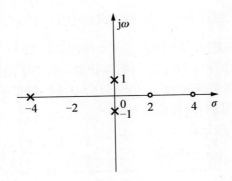

图 7 - 11　例 7 - 15 零极点分布

与冲激响应的关系密切。如果网络函数为真分式且分母有单根，则网络的冲激响应为

$$h(t) = \mathscr{L}^{-1}\Big[\sum_{i=1}^{n}\frac{K_i}{s-p_i}\Big] = \sum_{i=1}^{n}K_i\mathrm{e}^{p_it} \qquad (7-20)$$

式中，p_i 为 $H(s)$ 的极点，当：

（1）p_i 为负实根，e^{p_it} 为衰减的指数函数，$t\to\infty$ 时 $h(t)=0$，电路稳定。

（2）p_i 为正实根，e^{p_it} 为增长的指数函数，$t\to\infty$ 时 $h(t)\to\infty$ 无界，电路不稳定。

（3）p_i 为共轭复数时，若实部为负，e^{p_it} 为衰减的正弦振荡波形；

若实部为正，e^{p_it} 为增长的正弦振荡波形，电路不稳定。

（4）p_i 为虚根，响应为纯正弦波形。

极点与冲激响应的关系如图 7 - 12 所示。由此可见，一个网络稳定的必要条件是，该网络函数的极点必须都位于复平面的左半平面，或是虚数轴上的单极点。由于 p_i 仅与网络结构和元件参数有关，故将 p_i 称为网络变量的**固有频率**。

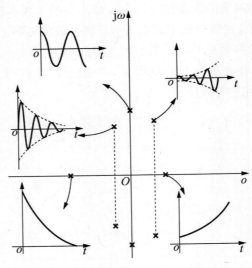

图 7 - 12　极点与冲激响应的关系

可见，$h(t)$ 的特性就是时域响应中固有分量的特性，而强制分量的特点又仅仅决定于

激励的变化规律，所以，根据 $H(s)$ 的极点分布情况和激励的变化规律不难得知时域响应的全部特点。

7.3 频率响应

当线性电路的输入为复频率信号时，电路的强制响应也是同样形式的复频率信号，并可利用网络函数 $H(s)$ 来求得其强制响应。当网络函数中的 s 用 $j\omega$ 代替后，复频率信号简化为正弦信号，此时电路的强制响应就是正弦稳态响应，网络函数称为 $H(j\omega)$，如图7-13所示。所以，网络函数可表示为在 $s=j\omega$ 时正弦稳态下输出相量 $\dot{Y}(j\omega)$ 与输入相量 $\dot{X}(j\omega)$ 之比，即

$$H(j\omega) = H(s)\big|_{s=j\omega} = \frac{\dot{Y}(j\omega)}{\dot{X}(j\omega)} \tag{7-21}$$

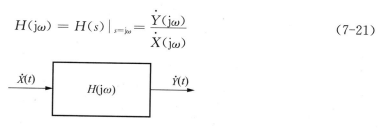

图7-13 电路的频率响应

7.3.1 强制响应与复平面矢量

当激励信号的复频率 s 变化时，电路输出信号的幅度和相位也会随之变化，这实际上是网络函数 $H(s)$ 频率特性的反映，而 $H(s)$ 的特性又可由其零极点完全确定。因此，对应于复平面上的任一点 s_0，$H(s_0)$ 的幅度与相位均与 s_0 所在位置以及各零极点的相对关系有关，将 $s=s_0$ 代入 $H(s)$ 的零极点表达式(7-19)中，则可将 $H(s_0)$ 以模和相位角的形式表达，即

$$H(s_0) = H_0 \frac{\prod\limits_{i=1}^{m}(s_0 - z_i)}{\prod\limits_{j=1}^{n}(s_0 - p_j)} \tag{7-22}$$

用 $|s_0 - a|$ 和 $\angle(s_0 - a)$ 来表示 $H(s_0)$ 分子及分母中某个因式的模和相角，可得 $H(s_0)$ 的幅度和相位关系分别为

$$|H(s_0)| = |H_0| \frac{\prod\limits_{i=1}^{m}|(s_0 - z_i)|}{\prod\limits_{j=1}^{n}|(s_0 - p_j)|}$$

$$= |H_0| \frac{(s_0 - z_1)(s_0 - z_2)\cdots}{(s_0 - p_1)(s_0 - p_2)\cdots} \tag{7-23}$$

$$\angle H(s_0) = \angle H_0 + \angle(s_0 - z_i) - \angle(s_0 - p_j)$$

$$= \angle H_0 + [\angle(s_0 - z_1) + \angle(s_0 - z_2) + \cdots]$$

$$-\left[\angle(s_0-p_1)+\angle(s_0-p_2)+\cdots\right] \qquad (7-23)'$$

式中，实系数 H_0 的相角 $\angle H_0 = 0°$ 或 $180°$。

式 $(7-23)$ 中每个因子的幅度和相角可以用数值计算方法得到，并可借助于 s 平面用更为直观的图形方法表示，称为 s 平面矢量法。以 s_0-p_1 项为例，由于 s_0 和 p_1 都是 s 平面上的点，可以将其视为从原点指向这些点的 s 平面矢量，如图 $7-14$ 所示。可见 s_0-p_1 即是从 p_1 点指向 s_0 点的矢量，该矢量的模为 $|s_0-p_1|$，矢量与 σ 轴正方向的夹角即为 $\angle(s_0-p_1)$。

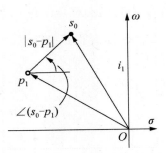

图 $7-14$ s 平面矢量

用同样的方法可以在 s 平面画出从各零点和极点到 s_0 的矢量，从而得到所有因子的模和相角用以表达 $H(s_0)$。用 s 平面矢量方法不仅能有效地计算 $H(s_0)$，更能直观地了解各零极点对 $H(s_0)$ 或强制响应的影响。

[**例 7-16**] 已知网络函数为 $H(s)=\dfrac{-6s}{s^2+12s+45}$，用 s 平面矢量法求电路对于激励信号 $x(t)=10\mathrm{e}^{-4t}\cos 3t$ 的强制响应。

解： 网络函数 $H(s)$ 的零极点表达式中，$|H_0|=-6$，$z_1=0$，p_1，$p_2=-6+\mathrm{j}3$，激励信号的复频率相量为 $\dot{X}=10\angle 0°$，复频率 $s_0=-4+\mathrm{j}3$，在 s 平面上画出各零、极点到 s_0 的矢量，如图 $7-15$ 所示。从图中可得

$$s_0-p_1=2+\mathrm{j}0=2\angle 0°$$

$$s_0-p_2=2+\mathrm{j}6=\sqrt{40}\angle 71.6°$$

$$s_0-p_3=-4+\mathrm{j}3=5\angle 143.1°$$

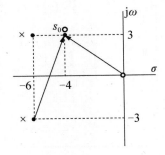

图 $7-15$ 例 $7-16$ 图

故有

$$H(s_0) = -6 \cdot \frac{5\angle 143.1°}{2\angle 0° \times \sqrt{40}\angle 71.6°} = 2.37\angle -108.5°$$

得强制响应相量为

$$\dot{Y} = H(s_0)\dot{X} = 23.7\angle 108.5°$$

对应的强制响应时间函数为

$$y(t) = 23.7e^{-4t}\cos(3t - 108.5°)$$

7.3.2 零极点与频响曲线

电路的频率特性可由其幅频特性和相频特性的函数曲线来表示，称为**频响曲线**。频响曲线在分析选频电路的性能及设计信号处理电路中具有重要作用。

网络函数在 $s = j\omega$ 时可表示为由输出和输入相量之比所确定的复数，即

$$H(j\omega) = H(s)|_{s=j\omega} = \frac{\dot{Y}(j\omega)}{\dot{X}(j\omega)}$$
$$= |H(j\omega)|e^{j\varphi} = |H(j\omega)|\angle\varphi(j\omega) \tag{7-24}$$

式中，$|H(j\omega)|$ 为网络函数在角频率 ω 处的模，其随 ω 变化的关系称为幅频响应或幅频特性；$\varphi(j\omega) = \arg[H(j\omega)]$ 为网络函数在角频率 ω 处的相位角，其随 ω 变化的关系称为相频特性。

绘制频响曲线有多种方法：一是在求得幅频和相频特性的函数表达式后，描绘出函数曲线。但当网络函数的零极点较多时，表达式的求解显得比较困难，所以，利用计算机数值计算的方法分析大规模复杂网络频响曲线是必要的。二是如果已知网络函数的零极图，按式(7-23)和 s 平面矢量图的方法即可方便地定性描绘出频响曲线，这样还能帮助我们理解网络函数中每个零极点对曲线形状的影响。

当网络函数 $H(s)$ 的频率变量 $s = j\omega$ 沿着 s 平面虚轴移动时，对于任意 ω，式(7-19)又可表示为

$$H(j\omega) = H_0 \frac{\prod_{i=1}^{m}(j\omega - z_i)}{\prod_{j=1}^{n}(j\omega - p_j)} \tag{7-25}$$

即幅频特性为

$$a(\omega) = |H(j\omega)| = |H_0|\frac{|j\omega - z_1| \cdot |j\omega - z_2|\cdots}{|j\omega - p_1| \cdot |j\omega - p_2|\cdots} \tag{7-26}$$

相频特性为

$$\varphi(\omega) = \arg[H(j\omega)]$$
$$= \angle H_0 + [\angle(j\omega - z_1) + \angle(j\omega - z_2) + \cdots]$$
$$- [\angle(j\omega - p_1) + \angle(j\omega - p_2) + \cdots] \tag{7-26}'$$

可见，幅频特性 $a(\omega)$ 和相频特性 $\varphi(\omega)$ 对任一角频率 ω 的取值可从式(7-26)加以确

定，并可清楚地反映出每个零极点对频响曲线的影响。当频率很高时，频响曲线只取决于 H_0 和零极点的个数。例如，网络函数中有 n 个极点和 m 个零点，令 $\omega \to \infty$，则有

$$a(\omega) = \begin{cases} H_0, & m = n \\ 0, & m < n \end{cases}$$

$$\varphi(\omega) = \angle H_0 + (m - n) \times 90°$$

当频率很低时，频响曲线主要取决于零极点在 s 平面上的位置，在式（7-26）中令 $\omega \to 0$ 可看出这一特性。但在这时，通常从 $\omega = 0^+$ 开始讨论，以避免 $\varphi(\omega)$ 在 $\omega = 0$ 处的相位歧义。

7.3.3　一阶频率特性

先以最简单的一阶电路为例讨论电路的频率特性。一阶 RC 低通滤波电路如图 7-16 所示。

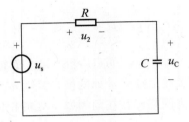

图 7-16　一阶 RC 低通电路

其网络函数为

$$H(s) = \frac{U_2(s)}{U_1(s)} = \frac{U_C(s)}{U_s(s)}$$

$$= H_0 \frac{\dfrac{1}{sC}}{R + \dfrac{1}{sC}} = H_0 \frac{\dfrac{1}{RC}}{s + \dfrac{1}{RC}}$$

上式没有零点，只有一个极点 $p_1 = -\dfrac{1}{RC}$，令 $s = j\omega$，$\omega_C = -p_1 = \dfrac{1}{RC}$，则

$$H(j\omega) = H_0 \frac{\omega_C}{j\omega + \omega_C} = H_0 \frac{1}{1 + j\dfrac{\omega}{\omega_C}} \tag{7-27}$$

其幅频特性和相频特性分别为

$$a(\omega) = |H(j\omega)| = \frac{1}{\sqrt{1 + \left(\dfrac{\omega}{\omega_C}\right)^2}}$$

$$\varphi(j\omega) = \arg[H(j\omega)] = -\arctan\left(\dfrac{\omega}{\omega_C}\right)$$

图 7-16 一阶 RC 电路的零极图如图 7-17(a) 所示。对于不同的角频率 ω，即 $j\omega$ 沿虚轴移动时，ω_C 与复平面矢量 $j\omega - p_1$ 的长度（模）M 之比，即为网络传输系数 a；矢量的辐

角即为网络的相位角。由此得到的幅频特性和相频特性曲线如图 7 - 17(b)所示(图中取系数 $H_0 = 1$)。

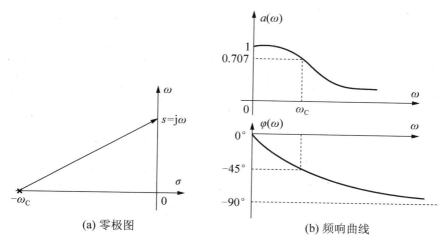

(a) 零极图　　　　　　　　(b) 频响曲线

图 7 - 17　一阶 *RC* 低通电路

从以上一阶 *RC* 电路的频响特性曲线可直观看出，当输入信号频率较低，即 $\omega \ll \omega_C$ 时，网络传输系数 a 接近于 1；随着信号频率 ω 的增高，传输系数 a 减小，在 $\omega \gg \omega_C$ 时传输系数 $a \to 0$，即信号的高频成分受到很大的衰减。当信号频率 $\omega = \omega_C$ 时，传输系数 $a = 1/\sqrt{2} \approx 0.707$，即输出电压为最大值时的 0.707 倍(半功率点)，将此时的频率 ω_C 称为截止角频率，也就是说，可以近似地认为低于截止频率 ω_C 的正弦信号能够顺利通过该电路，而高于此频率的信号则被截止，故称为一阶 *RC* 低通电路(low pass，LP)。信号频率 ω 在 $0 \to \infty$ 变化时，电路的相位变化(简称相移)φ 为 $0 \to -90°$，即输出电压总是滞后于输入电压的，因此这样的 *RC* 电路又称为滞后网络；在 $\omega = \omega_C$ 时，$\varphi = -45°$。

在图 7 - 16 的 *RC* 低通电路中，将电阻 *R* 和电容 *C* 的位置交换即得到一阶高通电路，如图 7 - 18 所示。

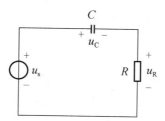

图 7 - 18　一阶 *RC* 高通电路

其网络函数为

$$H(s) = \frac{U_2(s)}{U_1(s)} = \frac{U_R(s)}{U_s(s)} = \frac{R}{R + \dfrac{1}{sC}} = \frac{s}{s + \dfrac{1}{RC}}$$

式中，有一个零点 $z_1 = 0$ 和一个极点 $p_1 = -\dfrac{1}{RC}$。令 $s = \mathrm{j}\omega$，$\omega_C = -p_1 = \dfrac{1}{RC}$，则

$$H(\mathrm{j}\omega) = H_0 \frac{\mathrm{j}\omega}{\mathrm{j}\omega + 1/RC} \tag{7-28}$$

其幅频特性和相频特性为

$$a(\omega) = \frac{1}{\sqrt{1 + \dfrac{1}{(\omega RC)_2}}} = \frac{1}{\sqrt{1 + \left(\dfrac{\omega_C}{\omega}\right)^2}}$$

$$\varphi(\omega) = \arg\left[H(\mathrm{j}\omega)\right] = -\varphi = \frac{\pi}{2} - \arctan(\omega RC)$$

$$= \frac{\pi}{2} - \arctan\left(\frac{\omega}{\omega_C}\right)$$

一阶 RC 高通电路零极图如图 7-19(a) 所示，频响曲线如图 7-19(b) 所示。

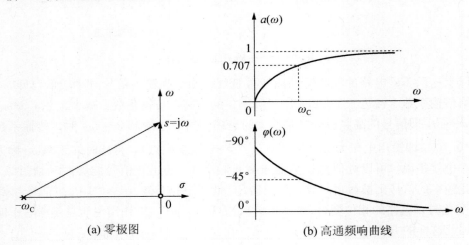

(a) 零极图   (b) 高通频响曲线

图 7-19   一阶高通电路频率特性

从图 7-19 可见，当输入信号频率较低，即 $\omega \ll \omega_C$ 时，网络传输系数 a 接近于 0；随着信号频率 ω 的增高，传输系数 a 增大，在 $\omega \gg \omega_C$ 时传输系数 $a \to 1$，即信号的低频成分受到很大的衰减。当信号频率 $\omega = \omega_C$ 时，传输系数 $a = 1/\sqrt{2} \approx 0.707$，即输出电压为最大值时的 0.707 倍（半功率点），将此时的频率 ω_C 称为截止角频率，也就是说，可以近似地认为高于截止频率 ω_C 的正弦信号能够顺利通过该电路，而低于此频率的信号则被截止，故称为一阶 RC 高通电路（high pass，HP）。信号频率 ω 在 $0 \to \infty$ 变化时，电路的相位变化（简称相移）φ 为 $0 \to +90°$，即输出电压总是超前于输入电压的，因此这样的 RC 电路又称为超前网络；在 $\omega = \omega_C$ 时，$\varphi = 45°$。

由电阻 R 与电感 L 也可构成一阶低通和高通电路，考虑到 L 和 C 的频率特性相反，其在电路中的位置应该互换，如图 7-20 所示。

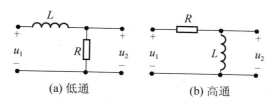

(a) 低通   (b) 高通

图 7-20 一阶 RL 电路

7.3.4 二阶频率特性

用一阶电路只能实现低通或高通频率特性，二阶电路既能实现低通和高通频率特性，又能实现带通和带阻频率特性。当电路中含有电容和电感时，如果电路的固有频率与外加激励频率相同时，称电路发生谐振，如图 7-21 所示的二阶 RLC 串联谐振电路。

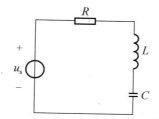

图 7-21 RLC 串联谐振电路

若以电阻电压作为输出电压，则其网络函数为

$$H(s) = \frac{U_R(s)}{U_s(s)} = \frac{R}{R + sL + \dfrac{1}{sC}} = H_0 \frac{s}{s^2 + \dfrac{\omega_0}{Q}s + \omega_0^2}$$

式中，$\omega_0 = \dfrac{1}{\sqrt{LC}}$ 为电路的串联谐振频率；$Q = \dfrac{\omega_0 L}{R} = \dfrac{1}{R}\sqrt{\dfrac{L}{C}}$ 为 RLC 串联电路谐振时电容或电感上的电压值与电源电压之比。网络函数 $H(s)$ 有一个零点 $z_1 = 0$，两个极点 p_1 和 p_2，在多数情况下 $Q > 0.5$，p_1 和 p_2 为一对共轭复数，网络函数的零极图如图 7-22 所示。

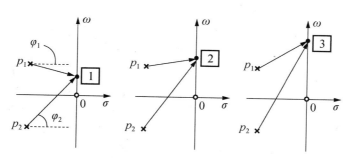

图 7-22 二阶电路的零极图

291

令 $s = \mathrm{j}\omega$

$$H(\mathrm{j}\omega) = \frac{R}{R + \mathrm{j}\left(\omega L - \dfrac{1}{\omega C}\right)} = \frac{1}{1 + \mathrm{j}Q\left(\dfrac{\omega}{\omega_0} - \dfrac{\omega_0}{\omega}\right)} \tag{7-29}$$

其幅频特性和相频特性为

$$|H(\mathrm{j}\omega)| = \frac{1}{\sqrt{1 - Q^2\left(\dfrac{\omega}{\omega_0} - \dfrac{\omega_0}{\omega}\right)^2}}$$

$$\varphi(\mathrm{j}\omega) = \arg[H(\mathrm{j}\omega)] = -\arctan Q\left(\frac{\omega}{\omega_0} - \frac{\omega_0}{\omega}\right)$$

其幅频特性曲线如图 7-23 所示。

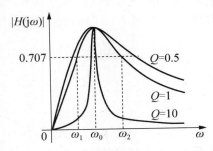

图 7-23　*RLC* 串联谐振电路幅频特性曲线

图中 $|H(\mathrm{j}\omega)| = \dfrac{1}{\sqrt{R^2 - \left(\omega L - \dfrac{1}{\omega C}\right)^2}} = \dfrac{1}{\sqrt{2}}$ 时对应的 ω 为 ω_1 和 ω_2，则可得到 $\omega_1 = -\dfrac{R}{2L} +$

$\sqrt{\left(\dfrac{R}{2L}\right)^2 + \dfrac{1}{LC}}$，$\omega_2 = \dfrac{R}{2L} + \sqrt{\left(\dfrac{R}{2L}\right)^2 + \dfrac{1}{LC}}$。称 ω_1 和 ω_2 为半功率点频率，此时 $P(\omega_1) = P(\omega_2) = $

$\dfrac{1}{2}\dfrac{(U_\mathrm{m}/\sqrt{2})^2}{R} = \dfrac{1}{4}\dfrac{U_\mathrm{m}^2}{R}$。

定义 $BW = \omega_1 - \omega_2 = \dfrac{1}{Q}$ 为其**通频带**，ω_1 为下限截止频率，ω_2 为上限截止频率。

图 7-23 分别给出了 Q 为 0.5、1 和 10 时的幅频特性曲线，可见，Q 越大，谐振曲线越尖锐，通频带越窄，频率选择性越好，对非谐振频率的信号有抑制能力，故称 Q 为 *RLC* 谐振电路的**品质因数**。当电路的 L、C 值不变，改变 R 的值时可得到不同的 Q 值。R 小，Q 值大，电路的选择性好，但通频带带宽窄，因此需要综合考虑。

设电源的电压 $u_\mathrm{s}(t) = U_\mathrm{sm}\cos\omega t$，电路的电流 $i_0 = \dfrac{U_\mathrm{sm}}{R}\cos\omega_0 t = \sqrt{2}\dfrac{U}{R}\cos\omega_0 t$，电容上的

电压 $u_\mathrm{C} = \sqrt{2}QU_\mathrm{s}\sin\omega_0 t$，则电路的总储能为

$$W(\omega_0) = \frac{1}{2}Li^2 + \frac{1}{2}Cu_\mathrm{C}^2 = \frac{L}{R^2}U_\mathrm{s}^2\cos^2(\omega_0 t) + CQ^2 U_\mathrm{s}^2\sin\omega_0 t$$

$$= CQ^2 U_\mathrm{s}^2 = \frac{1}{2}CQ^2 U_\mathrm{sm}^2$$

上式中电路的总储能为常数，说明谐振时，电路的总储能是恒定的，电源与电感和电容之间没有能量的交换，能量仅在电感和电容储能间相互转移。

在一个周期内，电路吸收的能量为 $W_R(\omega_0) = P(\omega_0)T = \dfrac{1}{2}\dfrac{U_{sm}^2}{R}T$，则

$$\frac{W(\omega_0)}{W_R(\omega_0)} = \frac{\dfrac{1}{2}CQ^2U_{sm}^2}{\dfrac{1}{2}\dfrac{U_{sm}^2}{R}T} = \frac{CRQ^2}{2\pi\sqrt{LC}} = \frac{Q}{2\pi}$$

即，$Q = 2\pi\dfrac{W(\omega_0)}{W_R(\omega_0)}$，可见品质因数 Q 体现了在一个周期内电感和电容储存的能量与回路电阻消耗能量间的比值。

若将电容或电感电压作为输出电压，则其网络函数为

$$H_C(s) = \frac{U_C(s)}{U_S(s)} = \frac{1}{R + sL + \dfrac{1}{sC}} \cdot \frac{1}{sC}$$

$$H_L(s) = \frac{U_L(s)}{U_S(s)} = \frac{sL}{R + sL + \dfrac{1}{sC}}$$

令 $s = j\omega$，则

$$H_C(j\omega) = \frac{1}{R + j\omega L + \dfrac{1}{j\omega C}} \cdot \frac{1}{j\omega C} = \frac{-jQ}{\dfrac{\omega}{\omega_0} + jQ\left(\dfrac{\omega^2}{\omega_0^2} - 1\right)}$$

$$H_L(j\omega) = \frac{j\omega L}{R + j\omega L + \dfrac{1}{j\omega C}} = \frac{jQ}{\dfrac{\omega_0}{\omega} + jQ\left(1 - \dfrac{\omega_0^2}{\omega^2}\right)}$$

其幅频特性为

$$|H_C(j\omega)| = \left|\frac{-jQ}{\dfrac{\omega}{\omega_0} + jQ\left(\dfrac{\omega^2}{\omega_0^2} - 1\right)}\right| = \frac{Q}{\sqrt{\dfrac{\omega^2}{\omega_0^2} + Q^2\left(\dfrac{\omega^2}{\omega_0^2} - 1\right)^2}}$$

$$|H_L(j\omega)| = \left|\frac{jQ}{\dfrac{\omega_0}{\omega} + jQ\left(1 - \dfrac{\omega_0^2}{\omega^2}\right)}\right| = \frac{Q}{\sqrt{\dfrac{\omega_0^2}{\omega^2} + Q^2\left(1 - \dfrac{\omega_0^2}{\omega^2}\right)^2}}$$

其幅频特性曲线如图 7-24 所示。

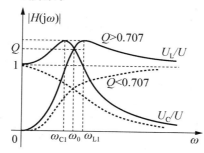

图 7-24 **RLC 串联谐振电路幅频特性曲线**

图中实线表示 $Q > 1/\sqrt{2}$ 时的特性曲线，虚线表示 $Q < 1/\sqrt{2}$ 时的特性曲线，可知 $Q > 1/\sqrt{2}$ 的特性曲线存在极大值，并且电容和电感上的电压极大值不是在谐振点出现的，其分别出现在 $\omega_{C0} = \omega_0 \sqrt{1 - \dfrac{1}{2Q^2}}$ 和 $\omega_{L0} = \dfrac{1}{\omega_{C0}} = \dfrac{1}{\omega_{C0}} \sqrt{\dfrac{2Q^2}{2Q^2 - 1}}$。可见，$Q$ 越高，两个极值点越靠近中心频率点 ω_0。当 $Q \gg 1$ 时，令 $|H_C(j\omega)| = \dfrac{1}{\sqrt{2}}$，解得 $|H_C(j\omega)|$ 的截止频率 $\omega_C = 1.55\omega_0$，同理得到 $|H_L(j\omega)|$ 的截止频率 $\omega_L = \dfrac{1}{1.55\omega_0} = \dfrac{0.65}{\omega_0}$。由品质因数 Q 的定义可见，当 RLC 并联电路发生谐振时，L 和 C 上的电压是电源电压的 Q 倍，故称电压谐振。

图 7-25 是二阶 RLC 并联谐振电路。

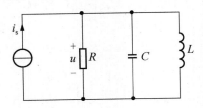

图 7-25　二阶 RLC 并联谐振电路

电路的输入导纳 $Y = G + j\left(\omega C - \dfrac{1}{\omega L}\right)$，当电路发生并联谐振时，电路的输入导纳最小，此时输入导纳 $Y = G = \dfrac{1}{R}$，因此并联谐振时端电压最大，其端电压 $U(\omega_0) = RI_s$，电压与电流同相，功率因数为 1。

并联谐振时，电路中流过电容或电感的电流与输入电流之比称为并联谐振电路的品质因数，即 $Q = \dfrac{I_L}{I_s} = \dfrac{I_C}{I_s} = \dfrac{R}{\omega_0 L} = \omega_0 RC$，则电路谐振时通过电感、电容的电流为

$$\dot{I}_L(\omega_0) = -j\frac{1}{\omega_0 L}\dot{U} = -j\frac{1}{\omega_0 LG}\dot{I}_s = -jQ\dot{I}_s$$

$$\dot{I}_C(\omega_0) = j\omega_0 C\dot{U} = j\frac{\omega_0 C}{G}\dot{I}_s = jQ\dot{I}_s$$

电路 LC 并联部分对电路而言相当于开路，$\dot{I}_L(\omega_0) + \dot{I}_C(\omega_0) = 0$，电感和电容上的电流方向相反，互相抵消，相量图如图 7-26 所示。RLC 并联电路发生谐振时，电容和电感中的电流将达到最大，是电源电流的 Q 倍，故称为电流谐振。

电路发生谐振时，电路的无功功率为 $Q_L + Q_C = \dfrac{1}{\omega_0 L}U^2 - \omega_0 CU^2 = 0$，则谐振时电感与电容的能量相互交换，电路总储能不变。

工程上并联谐振电路由电感和电容并联而成，电感的损耗用电阻 R 表示，等效电路如图 7-27 所示。

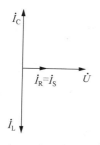

图 7-26 *RLC* 并联谐振电路相量图

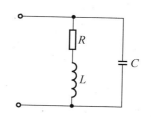

图 7-27 实际并联谐振电路

7.4 波 特 图

要比较精确地绘制系统的频率特性曲线是比较麻烦的，而且在频率范围比较大时采用前述的线性频率坐标也显得不太方便，1930 年美国贝尔实验室的 Hendriclc Bode 提出了一种简便绘制系统频率特性且具有实用精度的方法——**波特图**法，在滤波器、放大器和控制系统的分析和设计等工程应用中具有重要作用。

7.4.1 波特图的概念

波特图采用对数坐标，根据系统网络函数的零极点分布用折线近似绘制出频率响应曲线。在实际应用中，信号频率范围很宽（往往跨越好几个数量级），采用对数频率坐标可以兼顾很宽的频率范围，又不丢失频响曲线变化中的必要细节。波特图将横坐标所标示的频率值取常用对数后标定，即坐标为 $\lg(f)$ 或 $\lg(\omega)$。这样，就将横轴上任意相邻两频率刻度之比由原来线性坐标的倍频程（缩写为 oct）转变为十倍频程（缩写为 dec）了。

波特图对频响的表示是基于对传输函数的分解，对式(7-24)两边取对数得

$$\lg[H(\omega)] = \lg[\,|H(j\omega)|\,e^{j\varphi(j\omega)}\,]$$
$$= \lg|H(j\omega)| + j\varphi(j\omega) \tag{7-30}$$

式中的实部为网络的幅频特性，用对数增益 $\lg|H(j\omega)|$ 表示。原定义为输出与输入功率之比的对数值 $\lg p_o/p_i$，单位为贝尔(bel)。但该单位较大，通常以其十分之一为常用单位，即分贝(dB)。故为其电路变量电压电流之比的 20 倍，即电压或电流增益分贝数为 $G(\omega) = 20\lg|H(j\omega)|$ dB。又由式(7-25)可将网络的幅频特性表示为

$$G(\omega) = 20\lg|H(j\omega)|$$

$$= 20\lg|H_0| + 20\sum_{i=1}^{m}\lg|j\omega - z_i| - 20\sum_{j=1}^{n}\lg|j\omega - p_j| \tag{7-31}$$

即，网络的波特图可在由各零极点求得了每个因子的波特图后，根据式(7-31)通过相加得到。式(7-30)中的虚部为网络的相频特性，反应信号经过网络后所产生的相移，其值用度(°)或弧度(rad)表示。并由此可作出网络的幅频波特图和相频波特图。

7.4.2 一、二阶频响的波特图

波特图中的幅度和相位因子分成四种类型：常数、位于原点的零极点、一阶零极点和共轭复零极点。当网络函数的零极点都处在 s 平面的实轴上时，传递函数分子、分母多项式分解为一阶因子，类型为常数、位于原点的零极点或一阶零极点；具有成对共轭复数零极点的网络函数，构成二次因子，类型为共轭复零极点。

1. 常数 H_0

其值不随频率变化，对应的幅度增益 $G(\omega) = 20\lg|H_0|$ 仍为常数，在波特图中是一条平行于横轴的水平直线。相位取决于 H_0 的符号，当 $H_0 > 0$ 时，相位为 $0°$；当 $H_0 < 0$ 时，相位为 $-180°$。其幅频特性如图 7-28 所示。

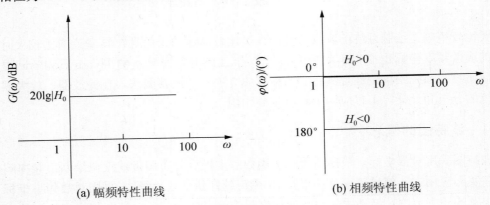

(a) 幅频特性曲线　　　　　　　　　　　(b) 相频特性曲线

图 7-28　常数因子频响曲线

2. 位于原点的零极点 $j\omega$

位于原点的零点对应的幅度增益为 $20\lg\omega$，这是一条斜率为 20dB/10 倍频的直线，与 ω 轴相交于 $\omega = 1$ 处，而相移为 $+90°$。

位于原点的单极点对应的幅度增益为 $-20\lg\omega$。同理，这是一条斜率为 -20dB/10 倍频的直线，与 ω 轴相交于 $\omega = 1$；相位为 $-90°$。其幅频特性如图 7-29 所示。

3. 一阶零极点

作为传递函数中的分子(零点)时，其幅度和相位为

$$G(\omega) = 20\lg|j\omega - z_1| = 20\lg\sqrt{z_1^2 + \omega^2} = 20\lg z_1 + 10\lg\left[1 + \left(\frac{\omega}{z_1}\right)^2\right]$$

$$\varphi(\omega) = \arctan\left(\frac{-\omega}{z_1}\right)$$

令 $G_1(\omega) = 20\lg z_1$，为常数，不随频率变化；$G_2(\omega) = 10\lg\left[1 + \left(\frac{\omega}{z_1}\right)^2\right]$。

当 $\omega \ll z_1$ 时，$G_2(\omega) \approx 10\lg 1 = 0$，称为对数频率特性的低频渐近线方程，与横轴重合，$\theta_2(\omega) \approx 0°$。

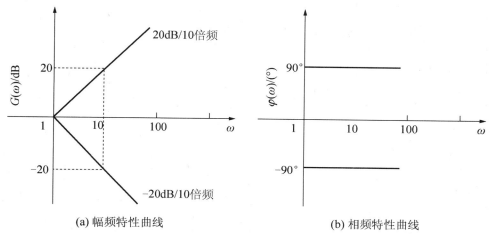

(a) 幅频特性曲线   (b) 相频特性曲线

图 7 - 29 $j\omega$ 因子频响曲线

当 $\omega \gg z_1$ 时，$G_2(\omega) \approx 20\lg\dfrac{\omega}{z_1}$，称为对数频率特性的高频渐近线方程式，它与低频渐近线交于 $\omega = z_1$ 处，因此 z_1 又称为**拐点频率**，$\theta_2(\omega) \approx 90°$。

当 $\omega = z_1$ 时，$G_2(\omega) \approx 20\lg\sqrt{2}$，$\theta_2(\omega) \approx 45°$。

根据上述分析，$G_2(\omega)$ 可以由 $G_2(\omega) = 0$ 和 $G_2(\omega) = 20\lg\dfrac{\omega}{z_1}$ 来近似其低频和高频部分曲线，如图 7 - 30(a)实线所示，图中虚线表示实际曲线。当 $\omega \to 0$ 或 $\omega \to \infty$ 时，实际曲线与近似曲线逐渐重合，在拐点频率处误差最大为 3dB。相频曲线可用如图 7 - 30(b)所示直线近似。

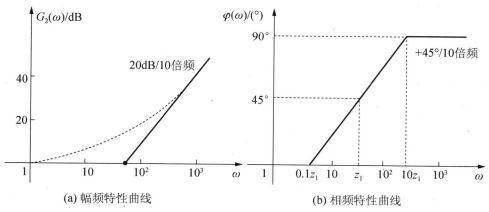

(a) 幅频特性曲线   (b) 相频特性曲线

图 7 - 30   一阶零点因子频响曲线

作为传递函数中的分母（极点）时，其幅度和相位为

$$G(\omega) = 20\lg\left|\frac{1}{j\omega - p_1}\right| = 20\lg\frac{1}{\sqrt{p_1^2 + \omega^2}} = 20\lg p_1 - 10\lg\left[1 + \left(\frac{\omega}{p_1}\right)^2\right]$$

$$\varphi(\omega) = -\arctan\left(\frac{-\omega}{z_1}\right)$$

根据与零点因子类似的分析，可得到极点因子幅度和相位特性曲线如图 7 - 31 所示。

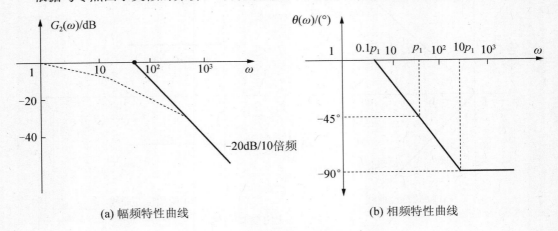

(a) 幅频特性曲线　　　　　　　　(b) 相频特性曲线

图 7 - 31　一阶极点因子频响曲线

综上所述，一阶零极点因子的幅度特性直线近似中，$\omega \ll z_1(p_1)$ 时，其贡献可以忽略；当 $\omega \gg z_1(p_1)$ 时，可以提供每十倍频程 20dB 增益（零点）或 -20 dB 衰减（极点），对于相频特性来说，每个零点或极点可提供 $+90°$ 或 $-90°$ 的相位变化。

4. 共轭复零极点

设二次因式如下，其中 σ_2 是 z_2 的实部

$$H(\mathrm{j}\omega) = (\mathrm{j}\omega - z_2)(\mathrm{j}\omega - z_2^*) = |z_2|^2 - \omega^2 - \mathrm{j}2\omega\sigma_2$$

二次因式的幅频特性的对数增益为

$$G(\omega) = 20\lg|z_2| + 20\lg\sqrt{\left(1 - \frac{\omega^2}{|z_2|^2}\right)^2 + \left(-2\frac{\omega\sigma_2}{|z_2|^2}\right)^2}$$

$$\varphi(\omega) = \arctan\left[\frac{\dfrac{-2\omega\sigma_2}{|z_2|^2}}{1 - \dfrac{\omega^2}{|z_2|^2}}\right]$$

令 $G_1(\omega) = 20\lg|z_2|$，为常数，不随频率变化；$G_2(\omega) = 20\lg\sqrt{\left(1 - \dfrac{\omega^2}{|z_2|^2}\right)^2 + \left(-2\dfrac{\omega\sigma_2}{|z_2|^2}\right)^2}$。

若 $\omega \ll |z_2|$，$G_2(\omega) \approx 10\lg 1 = 0$，称为对数频率特性的低频渐近线方程，与横坐标轴重合，$\theta_2(\omega) \approx 0°$。

若 $\omega \gg |z_2|$，$G_2(\omega) \approx 40\lg\dfrac{\omega}{|z_2|}$，称为对数频率特性的高频渐近线方程，斜率为 40dB/10 倍频，与低频渐近线交于 $\omega = |z_2|$ 处，因此又称 $\omega = |z_2|$ 为**拐点频率**，$\theta_2(\omega) \approx 180°$。

若 $\omega = |z_2|$，$G_2(\omega) = 20\lg\dfrac{-2\sigma_2}{|z_2|}$，$\theta_2(\omega) \approx 90°$。

综上所述，可得到共轭复零点因子幅度和相位特性曲线如图 7 - 32 所示，图中虚线表示实际曲线。

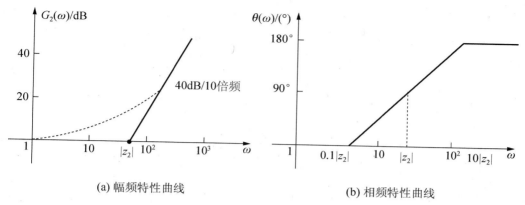

(a) 幅频特性曲线　　　　　　　　　　　(b) 相频特性曲线

图 7 - 32　二阶零点因子频响曲线

根据与零点因子类似的分析，可得到二阶极点因子幅度和相位特性曲线如图 7 - 33 所示。

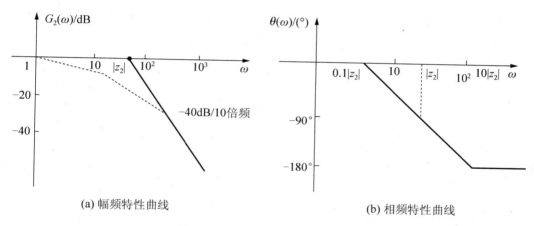

(a) 幅频特性曲线　　　　　　　　　　　(b) 相频特性曲线

图 7 - 33　二阶极点因子频响曲线

由于靠近虚轴的零极点会使曲线产生谐振峰或谐振谷，实际曲线会偏离近似直线较多。因此直线近似法只能在一定条件下成立，或作为精确分析前的粗略估计。

[例 7 - 17] 绘出网络 $H(s) = \dfrac{25s}{s^2 + 4s + 16}$ 的近似幅频和相频特性波特图。

解： 网络函数 $H(s) = \dfrac{25s}{S^2 + 4s + 16}$，有一对共轭复极点，$p_{1,2} = -2 \pm \mathrm{j}2\sqrt{3}$，其模 $|p_1| = 4$。

$$H(s) = \frac{25s}{s^2 + 4s + 16} = \frac{s}{0.04s^2 + 0.16s + 0.64}$$

对复数共轭极点因子，对应的幅频特性对数增益曲线是一条从 $\omega = |p_1| = 4$ 开始，斜率为 $-40\text{dB}/10$ 倍频的渐近线。对位于原点的零点因子，对应的幅频特性对数增益曲线是一条通过 $\omega = 1$，斜率为 $20\text{dB}/10$ 倍频的渐近线，各因子幅频特性对数增益曲线如图 7 - 34(a)中虚线所示，两条渐近线相加，得到网络函数近似幅频特性波特图如图 7 - 34(a)

中实线所示。

对复数共轭极点因子，相频特性对数增益曲线是对应的渐近线 $\omega = |p_1| = 4$，大小为 $-180°$ 的阶跃函数。对位于原点的零点因子，对应的相频特性对数增益曲线是 $\theta(\omega) = 90°$，各因子相频特性对数增益曲线如图 7-34(b) 中虚线所示。将两条渐近线相加得到网络函数近似相频特性波特图如图 7-34(b) 中实线所示。

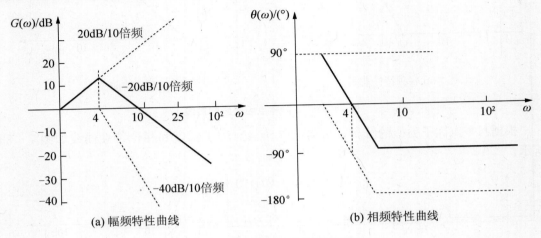

(a) 幅频特性曲线　　　　　　　　(b) 相频特性曲线

图 7-34　例 7-17 频响曲线

7.5　EWB 频率分析

本节通过实例介绍用 EWB 分析电路的频率特性的基本方法——采用 AC 频率特性分析。当电路输入信号源为单位幅度，相位为零时，输出端的节点电压相量随频率变化的规律就是该电路网络函数的频率特性。

[例 7-18] 如图 7-35 所示电路，设 $R=10\Omega$，$L=1\text{mH}$，$C=1\mu\text{F}$，用 EWB 的参数扫描分析功能，观察电阻电压频率响应特性。在分析结果中求 f_{c1}、f_{c2} 和 BW。

解： 如图 7-35(a) 所示在 EWB 工作区建立仿真电路。

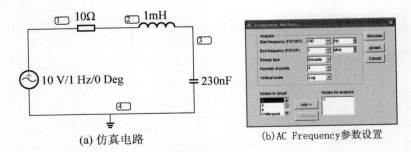

(a) 仿真电路　　　　　　(b) AC Frequency 参数设置

图 7-35　例 7-18 图

单击 "Circuit" 菜单中的 "Schematic Options"，选定 "Show nodes"（显示节点），显示电路的节点。单击 "Analysis"（分析）菜单中的 "AC Frequency"（交流频率分析）项

打开相应的对话框，根据提示设置参数。设定 AC 频率扫描参数为频率 100 Hz～1 MHz，10 倍频程方式，分贝刻度，如图 7－35(b)所示。单击"simulate"启动分析，仿真结果如图 7－36 所示。

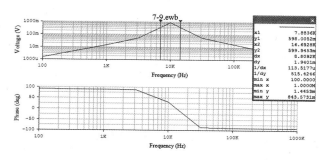

图 7－36 AC Frequency 结果

打开测量光标，测量幅度曲线，可得 $f_{c1} = 7.8836\text{kHz}, f_{c2} = 16.6928\text{kHz}, BW = 8.8092\text{kHz}$。

[例 7－19] 如图 7－37(a)所示电路，用 EWB 的波特图仪观察电阻电压频率响应特性。

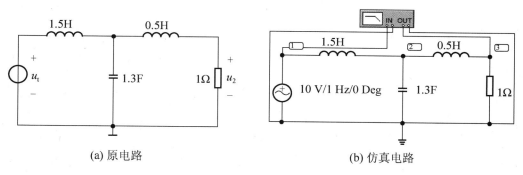

(a) 原电路　　　　　　　　　　(b) 仿真电路

图 7－37 例 7－19 图

解：图 7－37(a)所示电路的网络函数为

$$H_1(s) = \frac{U_2(s)}{U_1(s)} = \frac{1}{s^3 + 2s^2 + 2s + 1}$$

根据网络函数可绘制出其对应的波特图观察其频率特性。在 EWB 中的波特图仪类似于实验室的扫频仪，可以用来测量和显示电路的幅度频率特性和相位频率特性。波特图仪有 IN 和 OUT 两对端口，分别接电路的输入端和输出端。每对端口从左到右分别为＋V 端和－V 端，其中 IN 端口的＋V 端和－V 端分别接电路输入端的正端和负端，OUT 端口的＋V 端和－V 端分别接电路输出端的正端和负端。如图 7－37(b)所示建立仿真电路，双击波特图仪，单击 Magnitude(Phase)—幅频(相频)特性选择按钮，可得到如图 7－38所示的幅频和相频特性曲线。

(a)幅频特性曲线

(b)相频特性曲线

图 7 - 38　例 7 - 19 频率响应

本 章 小 结

　　本章着重讨论电路的复频域分析法、网络函数及频率响应。动态电路响应可以用微分方程法(经典法)求解,但是,对于二阶或二阶以上的电路,建立和求解微分方程比较困难,因此,通过拉普拉斯(Laplace)变换引入复频率域(s 域)分析法求解高阶复杂动态电路的响应。在复频域内,利用网络函数的定义求得激励的象函数(拉普拉斯变换),再利用拉普拉斯反变换求时域内激励的响应。在网络函数 $H(s)$ 中,令复频率 $s = j\omega$,分析 $H(j\omega)$ 随 ω 变化的特性,根据网络函数零极点的分布可以确定正弦输入时的频率响应。系统特性可以由频率特性曲线描述,但要比较精确地绘制频率特性曲线非常麻烦,工程中可以通过波特图描述系统特性。

习　　题

　　7 - 1　求下列函数的拉普拉斯变换。

(1) $f(t) = 2\varepsilon(t - 2)$

(2) $f(t) = 3\delta(t) - 2\varepsilon(t)$

(3) $f(t) = -4e^{-2t}[\varepsilon(t) - \varepsilon(t - 2)]$

(4) $f(t) = \varepsilon(t)\varepsilon(t - 2)$

　　7 - 2　利用微分性质求下列函数的拉普拉斯变换。

(1) $f(t) = \cos\omega t$

(2) $f(t) = \delta(t)$

7-3　利用积分性质求下列函数的拉普拉斯变换。

(1) $f(t) = t\varepsilon(t)$

(2) $f(t) = t^2\varepsilon(t)$

7-4　求下列函数的逆变换。

(1) $F(s) = \dfrac{4s+5}{s^2+5s+6}$

(2) $F(s) = \dfrac{1}{s(s+6)^2}$

(3) $F(s) = \dfrac{s}{s^2+2s+5}$

7-5　如图 7-39 所示电路已稳定，$t = 0$ 时刻开关 S 从 1 转至 2。试用以下两种方法求电容电压 $u_C(t)$。

(1)列出电路微分方程，再用拉普拉斯变换求解。

(2)应用元件的 s 域模型画出运算电路，再求解。

7-6　如图 7-40 所示电路已稳定，已知 $R_1 = 1\Omega, R_2 = 0.75\Omega, C = 1\text{F}, L = \dfrac{1}{12}\text{H}$，$U_s = 21\text{V}$。$t = 0$ 时刻开关打开，画出运算电路，并求电流 $i(t)$。

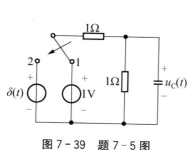

图 7-39　题 7-5 图

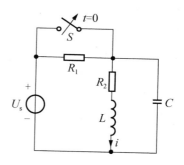

图 7-40　题 7-6 图

7-7　如图 7-41 所示电路已稳定，已知：$u_C(0_-) = 100\text{V}$，$t = 0$ 时开关闭合，求 i_L、u_L。

7-8　如图 7-42 所示电路已稳定，$t = 0$ 时开关打开，求电感电流和电压。

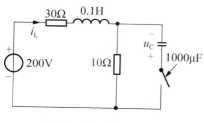

图 7-41　题 7-7 图

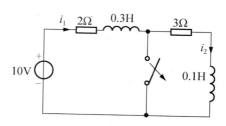

图 7-42　题 7-8 图

7-9　如图 7-43 所示电路的冲激响应。

7-10　如图 7-44 所示电路，激励源 $u_s(t) = \displaystyle\sum_{n=0}^{\infty} \delta(t-n)$，其中 $n = \pm 1, \pm 2, \pm 3, \cdots$，

用运算法求零状态响应 $u_C(t)$，并求极点。

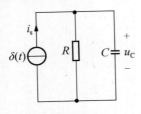

图 7-43 题 7-9 图

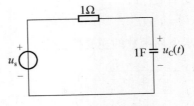

图 7-44 题 7-10 图

7-11 如图 7-45 所示电路，已知 $R_1 = 30\Omega, R_2 = R_3 = 5\Omega, L = 0.1H, C = 1000\mu F$，$u = 140V$，开关断开前电路处于稳态。求开关断开后开关两端间的电压 $u_s(t)$。

7-12 如图 7-46 所示电路，在开关闭合前处于稳态，$t = 0$ 时开关闭合，求开关闭合后 $u_C(t)$ 和 $i_L(t)$ 的变化规律。

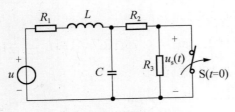

图 7-45 题 7-11 图

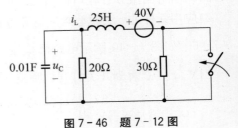

图 7-46 题 7-12 图

7-13 绘出下列函数的零极点分布图。

(1) $H_1(s) = \dfrac{2s^2 - 12s + 16}{s^3 + 4s^2 + 6s + 3}$

(2) $H_2(s) = \dfrac{s+1}{s^2 + 3s + 2}$

(3) $H_3(s) = \dfrac{s-1}{s(s+2)^2}$

7-14 电路如图 7-47 所示，求网络函数 $H(s) = \dfrac{U_o(s)}{U_i(s)}$。

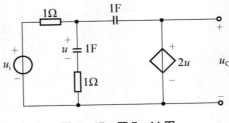

图 7-47 题 7-14 图

7-15 如图 7-48 所示电路，求网络函数 $H(s) = \dfrac{I(s)}{E(s)}$，画出零、极点分布图，并求当 $e(t) = \varepsilon(t)$ 时的响应 $i(t)$。

7-16 如图 7-49 所示电路，i_s 为激励，u_C 为响应，试求：

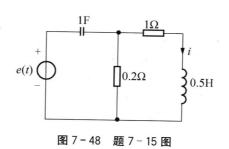

图 7-48　题 7-15 图

（1）网络函数。

（2）单位阶跃响应。

（3）$i_s = e^{-3t}\varepsilon(t)$ 时的零状态响应。

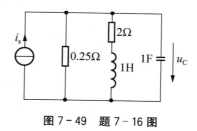

图 7-49　题 7-16 图

7-17　如图 7-50 所示电路，已知 $R_1 = R_2 = 2k\Omega, C_1 = 200\mu F, \mu = 20, C_2 = 500\mu F$。

求：（1）网络函数 $H(s) = \dfrac{U_o(s)}{U_i(s)}$。

（2）网络函数零极点及其在 s 平面上的分布。

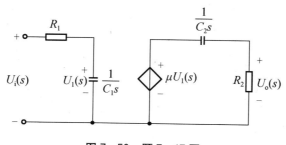

图 7-50　题 7-17 图

7-18　已知网络的单位阶跃响应为 $y(t) = (2-3e^{-t}+e^{-3t})\varepsilon(t)$，试求该系统的网络函数、零、极点，并画出幅频特性曲线。

7-19　已知某网络函数的零点 $z = 2$，极点 $p = -2$，且 $H(0) = -1$。试求：

（1）网络函数 $H(s)$。

（2）单位冲激响应。

（3）单位阶跃响应。

（4）$H(s)$ 的幅频特性曲线。

7-20　设网络的初始状态一定，并有（1）当激励 $e_1(t) = \delta(t)$ 时，全响应为 $r_1(t) = 3e^{-2t}\varepsilon(t)$，（2）当激励 $e_2(t) = \varepsilon(t)$ 时，全响应为 $r_2(t) = 2e^{-t}\varepsilon(t)$，试求该系统的单位冲激响

应 $h(t)$（零状态时），并求描述该网络的微分方程，设输入为 $e(t)$，响应为 $r(t)$。

7-21　已知 3 个线性连续系统的系统函数，判断 3 个系统是否为稳定系统。

(1) $H_1(s) = \dfrac{s+2}{s^4 + 2s^3 + 3s^2 + 5}$

(2) $H_2(s) = \dfrac{2s+2}{s^5 + 3s^4 - 2s^3 - 3s^2 + 2s + 1}$

(3) $H_3(s) = \dfrac{s+1}{s^3 + 2s^2 + 3s + 2}$

7-22　线性连续系统 s 域方框图如图 7-51 所示。图中 $H_1(s) = \dfrac{K}{s(s+1)(s+10)}$，$K$ 取何值时，系统为稳定系统。

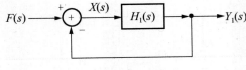

图 7-51　题 7-22 图

7-23　如图 7-52 所示电路，根据网络函数 $H(s) = \dfrac{U_C(s)}{U_s(s)}$ 的极点分布情况，分析 $u_C(t)$ 的变化情况。

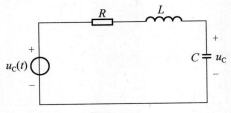

图 7-52　题 7-23 图

7-24　已知网络函数有两个极点分别在 $s = 0$ 和 $s = -1$ 处，一个单零点在 $s = 1$ 处，且有 $\lim\limits_{t \to \infty} h(t) = 10$，求 $H(s)$ 和 $h(t)$。

7-25　画出 $H(s) = \dfrac{25s}{s^2 + 4s + 25}$ 的波特图，并用 EWB 软件观察其幅频特性。

7-26　图 7-53 所示为直线近似增益波特图，找出传递函数，然后为所得传递函数画出相位波特图。

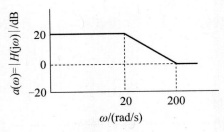

图 7-53　题 7-26 图

7-27 图 7-54 所示为增益波特图，建立传递函数，再利用传递函数画出相位波特图。

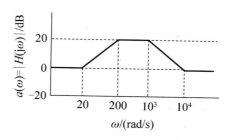

图 7-54 题 7-27 图

EWB 简介

A.1 什么是 EWB

EWB(Electronic Workbench)，是一种电子电路计算机仿真设计软件，被称为电子设计工作平台或虚拟电子实验室，可以进行原理图输入、模拟和数字电路的分析和仿真。EWB 由加拿大 Interactive Image Technologies Ltd. 公司于 1988 年开发，它以 SPICE 程序为软件的核心，增强了其在数字及模拟混合信号方面的仿真功能。该软件新的版本称为 Multisim，属于该公司电子设计自动化软件套装的一部分，EWB 具有以下的特点。

(1) 采用直观的图形界面创建电路，在计算机屏幕上模仿真实验室的工作台，提供虚拟仪器测量和元件参数实时交互方法。

(2) 软件仪器的控制面板外形和操作方式都与实物相似，可方便地调用各种仿真元件模型，创建电路和执行多种电路分析功能，并可以实时显示测量结果。

(3) 作为设计工具，它可以同其他流行的电路分析、设计和制板软件交换数据。

(4) EWB 还是一个优秀的电子技术训练工具，利用它提供的虚拟仪器可以用比实验室中更灵活的方式进行电路实验，仿真电路的实际运行情况，熟悉常用电子仪器测量方法。

因此，EWB 仿真软件非常适合电子类课程的教学和实验。本书引入 EWB 软件分析内容，作为对理论课程的补充，有助于对理论内容的理解，同时也要告诉同学们计算机工具软件对于电路和电子信息技术的重要性，为今后进一步学习诸如 Multisim、Proteus、Protel、Altium Designer、Max+plus 等电子电路常用软件打下基础。

A.2 EWB 的界面

A.2.1 EWB 主窗口

图 A-1 所示为 EWB 标准工作界面，主要由以下几个部分组成：菜单栏、元器件栏、电路工作区、仿真电源开关等。

菜单栏中可以选择电路连接、实验所需的各种命令。

元器件栏中用于存放各种元器件和测试仪器，用户可以根据需要调用其中的元器件和测试仪器。元器件栏中的各种元器件按类别存放在不同的库中，如二极管库、晶体管库、模拟集成电路库等。测试仪器与实际的仪器具有相同的面板和调节旋钮，使用方便。

　　电路工作区是工作界面的中心区域，它就像实验室的工作平台，可以将元器件栏中的各种元器件和测试仪器移到工作区，在工作区中搭接设计电路。连接好电路元件和测试仪器后，单击仿真电源开关，就可以对电路进行仿真测试。打开测试仪器，可以观察测试结果；再次单击仿真电源开关，可以停止对电路的仿真测试。

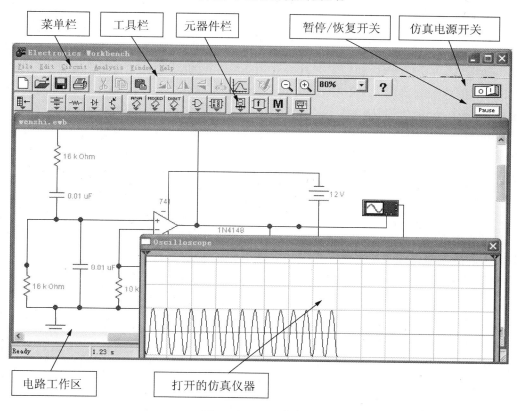

图 A-1　EWB 主窗口

A.2.2　EWB 菜单栏

　　EWB 菜单栏由 File(文件)、Edit(编辑)、Circuit(电路)、Analysis(分析)、Window(窗口)、Help(帮助)组成。各个菜单常用命令简要说明如下。

　　1. File(文件菜单)

　　New(新文件)：新建一个文件。

　　Open(打开文件)：打开已存盘的文件。

　　Save(存盘)：将电路原理图存入磁盘。

　　Save as(另存)：将电路原理图换个名字另存入磁盘。

Print(打印)：单击 Print 命令，可以选择打印内容打印。

Print Setup(打印机设置)：其设置方法与 Windows 的设置方法相同。

Exit(退出)：退出软件。

2．Edit(编辑菜单)

Edit 菜单的下级菜单命令有：Cut（剪切）、Copy（复制）、Paste（粘贴）、Select All（全部选中）、Copy as Bitmap（以位图形式复制到剪切板）和 Show Clipboard（显示剪切板内容）。功能与一般的 Windows 应用程序相同，此处不再详细说明。

3．Circuit(电路菜单)

Circuit 菜单的下级菜单命令有：Rotate（旋转元器件）、Flip Horizontal（水平翻转元器件）、Flip Vertical（垂直翻转元器件）、Component Properties（元器件属性）、CreateSubcircuit（创建子电路）、Zoom In（放大）、Zoom Out（缩小）、Schematic Options（原理图选项）和 Restrictions（限制命令）。

Rotate(旋转)、Flip Horizontal(水平翻转)、Flip Vertical(垂直翻转)命令：单击需要调整位置的元件，然后选择所需的命令即可实现对所选元件的 90°逆时针旋转、水平翻转或垂直翻转。

Component Properties(元器件属性)：单击此菜单项，出现该元件属性对话框，根据仿真需要，修改元件属性。Label(标号)设置用来对电路中的元件标号进行设置；Model(模型)设置用来对元件模型或元件的参数进行设置；Fault(故障)设置用来设置元件的两个引脚之间的故障，用来仿真实际元件和电路中出现的故障；Display(显示)设置用来选择元件的标号、模型是否显示在电路图中；Analysis Setup(分析设置)用来在分析电路的过程中，对元件特殊参数的设置，并不是所有的元件都有分析设置。

CreateSubcircuit(创建子电路)：该命令用于子电路的创建。

Zoom In(放大)和 Zoom Out(缩小)：对电路进行放大或缩小显示。

Schematic Options(原理图选项)：用于对电路的显示方式进行设置，单击此菜单项，弹出对话框。对话框中有三个选项卡：Grid(栅格)、Show/Hide(显示/隐藏)和 Fonts(字型)。在栅格选项卡中可以设置在电路窗口显示或隐藏点状栅格。在显示/隐藏选项卡可以设置显示或不显示某些内容。在字型选项卡中可以设置元件的标号、标称值的字体和字号。

Restrictions(限制命令)：对元件和电路分析提出限制条件，单击此菜单项，弹出对话框。其中 General(一般性限制)包括电路口令和电路只读属性的限制；Components(元件限制)包括隐藏故障、锁定子电路和隐藏元件参数值的选项；Analysis(分析限制)用于对电路进行各种分析方法的限定性选择。

4．Analysis(分析菜单)

分析菜单用于设置电路的分析选项，本书中用到的命令包括以下几种。

Activate(激活电路分析)：相当于接通了电源开关。

Pause(暂停分析)：暂停仿真。

Stop(停止分析)：相当于关闭了电源开关。

Analysis Options(分析选择项)：该命令设置有关分析计算和仪器使用方面的内容。一般电路仿真不需要设置，可选用默认值。当分析中出现不收敛问题时，需重新设置。该选择包括 Globalc(通用设置组)、DC(直流设置组)、Transient(瞬态分析设置组)、Device(器件设置组)和 Instrument(仪器设置组)。

DC Operating Point(直流工作点分析)：分析显示直流工作点结果。

AC Frequency(交流频率分析)：分析正弦稳态电路的频率特性。

Transient(暂态分析)：又称时域分析，分析电路的动态过程。

Parameter Sweep(参数扫描分析)：分析某元件的参数变化对电路的影响。

Pole-Zero(极零点分析)：分析电路的网络函数中极点、零点数目及数值。

Transfer Function(传递函数)：分析电源和输出变量之间的直流小信号传递函数。

Display Graphs(图形显示窗口)：用于显示各种分析结果。对不同的分析，输出可以是图形或者是数据。

5. Window(窗口菜单)和 Help(帮助)

功能与一般的 Windows 应用程序相同，此处不再详细说明。

A.2.3　EWB 工具栏

图 A-2 所示为常用工具栏，它为常用菜单操作命令提供了快捷方式，此菜单的功能与一般的 Windows 应用程序功能相似此处不再说明。

图 A-2　工具栏

A.2.4　EWB 元件库

图 A-3 所示为 EWB 的元件库栏。其中每个库中包含一组元器件或仪器。

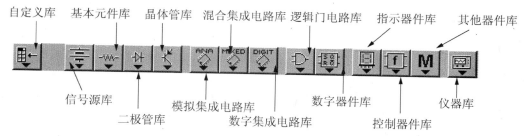

图 A-3　元件库栏

自定义库：用户根据需要而设计的元器件。

信号源库：主要是各种交直流有源元件，如图 A-4 所示。第一排从左至右分别是：接地、电池、直流电流源、交流电压源、交流电流源、电压控制电压源、电压控制电流源、电流控制电压源、电流控制电流源、V_{cc}电压源、V_{dd}电压源、时钟源。第二排从左至右分别是：调幅源、调频源、压控正弦波、压控三角波、压控方波、受控单脉冲、分段线性源、压控分段线性源、频移键控源、多项式源、非线性相关源。

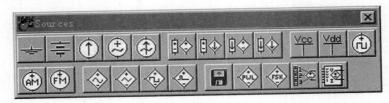

图 A-4　信号源库

基本元件库：主要有电阻、电容、电感、开关、变压器、连接点等，如图 A-5 所示。第一排从左至右分别是：连接点、电阻、电容、电感、线性变压器、继电器、开关、延迟开关、压控开关、电流控制开关、上拉电阻。第二排从左至右分别是：电位器、排电阻、电压控制模拟开关、极性电容、可调电容、可调电感、无心线圈、磁心、非线性变压器。

图 A-5　基本元件库

二极管库：主要有二极管、硅桥、可控硅等，如图 A-6 所示。从左至右分别是：普通二极管、稳压二极管、发光二极管、桥式全波整流器、肖特基二极管、可控硅整流器、双向可控硅、三端双向可控硅。

图 A-6　二极管库

晶体管库：主要有三极管、场效应管等。

模拟集成电路库：主要有各类运算放大器、锁相器等。

混合集成电路库：主要有数模转换、模数转换、555 定时器等。

数字集成电路库：主要有 74 系列和 4000 系列集成电路等。

逻辑门电路库：主要有各种常用的逻辑门等。

数字器件库：主要有组合逻辑器件与时序逻辑器件等。

指示器件库：主要有电流表、电压表、数码显示器、指示灯、蜂鸣器等，如图 A-7 所示。从左至右分别是：电压表、电流表、灯泡、彩色指示器、数码显示器、带译码数码显示器、蜂鸣器、条形光柱、带译码条形光柱。

图 A-7 指示器件库

控制器件库：主要有乘法器、除法器、限幅器等。

仪器库：主要有数字万用表、信号发生器、示波器等。仪器库的所有仪器均只有一个可使用，且当使用了仪器库中的元件后，工具栏上的复制键功能失效。

其他器件库：主要有保险丝、电子管、直流电机等。

A.3 EWB 电路的创建与运行

电路创建与运行包括以下几个步骤：放置元器件，对元件进行赋值，设置元件标号，调整元件在电路工作区的位置和方向，连接电路，放置并连接测试仪器，运行电路开始仿真分析。利用仪器观察窗口或显示图表观察仿真结果。在电路的创建和运行过程中，我们运用到了对元器件、导线和虚拟仪器的操作方法。

1. 元器件的操作

（1）元件选用：打开元件库栏，移动鼠标到需要的元件图形上，按住左键，将元件符号拖拽到工作区。

（2）元件的移动：用鼠标拖曳。

（3）元件的旋转、反转、复制和删除：用鼠标单击元件符号选定，用相应的菜单、工具栏，或单击右键激活弹出菜单，选定需要的动作。

（4）元器件参数设置：选定该元件，从右键弹出的菜单中选 Component Properties，可以设定元器件的标签、编号、数值和模型参数。

2. 导线的操作

（1）导线的连接：先将鼠标指向元器件的端点使其出现一个小圆点，按下鼠标左键并拖拽出一根导线；拖拽导线并使其指向另一个元器件的端点，待出现小圆点时，释放鼠标左键，即连接成功。

（2）删除与改动：选中该导线，单击鼠标右键，在弹出的菜单中选 Delete 或者用鼠标将导线的端点拖拽离开它与元件的连接点。如果要改动连线，可以将拖拽移开的导线连至另一个连接点。

（3）改变导线的颜色：在复杂的电路中，可以将导线设置为不同的颜色，这有助于对电路图的识别。要改变导线的颜色，双击该导线弹出 Wire Properties（导线属性）对话框，从中选择 Schematic Options(电路图选项)，并单击 Set Wire Color(设置导线颜色)标签，然后在打开的对话框中选择合适的颜色。

（4）向电路插入元器件：如果需要在电路的某一地方加入元器件，可以将元器件直接拖拽放置在导线上，然后释放即可。

（5）连接点的使用：连接点是一个小圆点，存放在无源元件库中。一个连接点最多可以连接来自四个方向的导线。可以直接将连接点插入连线中，还可以给连接点赋予标识。

（6）节点及其标识、编号与颜色：在连接电路时，EWB 为每个节点分配了一个编号。是否显示节点号可通过选择 Circuit/Schematic Options 菜单命令，然后在打开的对话框中选择 Show/Hide 卡进行设置。另外，用鼠标左键双击节点，在弹出的对话框中，可设置节点的标签及与节点相连接的导线的颜色。在电路中使用的节点，都是计算机的默认值。

3. 虚拟仪器的操作

单击仪器库，在库中选择所需的仪器，用鼠标拖至工作区，将仪器与测试点相连。单击仿真电源开关，电路开始运行；双击虚拟仪器打开仪器的窗口，观察实验结果；或单击显示图表命令，可以观察到电路的测试数据或测试波形。常用的虚拟仪器有以下几种。

1）电压表和电流表

从指示器件库中，选定电压表或电流表，用鼠标拖曳到电路工作区中，通过旋转操作可以改变其引出线的方向。双击电压表或电流表可以在弹出的对话框中设置工作参数。电压表和电流表可以多次选用。

2）数字多用表

数字多用表的量程可以自动调整。图 A-8 所示是其图标和面板。

负端　　正端

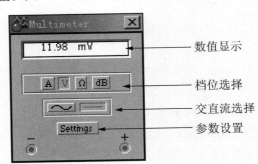

数值显示

档位选择

交直流选择

参数设置

图 A-8　数字多用表图标和面板

数字多用表电压、电流档的内阻，电阻档的电流和分贝档的标准电压值都可以任意设置。从面板上选 Setting 按钮可以设置其参数。

3）示波器

示波器为双踪模拟式，图 A-9 所示是其图标和面板。

图中，Expand 为面板扩展按钮；Time base 为时基控制；Trigger 为触发控制，包括：Edge 上(下)跳沿触发，Level 触发电平以及触发信号选择按钮，Auto(自动触发按钮)、A 和 B(A、B 通道触发按钮)、Ext(外触发按钮)；X(Y)position 是 X(Y)轴偏置；Y/T、B/A、A/B 为显示方式选择按钮(幅度/时间、B 通道/A 通道、A 通道/B 通道)；AC、0、

DC 为 Y 轴输入方式按钮。

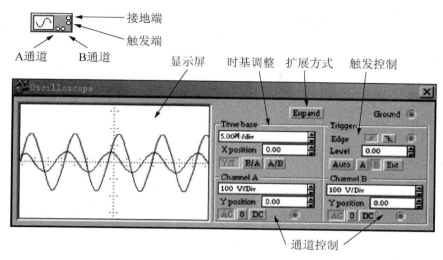

图 A-9　示波器图标和面板

4) 信号发生器

信号发生器可以产生正弦、三角波和方波信号，图 A-10 所示是其图标和面板。

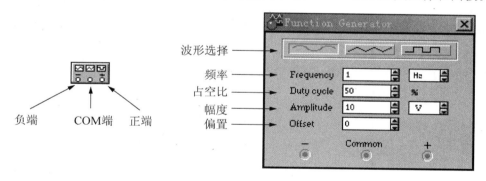

图 A-10　信号发生器图标和面板

5) 波特图仪

波特图仪类似于实验室的扫频仪，可以用来测量和显示电路的幅度频率特性和相位频率特性。波特图仪有 IN 和 OUT 两对端口，分别接电路的输入端和输出端。每对端口从左到右分别为＋V 端和－V 端，其中 IN 端口的＋V 端和－V 端分别接电路输入端的正端和负端，OUT 端口的＋V 端和－V 端分别接电路输出端的正端和负端。此外在使用波特图仪时，必须在电路的输入端接入 AC(交流)信号源，但对其信号频率的设定并无特殊要求，频率测量的范围由波特图仪的参数设置决定。

A.4　EWB 电路的仿真实验

　　本节用一个仿真实验的例子来详细说明 EWB 仿真电路的创建和运行过程。如图 A-11 所示电路，现用 EWB 来分析电路中电流源两端的电压及流过电压源的电流。

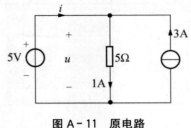

图 A-11　原电路

　　步骤如下。

　　(1) 新建电路文件：选择 File/New 命令或单击工具栏快捷按钮　。

　　(2) 放置电路元器件：从元器件库中选择需要的元器件，按鼠标左键拖到工作区。如图 A-12(a)所示。

　　(3) 按要求连接导线：根据原电路要求将元器件如图 A-12(b)所示连接。

　　(4) 连接虚拟仪器：电路中要用到电压表和电流表，如图 A-12(c)将电压表并联在电流源两端，将电流表与电压源串联。

　　(5) 点击仿真开关按钮　，激活电路，电压表和电流表上显示的数值即为电流源两端的电压和流过电压源的电流。

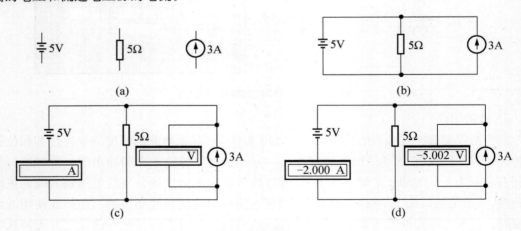

图 A-12　EWB 电路创建与运行

附录 **B**

部分习题参考答案

第1章 电路的概念及约束关系

1-1 −1 A， 0， 1 A

1-3 (1)10 V，(2)−1 A，(3)−1 A，(4)−20W(提供功率)

1-4 (1)符号为"＋"的电压和电流的实际方向或极性与图中所标注的参考方向一致，符号为"－"的电压和电流的实际方向或极性与图中所标注的参考方向相反；

(2)元件1、2产生功率，为电源；元件3、4消耗功率，为负载。

(3)$P_1 = -140W$，$P_2 = -135W$，$P_3 = 150W$，$P_4 = 45W$；$P_总 = 0$。

1-5

表 B-1 题 1-5 图中各元件参数

变量	元件 1	元件 2	元件 3	元件 4	元件 5
U	+100V	100V	+25V	75V	−75V
I	10mA	+5mA	15mA	10mA	5mA
P	1W	0.5W	−0.375W	−0.75W	−0.375

1-6 如图 B-1 所示

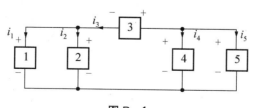

图 B-1

1-7 (a)$i = 0$，(b)$i = -6$ A

1-8 −13 W，10 W，5 W，0

1-9 (1) 参考相仿如图，(2) 在没有给定表达式时不能确定 u_4 的参考方向，(3) 设 u_4 的参考方向如图所示，求出：$u_1 = 15$ V，$u_5 = 11$ V，$u_4 = -6$ V。

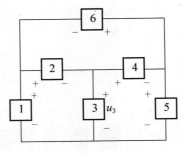

图 B-2

1-10 设定参考方向如图所示，电压结果表在图中，电流的计算从略。

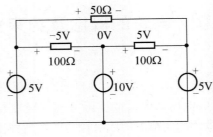

图 B-3

1-11 $U_A = -2/3U_a$，$U_B = -1/3U_a$，$U_C = 1/3U_a$

1-12 $u_{ac} = 5V$，$u_{bd} = -10V$

1-13 (a) $v = 14V$，$i = 8/R_2 - 6/R_1$；(b) $i = 3A$，$v = 15V$

1-14 $-7A$，32V，$-224W$

1-15 $R = 19\Omega$，$G = 0.45S$

1-16 $i = 2A$，40W，$-20W$，$-20W$

1-17 $-1A$，0.5W，1W，1.5W，$-5W$，2W

1-18 (1) 导通时 $u_o = 6.67 \sim 9.23V$，截止时 $u_o = 0$

1-20 (1) $u_1 = 2.5V$，$u_2 = 7.5V$；(2) $u_1 = 2.93V$，$u_2 = 6.16V$

1-21 $u = 0.72V$，$u_{ab} = 20 - 0.72 = 19.28V$

1-22 每 3 只 10kΩ 电阻并联为一组，三组串联分压。上边或下边损坏一只电阻时，输出电压为 4.28V 和 6.43V。

1-23 2V，40V

1-25 0

1-26 $-18V$，12Ω

1-27 (1) 7Ω，(2) 8/2Ω，(3) 2/9Ω，(4) 4/7Ω

1-28 0，0；10V，4V；10V，0；10V，10V；4V，0

1-29 10V 电压源 $-6.25W$，$-5V$ 电压源 3.125W，电阻 3.125W

1-30 $i = 28.94A$

1-31 表头电压量程：$v_o = R_o \times I_o = 0.05V$

1V 量程：$R_1 = 19\text{k}\Omega$；10V 量程：$R_2 = 180\text{k}\Omega$；100V 量程：$R_3 = 1800\text{k}\Omega$；

1-32　$R_1 = 2.104\Omega$，$R_2 = 0.526\Omega$

第 2 章　电路方程及分析方法

2-1　$i_1 = \dfrac{10(R_2 + R_3)}{R_1 R_2 + R_2 R_3 + R_3 R_1}$

2-2　-1A，2A，4A

2-3　设 3 个网孔电流均为顺时针参考方向 $I_{m1} = 0.2\text{A}$，$I_{m2} = -0.1\text{A}$，$I_{m3} = 0.3\text{A}$；$I_1 = -0.3\text{A}$，$I_2 = -0.1\text{A}$，$I_3 = -0.4\text{A}$

2-4　$I_{m1} = 1.76\text{A}$，$I_{m2} = 1.47\text{A}$，$I_{m3} = 2\text{A}$；$I_1 = 0.3\text{A}$，$I_2 = -0.24\text{A}$，$I_3 = 0.53\text{A}$

2-5　$u_x = 8\text{V}$，$i_x = -4\text{mA}$，$P_{S1} = -108\text{mW}$

2-6　$V_1 = 2.89\text{V}$，$V_2 = 0.79\text{V}$

2-7　$I_A = 0.02\text{A}$，$P = 0.08\text{W}$

2-8　3A，-3V

2-9　-4A，0，4A

2-10　3.75V

2-11　$(5+1)V_a - 5V_b = 2 + 5 \times 1$；$(5+2+2)V_b - 5V_a - 2V_c = -1$；$(5+2+1)V_c - 2V_b = 1 + 2 \times 5$

2-12　$V_a = V_s$；$\left(\dfrac{1}{R_1} + \dfrac{1}{R_2} + \dfrac{1}{R_x}\right)V_b - \dfrac{1}{R_1}V_a - \dfrac{1}{R_x}V_c = 0$；$\left(\dfrac{1}{R_2} + \dfrac{1}{R_4} + \dfrac{1}{R_x}\right)V_c - \dfrac{1}{R_2}V_a - \dfrac{1}{R_x}V_b = 0$；

2-14　$V_a = 3.30\text{V}$，$V_b = 6.38\text{V}$

2-15　$V_a = -25\text{V}$

2-16　$V_o = 6.2\text{V}$

2-17　$V_a = 6\text{V}$，$I_b = 2\text{A}$

2-18　$I_1 = 30\text{A}$

第 3 章　电路定理及分析方法

3-1　$I_1 = 1.5\text{A}$，$V_2 = 25\text{V}$，$P_3 = 15\text{W}$

3-2　$V_o = 0.58\text{V}$

3-3　$v_x = 15.6\text{V}$，$i_x = 32.8\text{mA}$；$v_x = 2.176\text{V}$，$i_x = 2.16\text{mA}$

3-4　(1) $k = \dfrac{v_o}{v_s} = \dfrac{10x /\!/ 10}{10(1-x) + 10x /\!/ 10}$，(2) 非线性，(3) 仍是线性电路

3-5　$1/4$，750Ω，0.15mA，0.45V

3-6　$1/3.5\Omega$

3-7　12V 作用：$I_o = 1A$，24V 作用：$I_o = -1A$，3A 作用：$I_o = 1A$，共同作用：$I_o = 2A$

3-8　$\triangle V_o = 6.19V$

3-9　$\triangle I_2 = 0.324A$

3-10　$I_x = -4/8 + 16/5 = 2.4A$

3-11　$v_o = -\dfrac{5}{6}v_{s1} + \dfrac{1}{12}v_{s2} + \dfrac{1}{18}v_{s3}$

3-12　$I_2 = 0.5A$

3-13　7V，5V

3-14　(1) $-5A$，(2) $10/3$ A，(3) 1.45A 或 11.45A

3-15　(1) 2.8V，(2) $-14W$，$-21.6W$，12.32W

3-16　(1) 2A，5Ω，并联；(2) $-10V$，15Ω，串联；(3) 10V，50Ω，串联

3-17　(a) i_s，(b) V_s，(c) 9V，2Ω，(d) 4V，3Ω

3-18　10V，1Ω，串联

3-19　$i_x = -100mA$，$v_x = -3/4$ V

3-20　$\beta = -19$

3-21　$V_s = 10I_s + V_s/2$，$R_o = 35\Omega$

3-23　(a) 602.5Ω，(b) -25Ω

3-24　(a) 1Ω，(b) 1Ω

3-25　1Ω

3-27　(1) 21V，18Ω 串联，正极向 A 端；(2) 5.625W，(3) 4.44W

3-28　$u = 11.25 + 12.5i$ 或 $u = 11.25 - 12.5i$(与选取的 u、i 参考方向有关)

3-29　$u = 50 + 9i$

3-30　$R_o = 5k\Omega$，$V_{oc} = 10V$

3-31　$V = (I + I_s)R_o + V_{oc} = IR_o + (I_sR_o + V_{oc}) = 2I + 10$，$R_o = 2k\Omega$，$V_{oc} = 6V$

3-32　$R_o = -3.75\Omega$，$V_{oc} = -11.25V$

3-34　$U_{oc} = 12V$，$I_{sc} = 40A$，$R_o = V_{oc}/I_{sc} = 0.3\Omega$

3-36　$R_L = R$，$v_o/v_s = 1/3$

3-37　4.67Ω，0.21W

3-38　$v_{oc} = 3V$，$R_o = 3\Omega$，$P_{max} = 3/4$ W

3-39　$R = 1\Omega$

3-41　$R = 420\Omega$

3-43　$V_{oc} = -4/15$ V，$R_o = -8/15\Omega$

3-44　$I = -0.4A$

3-45　(1) $V_s = 1/3$ V

3-46　$R_x = 4.6\Omega$

第4章 动态电路分析

4-5 (1) $u_{oc} = (100i_1 + u_1)\text{V}, R_o = 300\Omega; u_{oc} = 100i_1\text{V}, R_o = 300\Omega$

(2) $\dfrac{\mathrm{d}i}{\mathrm{d}t} + 1.5 \times 10^5 i = 500(100i_1 + u_1), \dfrac{\mathrm{d}u}{\mathrm{d}t} + \dfrac{1}{3} \times 10^4 u = \dfrac{1}{3} \times 10^6 i_1$

4-6 (1) $u_{oc} = 4\text{V}, R_o = (220 - 60\mu)\Omega; u_{oc} = \dfrac{5}{6 - 2\alpha}\text{V}, R_o = \dfrac{250}{3 - \alpha}\Omega$

(2) $\dfrac{\mathrm{d}i}{\mathrm{d}t} + (1.1 - 0.3\mu) \times 10^5 i = -2 \times 10^3, \dfrac{\mathrm{d}u}{\mathrm{d}t} + 4(3 - \alpha) \times 10^3 = 10^4$

4-7 $10e^{-t}\text{V}, -10^{-5}e^{-t}\text{A}$

4-8 $-2e^{-t}\text{V}, -0.5e^{-t}\text{V}$

4-9 $[2 - 2(1 - e^{-3t})\varepsilon(t)]\text{A}, -6e^{-3t}\varepsilon(t)]\text{V}, \left[2 - \left(2 - \dfrac{3}{2}e^{-3t}\right)\varepsilon(t)\right]\text{A}$

4-10 $[6 - 6(1 - e^{-5t})\varepsilon(t)]\text{V}, -3e^{-5t}\varepsilon(t)]\text{A}, [12 - (12 - 3e^{-5t})\varepsilon(t)]\text{V}$

4-11 $20 - 30e^{-t}\text{V}, 10 - 20e^{-t}\text{A}$

4-12 $\left(\dfrac{3}{4}e^{-208.3t} - \dfrac{1}{2}\right)\text{mA}$

4-13 $-39.35\text{V}, 2.02\text{mA}, 4.19\text{mA}, 6.21\text{mA}$

4-14 (1) $\dfrac{3}{4}e^{-0.5t}\text{A}$, (2) $\dfrac{3}{4}e^{-2t/3}\text{A}$

4-15 $\left(4 - \dfrac{7}{3}e^{-t/3}\right)\text{A}, \left(3 - \dfrac{7}{2}e^{-t/3}\right)\text{A}$

4-16 $0.5 + 0.3e^{-t}\text{A}$

4-17 $u_{oc} = 56\text{V}, R_o = 14\Omega, (4 - 4e^{-7t})\text{A}$

4-18 (1) 33V 电压源和 3.3kΩ 电阻, (2) 165V 电压源和 16.5 kΩ 电阻

4-19 (a) $2\dfrac{\mathrm{d}i_L}{\mathrm{d}t} + 2i_L = 0$, (b) $\dfrac{\mathrm{d}u_L}{\mathrm{d}t} + 25u_L = 0$

4-20 (a) $\dfrac{\mathrm{d}u_C}{\mathrm{d}t} + 0.5u_C = 0$, (b) $\dfrac{\mathrm{d}i_C}{\mathrm{d}t} + 2i_C = 0$

4-21 $i_1(0+) = 2\text{A}, i_2(0+) = 3\text{A}, i_3(0+) = 4\text{A}, v_C(0+) = 4\text{V},$

$i_1(\infty) = 10\text{A}, i_2(\infty) = 0\text{A}, i_3(\infty) = 10\text{A}, v_C(\infty) = 10\text{V}$

4-22 $v_{C_1}(0+) = v_{C_2}(0+) = \dfrac{C_1}{C_1 + C_2}V_s, v_{C_1}(\infty) = v_{C_2}(\infty) = V_s$

4-23 $i_{L_1}(0+) = i_{L_2}(0+) = \dfrac{1}{L_1 + L_2}\left(\dfrac{L_1}{R_1}V_{s1} - \dfrac{L_2}{R_2}V_{s2}\right), i_{L_1}(\infty) = i_{L_2}(\infty) = \dfrac{V_{s1} - V_{s2}}{R_1 + R_2}$

4-24 略

4-25 $i_L(0+) = 2\text{A}, i_R(0+) = 4/9\text{A}; i_L(\infty) = 5/3\text{A}, i_R(\infty) = 5/9\text{A}$

4-26 $v_C = 12(1 - e^{-10t})\text{V},$

4-27 $v = -9e^{-5t/2}\text{V}, i = \dfrac{8}{4}e^{-5t/2} + \dfrac{9}{5}\text{A}$

4-28　$v_o = 45 - 90e^{-4000t}$ V

4-29　$i_L(0) = -1A, R = 10\Omega, L = 1H$

4-30　$i_{ab}(0+) = 90$ A, $i_{ab}(\infty) = 120$ A, $\dfrac{2}{5}\ln 3 = 0.44$ S

4-31　$i_x = -e^{-2t}$ A, $i_f = \dfrac{2}{3}e^{-2t} + \dfrac{1}{3}$ A, $i_t = -\dfrac{1}{3}e^{-2t}$ A, $i_s = \dfrac{1}{3}$ A, $i(t) = -\dfrac{1}{3}e^{-2t} + \dfrac{1}{3}$ A

4-32　$\dfrac{50}{3}(e^{-2t} - e^{-0.5t})$ V, $10 - \dfrac{20}{3}(e^{-2t} - e^{-0.5t})$ A

4-33　$-0.1455e^{-0.1127t} + 1.1455e^{-0.8873t}$

4-34　(1) 7Ω, (2) 8Ω

4-35　(1) -100, -400；(2) 过阻尼；(3) $1.25k\Omega$

4-36　$-60e^{-10t} + 60e^{-20t}$

4-37　$0.202(-e^{-0.02t} + e^{-4.98t})$ A

4-38　$102.4e^{-160t} - 22.4e^{-640t} - 40$ V, $0.032e^{-160t} - 0.028e^{-640t}$ A

4-39　$0.03 - 0.04e^{-400t} + 0.01e^{-1600t}$ A, $20(e^{-400t} - e^{-1600t})$ V

4-40　$0.03 - 0.032e^{-400t} + 0.002e^{-1600t}$ A, $16e^{-400t} - 4e^{-1600t}$ V

4-41　$9 - 8e^{-40t} + 2e^{-160t}$ mA, $20(e^{-40t} - 4e^{-160t})$ V

第5章　正弦稳态电路分析

5-1　(1)$6.236 - j7.080$，(2)$208.8\angle 67.59°$，(3)$13.07\angle 127.6°$，(4)$4.370\angle -101.3°$

5-2　$v = 4\sin\omega t$ V, $i = 5\sin(\omega t + 75°)$ mA

5-3　$\dot{V}_1 = 220$ V, $\dot{V}_2 = 220\angle -120°$ V, $\dot{V}_3 = 220\angle 120°$ V

5-4　(1) $u_1(t) = 10\sqrt{2}\cos(10t - 30°)$ V, (2) $u_2(t) = 60\cos(10t - 130°)$ V,
(3) $i_1(t) = 5\sqrt{2}\cos(10t + 90°)$ A, (4) $i_2(t) = 2\cos 10t$ A

5-5　(1) $i(t) = \sin(\omega t - 90°)$ mA, (2) $i_1(t) + i_2(t) = 10\sin(314t - 60°)$ A,
(3) $u(t) = 4\sqrt{2}\sin(\omega t + 45°)$ V

5-6　$12.26\cos(\omega t + 65.94°)$, $100\cos(\omega t)$

5-7　$3\cos(1000t + 30°)$ mA, $0.6\cos(1000t - 60°)$ A, $12\cos(1000t + 120°)$ mA,

5-8　(1)20Ω, $0.05S$; (2)$5\angle 10°\Omega$, $0.2\angle -10°S$; (3)$j20\Omega$, $-j0.05S$;
(4)$100\angle 30°\Omega$, $0.01\angle -30°S$; (5)$10\angle -152.62°\Omega$, (6)

5-9　(1)$160\angle 8.1°$V, $120\angle 98.1°$V, $0.8\angle 8.1°$A

5-10　$2.236\cos(t - 26.560°)$A, $15.68\cos(t + 63.44°)$ A, $2.236\cos(t - 116.5°)$A, $1H$

5-11　$3.162\cos(2t + 63.43°)$V,

5-12　$Z = 150 + j75\Omega$

5-13　$Z = 6 + j42\Omega$

5-14　$C = 2\mu F$, $Z = 50\Omega$

5-15 $\quad \omega = \sqrt{\dfrac{1}{LC} - \left(\dfrac{R}{L}\right)^2}$

5-16 $\quad$ (1) $C=1nF$，(2)，(3) $I_L/I_s=I_C/I_s=1$，10，100

5-17 $\quad$ 6.326$\angle$71.57°A，

5-18 $\quad \triangle=2-j7$，$\triangle_1=3-j9$，$\triangle 2=j9$；1.3cos$(5t+2.49°)$ A，1.24cos$(5t-15.95°)$A

5-19 $\quad$ 6.313$\angle-18.44°$A

5-20 $\quad V_2=5V$

5-21 $\quad L=19.1mH$

5-22 $\quad$ 10A，14.14V

5-23 $\quad$ 10A，141.4V

5-25 $\quad \dot{V}_x = 5\sqrt{2}\angle-135°$ V

5-27 $\quad \dot{V}_{xm} = 8(4+j3)/25$，$v_x = 1.6\sin(\omega t+36.9°)$ V

5-29 $\quad v(t) = 12\sin(10^6 t-53.1°)$ V，$i(t) = 0.024\sin(10^6 t-53.1°)$ A

5-30 $\quad Z_o=4-j2/3\Omega$，$\dot{V}_{oc}=110\angle-90°$ V，

5-31 $\quad \dot{I}_o = (4+j8)/(8+j3) = 1\angle48.8°$ A

5-32 $\quad$ (1) 80μF，(2) 80μH

5-33 $\quad$ (1) 25 J，(2) 25.25 J，(3) 31.41 J，

5-34 $\quad$ (1) 6.15 W，4.61 W，(2) 10.76 W

5-35 $\quad$ (1) 14.44 W，14.44 W，(2) 28.86 W

5-36 $\quad$ 225W，257VA，0.875(容性)

5-37 $\quad$ 49.31°

5-38 $\quad$ 20+j10Ω，2.5W

5-39 $\quad$ 512.8$\angle$26.56°

5-40 $\quad$ 1890W，367var，1925.3VA

5-41 $\quad$ 5338μF

5-42 $\quad$ $(-500-j2500)$VA，$(-7000-j2500)$VA，$(-7500+j5000)$VA，

5-43 $\quad$ 0.5$-$j0.5Ω，50W

5-44 $\quad$ 4+j4Ω，25W

5-45 $\quad r_1=4.24\Omega$，$X_L=9.05\Omega$

5-46 $\quad$ (1) 2.14kA，(2) 15790μF

5-47 $\quad P=16500$ W，$Q=6375$ var，$S=17688.7$ VA；$I=80.4$ A，$\lambda=0.933$，$C=419\mu$F

第6章 互感电路及三相电路

6-1 (a) 1 和 3 是同名端；(b) 1 和 4、1 和 6、3 和 6 是同名端

6-2 (a) $\dot{U}_1 = -j\omega L_1\dot{I}_1 + j\omega M\dot{I}_2$, $\dot{U}_2 = j\omega L_2\dot{I}_2 - j\omega M\dot{I}_1$, (b) $\dot{U}_1 = -(R_1 + j\omega L_1)\dot{I}_1 - j\omega M\dot{I}_2$, $\dot{U}_2 = -(R_2 + j\omega L_2)\dot{I}_2 - j\omega M\dot{I}_1$

6-3 (a) $j\omega\dfrac{2}{3}$；(b) $j\omega$；(c) $j\left(2\omega - \dfrac{1}{\omega}\right)$；(d) $1 + j\omega\dfrac{2}{3}$；(e) $\dfrac{16\omega^2}{1+9\omega^2} + j\left(6\omega - \dfrac{1}{\omega} - \dfrac{48\omega^2}{1+9\omega^2}\right)$ 或者 $-j\dfrac{1}{2\omega} + j6\omega + \dfrac{16\omega^2}{1+j3\omega}$

6-4 $j0.67$

6-5 $\dot{U}_{OC} = 30\angle 0°V$, $Z_{eq} = 3 + j7.5 = 8.08\angle 68.2°\Omega$

6-6 $f_0 = 6.61Hz$

6-7 (a) $Z_{ab} = 19 + j32 = 37.22\angle 59.3°\Omega$, (b) $Z_{eq} = 15 - j48 = 50.29\angle -72.65°\Omega$

6-8 $\dot{I} = 2\sqrt{2}\angle -45°A$, $\dot{U}_C = 1000\angle 180°V$

6-9 (1) $\dot{I} = 2.23\angle -51.34°A$, $\dot{I}_1 = 1.18\angle -19.33°A$；(2) $C = 0.0697F$

6-10 $i_1(t) = \sqrt{2}\cos(10^3 t - 15°)A$, $i_2(t) = 0$

6-11 $\dot{U} = 6.67\angle 30°V$, $\dot{I} = 0.94\angle -15°A$

6-12 $\dot{U}_1 = 8.5\angle -176.63°V$

6-13 (1) $Z_{11} = 700 + j3700 = 3766\angle 79.3°\Omega$, $Z_{22} = 500 + j900 = 1030\angle 60.95°\Omega$

(2) $Z_l = 1398\angle -60.95°\Omega$

(3) $\dot{U}_{OC} = 30\angle 0°V$, $Z_{eq} = 1397.73\angle -65.88°\Omega$

6-14 $i_2(t) = 2.21\cos(\omega t - 128.66°)A$, $P = 24.39W$

6-15 $i_1(t) = 1.27\cos(10^3 t + 26.57°)A$, $i_2(t) = 12.65\cos(10^3 t + 26.57°)A$

6-16 $n = 5$

6-17 $\dot{I}_2 = 11.57\angle -149.29°A$

6-18 当 $Z_L = Z_{eq} = -j5\Omega$ 时，有 $P_{Lmax} = \dfrac{U_{OC}^2}{4R_{eq}} = 25W$

6-19 (1) 6.1A (2) 3348.9W (3) 设 $\dot{U}_A = 220\angle 0°V$，则有 $\dot{I}_A = 13.26\angle -33.7°A$，$P = 6652.8W$ (4) A 相电流为 0，B、C 两相串联接在 B、C 相电源端线之间，电流为 5.26A，$P = 1662W$

6-20 36.6A

6-21 $\dot{U}_{AB} = \sqrt{3}\dot{U}_{AN}\angle 30° = 332.9\angle -7.6°V$, $\lambda' = \dfrac{P}{\sqrt{3}U_{AB}I_L} = 0.992$

6－22　$Z = 12.72\angle 36.9°\Omega$，$R = 10.18\Omega$，$X_L = 7.63\Omega$

6－23　(1) 386.25V　(2) 1070.4W，802.8Var，1338VA

6－24　$\dot{I}_A = 22\angle -36.9°$A，$\dot{U}_{B'C'} = 304.84\angle 30°$V，$\dot{I}_{C'A'} = 12.7\angle 113.1°$A

6－25　(1) $P_1 = 0$W，$P_2 = 3939.2$W　(2) $P_1 = P_2 = 1312.7$W

6－26　$\dot{I}_A = 22\angle -53°$A，$\dot{I}_B = 27.5\angle -30°$A，$\dot{I}_C = 22\angle 30°$A，$\dot{I}_N = 59.6\angle -19.95°$A

6－27　设 $\dot{U}_{AN} = U_{AN}\angle 0°$，$\dot{I}_A = 10\angle -60°$A，$\dot{I}_B = 14.14\angle -135°$A，$\dot{I}_C = 19.32\angle 75°$A

6－28　$P_1 = 4918.98$W，$P_2 = 2581.46$W

6－29　(1) $P_1 = 799.35$W，$P_2 = 1007.8$W　(2) $P = 1807.15$W，$Q = 361.1$Var

第7章　网络函数及 s 域分析

7－1　(1) $F(s) = \dfrac{2}{s}e^{-2s}$

(2) $F(s) = 3 - \dfrac{2}{s}$

(3) $F(s) = \dfrac{4}{s+2}(e^{-2s-4} - 1)$

(4) $F(s) = \dfrac{e^{-2s}}{s}$

7－2　(1) $F(s) = \dfrac{s}{s^2 + \omega^2}$

(2) $F(s) = 1$

7－3　(1) $F(s) = \dfrac{1}{s^2}$

(2) $F(s) = \dfrac{2}{s^3}$

7－4　(1) $f(t) = -3e^{-2t}\varepsilon(t) + 7e^{-3t}\varepsilon(t)$

(2) $f(t) = -\dfrac{1}{36}[1 - (1 + 6t)e^{-6t}]\varepsilon(t)$

(3) $f(t) = 2 \times 0.559e^{-t}\cos(2t + 26.6°)\varepsilon(t)$

7－5　$u_c(t) = 1.5e^{-2t}\varepsilon(t)$

7－6　$i(t) = (12 + 28e^{-3t} - 12e^{-7t})\varepsilon(t)$

7－7　$i_L(t) = (5 + 1500te^{-200t})\varepsilon(t)$

$u_L(t) = (150e^{-200t} - 30000te^{-200t})\varepsilon(t)$

7－8　$i_1 = (2 + 1.75e^{-12.5t})\varepsilon(t) = i_2$

$u_{L1}(t) = -0.375\delta(t) - 6.56e^{-12.5t}\varepsilon(t)$

$u_{L2}(t) = +0.375\delta(t) - 2.19e^{-12.5t}\varepsilon(t)$

7 - 9 $i_C(t) = \delta(t) - \dfrac{1}{RC}e^{-t/RC}\varepsilon(t)$

$u_C(t) = \dfrac{1}{C}e^{-t/RC}\varepsilon(t)$

7 - 10 $u_C(t) = e^{-t}\varepsilon(t) + e^{-(t-1)}\varepsilon(t-1) + e^{-(t-2)}\varepsilon(t-2) + \cdots$

极点 $p = -1, j2n\pi$，其中 $n = \pm 1$、± 2、$\pm 3\cdots$

7 - 11 $u_s(t) = [17.5 - (7.5 + 500t)e^{-200t}]\varepsilon(t)$

7 - 12 $u_C(t) = (40 - 32e^{-t} + 8e^{-4t})\varepsilon(t)$

$i_L(t) = (2 - 1.28e^{-t} + 0.08e^{-4t})\varepsilon(t)$

7 - 14 $H(s) = \dfrac{2}{s^2 + s + 1}$

7 - 15 $H(s) = \dfrac{2s}{(s+3)(s+4)}$

$i(t) = 2(e^{-3t} - e^{-4t})\varepsilon(t)$

7 - 16 $H(s) = \dfrac{s+2}{s^2 + 6s + 9}$

$y(t) = \left(\dfrac{2}{9} + \dfrac{1}{3}te^{-3t} - \dfrac{2}{9}e^{-3t}\right)\varepsilon(t)$

$y(t) = \left(-\dfrac{1}{2}t^2 e^{-3t} + te^{-3t}\right)\varepsilon(t)$

7 - 17 $H(s) = \dfrac{100s}{2s^2 + 7s + 5}$

零点 $z = 0$，极点 $p = -1$、-2.5

7 - 18 $H(s) = \dfrac{6}{s^2 + 4s + 3}$

无零点，极点为 $p = -1$、-3

7 - 19 $H(s) = \dfrac{s-2}{s+2}$

$h(t) = \delta(t) - 4e^{-3t}\varepsilon(t)$

$s(t) = (-1 - 2e^{-2t})\varepsilon(t)$

7 - 20 $h(t) = (2e^{-2t} - e^{-t})\varepsilon(t)$

$\dfrac{d^2 r(t)}{dt^2} + 3\dfrac{dr(t)}{dt} + 2r(t) = \dfrac{de(t)}{dt}$

7 - 21   (1) 不稳定系统，(2) 不稳定系统，(3) 稳定系统

7 - 22 $K < 0$ 时系统为稳定系统

7 - 23   当 $R > 2\sqrt{\dfrac{L}{C}}$ 时，$p_{1,2} = -\dfrac{R}{2L} \pm \sqrt{\left(\dfrac{R}{2L}\right)^2 - \dfrac{1}{LC}}$，$u_C(t)$ 衰减指数函数；当 $R <$

$2\sqrt{\dfrac{L}{C}}$ 时，$p'_{1,2} = -\dfrac{R}{2L} \pm j\sqrt{\dfrac{1}{LC} - \left(\dfrac{R}{2L}\right)^2} = -\delta \pm j\omega_d$，$u_C(t)$ 衰减振荡函数；当 $R = 0$ 时，

$p''_{1,2} = \pm j\sqrt{\dfrac{1}{LC}} = \pm j\omega_0$，$u_C(t)$ 正弦函数。

7 - 24 $H(s) = \dfrac{-10(s-1)}{s(s+1)}$

$h(t) = 10 - 20e^{-t}$

参 考 文 献

[1] 李瀚荪. 电路分析基础 [M]. 4 版. 北京：高等教育出版社，2006.

[2] 李瀚荪. 电路分析基础(上、中、下册) [M]. 3 版. 北京：高等教育出版社，1992.

[3] 闻跃，等. 基础电路分析 [M]. 2 版. 北京：清华大学出版社，北京交通大学出版社，2003.

[4] 杜普选，等. 现代电路分析 [M]. 2 版. 北京：清华大学出版社，北京交通大学出版社，2004.

[5] 邱关源. 电路 [M]. 5 版. 北京：高等教育出版社，2006.

[6] 邱关源. 现代电路理论 [M]. 北京：高等教育出版社，2001.

[7] 贺洪江. 电路基础 [M]. 北京：高等教育出版社，2004.

[8] 周守昌. 电路原理(上、下册) [M]. 2 版. 北京：高等教育出版社，2004.

[9] 金波. 电路分析基础 [M]. 西安：西安电子科技大学出版社，2008.

[10] [美] 狄苏尔 C A，葛守仁. 电路基本理论 [M]. 林争辉，译. 北京：高等教育出版社，1979.

[11] [美] Jams W. Nilsson, Susan A. Riedel. 电路 [M]. 7 版. 周玉坤，等译. 北京：电子工业出版社，2005.

[12] [美] William H. Hayt, Jr., Jack E. Kemmerly, Steven M. Durbin. 工程电路分析 [M]. 6 版. 王大鹏，等译. 北京：电子工业出版社，2002.

[13] 蔡宣三. 动态电路分析 [M]. 北京：清华大学出版社，1985.

[14] 路勇，等. 电子电路实验及仿真 [M]. 2 版. 北京：清华大学出版社，北京交通大学出版社，2010.

[15] 赵世强，等. 电子电路 EDA 技术 [M]. 西安：西安电子科技大学出版社，2000.

北京大学出版社本科电气信息系列实用规划教材

序号	书名	书号	编著者	定价	出版年份	教辅及获奖情况
	物联网工程					
1	物联网概论	7-301-23473-0	王 平	38	2014	电子课件/答案,有"多媒体移动交互式教材"
2	物联网概论	7-301-21439-8	王金甫	42	2012	电子课件/答案
3	现代通信网络	7-301-24557-6	胡珺珺	38	2014	电子课件/答案
4	物联网安全	7-301-24153-0	王金甫	43	2014	电子课件/答案
5	通信网络基础	7-301-23983-4	王 昊	32	2014	
6	无线通信原理	7-301-23705-2	许晓丽	42	2014	电子课件/答案
7	家居物联网技术开发与实践	7-301-22385-7	付 蔚	39	2013	电子课件/答案
8	物联网技术案例教程	7-301-22436-6	崔逊学	40	2013	电子课件
9	传感器技术及应用电路项目化教程	7-301-22110-5	钱裕禄	30	2013	电子课件/视频素材,宁波市教学成果奖
10	网络工程与管理	7-301-20763-5	谢 慧	39	2012	电子课件/答案
11	电磁场与电磁波(第2版)	7-301-20508-2	邬春明	32	2012	电子课件/答案
12	现代交换技术(第2版)	7-301-18889-7	姚 军	36	2013	电子课件/习题答案
13	传感器基础(第2版)	7-301-19174-3	赵玉刚	32	2013	
14	物联网基础与应用	7-301-16598-0	李蔚田	44	2012	电子课件
15	通信技术实用教程	7-301-25386-1	谢 慧	36	2015	电子课件/习题答案
	单片机与嵌入式					
1	嵌入式ARM系统原理与实例开发(第2版)	7-301-16870-7	杨宗德	32	2011	电子课件/素材
2	ARM嵌入式系统基础与开发教程	7-301-17318-3	丁文龙 李志军	36	2010	电子课件/习题答案
3	嵌入式系统设计及应用	7-301-19451-5	邢吉生	44	2011	电子课件/实验程序素材
4	嵌入式系统开发基础-----基于八位单片机的C语言程序设计	7-301-17468-5	侯殿有	49	2012	电子课件/答案/素材
5	嵌入式系统基础实践教程	7-301-22447-2	韩 磊	35	2013	电子课件
6	单片机原理与接口技术	7-301-19175-0	李 升	46	2011	电子课件/习题答案
7	单片机系统设计与实例开发(MSP430)	7-301-21672-9	顾 涛	44	2013	电子课件/答案
8	单片机原理与应用技术	7-301-10760-7	魏立峰 王宝兴	25	2009	电子课件
9	单片机原理及应用教程(第2版)	7-301-22437-3	范立南	43	2013	电子课件/习题答案,辽宁"十二五"教材
10	单片机原理与应用及C51程序设计	7-301-13676-8	唐 颖	30	2011	电子课件
11	单片机原理与应用及其实验指导书	7-301-21058-1	邵发森	44	2012	电子课件/答案/素材
12	MCS-51单片机原理及应用	7-301-22882-1	黄翠翠	34	2013	电子课件/程序代码
	物理、能源、微电子					
1	物理光学理论与应用(第2版)	7-301-26024-1	宋贵才	46	2015	电子课件/习题答案,"十二五"普通高等教育本科国家级规划教材
2	现代光学	7-301-23639-0	宋贵才	36	2014	电子课件/答案
3	平板显示技术基础	7-301-22111-2	王丽娟	52	2013	电子课件/答案
4	集成电路版图设计	7-301-21235-6	陆学斌	32	2012	电子课件/习题答案
5	新能源与分布式发电技术	7-301-17677-1	朱永强	32	2010	电子课件/习题答案,北京市精品教材,北京市"十二五"教材
6	太阳能电池原理与应用	7-301-18672-5	靳瑞敏	25	2011	电子课件

序号	书名	书号	编著者	定价	出版年份	教辅及获奖情况
7	新能源照明技术	7-301-23123-4	李姿景	33	2013	电子课件/答案
基 础 课						
1	电工与电子技术(上册)(第2版)	7-301-19183-5	吴舒辞	30	2011	电子课件/习题答案,湖南省"十二五"教材
2	电工与电子技术(下册)(第2版)	7-301-19229-0	徐卓农 李士军	32	2011	电子课件/习题答案,湖南省"十二五"教材
3	电路分析	7-301-12179-5	王艳红 蒋学华	38	2010	电子课件,山东省第二届优秀教材奖
4	模拟电子技术实验教程	7-301-13121-3	谭海曙	24	2010	电子课件
5	运筹学(第2版)	7-301-18860-6	吴亚丽 张俊敏	28	2011	电子课件/习题答案
6	电路与模拟电子技术	7-301-04595-4	张绪光 刘在娥	35	2009	电子课件/习题答案
7	微机原理及接口技术	7-301-16931-5	肖洪兵	32	2010	电子课件/习题答案
8	数字电子技术	7-301-16932-2	刘金华	30	2010	电子课件/习题答案
9	微机原理及接口技术实验指导书	7-301-17614-6	李干林 李升	22	2010	课件(实验报告)
10	模拟电子技术	7-301-17700-6	张绪光 刘在娥	36	2010	电子课件/习题答案
11	电工技术	7-301-18493-6	张莉 张绪光	26	2011	电子课件/习题答案,山东省"十二五"教材
12	电路分析基础	7-301-20505-1	吴舒辞	38	2012	电子课件/习题答案
13	模拟电子线路	7-301-20725-3	宋树祥	38	2012	电子课件/习题答案
14	数字电子技术	7-301-21304-9	秦长海 张天鹏	49	2013	电子课件/答案,河南省"十二五"教材
15	模拟电子与数字逻辑	7-301-21450-3	邬春明	39	2012	电子课件
16	电路与模拟电子技术实验指导书	7-301-20351-4	唐颖	26	2012	部分课件
17	电子电路基础实验与课程设计	7-301-22474-8	武林	36	2013	部分课件
18	电文化——电气信息学科概论	7-301-22484-7	高心	30	2013	
19	实用数字电子技术	7-301-22598-1	钱裕禄	30	2013	电子课件/答案/其他素材
20	模拟电子技术学习指导及习题精选	7-301-23124-1	姚娅川	30	2013	电子课件
21	电工电子基础实验及综合设计指导	7-301-23221-7	盛桂珍	32	2013	
22	电子技术实验教程	7-301-23736-6	司朝良	33	2014	
23	电工技术	7-301-24181-3	赵莹	46	2014	电子课件/习题答案
24	电子技术实验教程	7-301-24449-4	马秋明	26	2014	
25	微控制器原理及应用	7-301-24812-6	丁筱玲	42	2014	
26	模拟电子技术基础学习指导与习题分析	7-301-25507-0	李大军 唐颖	32	2015	电子课件/习题答案
27	电工学实验教程(第2版)	7-301-25343-4	王士军 张绪光	27	2015	
28	微机原理及接口技术	7-301-26063-0	李干林	42	2015	电子课件/习题答案
29	简明电路分析	7-301-26062-3	姜涛	48	2015	电子课件/习题答案
电子、通信						
1	DSP技术及应用	7-301-10759-1	吴冬梅 张玉杰	26	2011	电子课件,中国大学出版社图书奖首届优秀教材奖一等奖
2	电子工艺实习	7-301-10699-0	周春阳	19	2010	电子课件
3	电子工艺学教程	7-301-10744-7	张立毅 王华奎	32	2010	电子课件,中国大学出版社图书奖首届优秀教材奖一等奖
4	信号与系统	7-301-10761-4	华容 隋晓红	33	2011	电子课件
5	信息与通信工程专业英语(第2版)	7-301-19318-1	韩定定 李明明	32	2012	电子课件/参考译文,中国电子教育学会2012年全国电子信息类优秀教材

序号	书名	书号	编著者	定价	出版年份	教辅及获奖情况
6	高频电子线路(第2版)	7-301-16520-1	宋树祥　周冬梅	35	2009	电子课件/习题答案
7	MATLAB 基础及其应用教程	7-301-11442-1	周开利　邓春晖	24	2011	电子课件
8	计算机网络	7-301-11508-4	郭银景　孙红雨	31	2009	电子课件
9	通信原理	7-301-12178-8	隋晓红　钟晓玲	32	2007	电子课件
10	数字图像处理	7-301-12176-4	曹茂永	23	2007	电子课件，"十二五"普通高等教育本科国家级规划教材
11	移动通信	7-301-11502-2	郭俊强　李成	22	2010	电子课件
12	生物医学数据分析及其 MATLAB 实现	7-301-14472-5	尚志刚　张建华	25	2009	电子课件/习题答案/素材
13	信号处理 MATLAB 实验教程	7-301-15168-6	李杰　张猛	20	2009	实验素材
14	通信网的信令系统	7-301-15786-2	张云麟	24	2009	电子课件
15	数字信号处理	7-301-16076-3	王震宇　张培珍	32	2010	电子课件/答案/素材
16	光纤通信	7-301-12379-9	卢志茂　冯进玫	28	2010	电子课件/习题答案
17	离散信息论基础	7-301-17382-4	范九伦　谢勰	25	2010	电子课件/习题答案，"十二五"普通高等教育本科国家级规划教材
18	光纤通信	7-301-17683-2	李丽君　徐文云	26	2010	电子课件/习题答案
19	数字信号处理	7-301-17986-4	王玉德	32	2010	电子课件/答案/素材
20	电子线路 CAD	7-301-18285-7	周荣富　曾技	41	2011	电子课件
21	MATLAB 基础及应用	7-301-16739-7	李国朝	39	2011	电子课件/答案/素材
22	信息论与编码	7-301-18352-6	隋晓红　王艳营	24	2011	电子课件/习题答案
23	现代电子系统设计教程	7-301-18496-7	宋晓梅	36	2011	电子课件/习题答案
24	移动通信	7-301-19320-4	刘维超　时颖	39	2011	电子课件/习题答案
25	电子信息类专业 MATLAB 实验教程	7-301-19452-2	李明明	42	2011	电子课件/习题答案
26	信号与系统	7-301-20340-8	李云红	29	2012	电子课件
27	数字图像处理	7-301-20339-2	李云红	36	2012	电子课件
28	编码调制技术	7-301-20506-8	黄平	26	2012	电子课件
29	Mathcad 在信号与系统中的应用	7-301-20918-9	郭仁春	30	2012	
30	MATLAB 基础与应用教程	7-301-21247-9	王月明	32	2013	电子课件/答案
31	电子信息与通信工程专业英语	7-301-21688-0	孙桂芝	36	2012	电子课件
32	微波技术基础及其应用	7-301-21849-5	李泽民	49	2013	电子课件/习题答案/补充材料等
33	图像处理算法及应用	7-301-21607-1	李文书	48	2012	电子课件
34	网络系统分析与设计	7-301-20644-7	严承华	39	2012	电子课件
35	DSP 技术及应用	7-301-22109-9	董胜	39	2013	电子课件/答案
36	通信原理实验与课程设计	7-301-22528-8	邬春明	34	2015	电子课件
37	信号与系统	7-301-22582-0	许丽佳	38	2013	电子课件/答案
38	信号与线性系统	7-301-22776-3	朱明早	33	2013	电子课件/答案
39	信号分析与处理	7-301-22919-4	李会容	39	2013	电子课件/答案
40	MATLAB 基础及实验教程	7-301-23022-0	杨成慧	36	2013	电子课件/答案
41	DSP 技术与应用基础(第2版)	7-301-24777-8	俞一彪	45	2015	
42	EDA 技术及数字系统的应用	7-301-23877-6	包明	55	2015	
43	算法设计、分析与应用教程	7-301-24352-7	李文书	49	2014	
44	Android 开发工程师案例教程	7-301-24469-2	倪红军	48	2014	
45	ERP 原理及应用	7-301-23735-9	朱宝慧	43	2014	电子课件/答案
46	综合电子系统设计与实践	7-301-25509-4	武林　陈希	32(估)	2015	
47	高频电子技术	7-301-25508-7	赵玉刚	29	2015	电子课件
48	信息与通信专业英语	7-301-25506-3	刘小佳	29	2015	电子课件
49	信号与系统	7-301-25984-9	张建奇	45	2015	电子课件

序号	书名	书号	编著者	定价	出版年份	教辅及获奖情况
			自动化、电气			
1	自动控制原理	7-301-22386-4	佟 威	30	2013	电子课件/答案
2	自动控制原理	7-301-22936-1	邢春芳	39	2013	
3	自动控制原理	7-301-22448-9	谭功全	44	2013	
4	自动控制原理	7-301-22112-9	许丽佳	30	2015	
5	自动控制原理	7-301-16933-9	丁 红 李学军	32	2010	电子课件/答案/素材
6	现代控制理论基础	7-301-10512-2	侯媛彬等	20	2010	电子课件/素材，国家级"十一五"规划教材
7	计算机控制系统(第2版)	7-301-23271-2	徐文尚	48	2013	电子课件/答案
8	电力系统继电保护(第2版)	7-301-21366-7	马永翔	42	2013	电子课件/习题答案
9	电气控制技术(第2版)	7-301-24933-8	韩顺杰 吕树清	28	2014	电子课件
10	自动化专业英语(第2版)	7-301-25091-4	李国厚 王春阳	46	2014	电子课件/参考译文
11	电力电子技术及应用	7-301-13577-8	张润和	38	2008	电子课件
12	高电压技术	7-301-14461-9	马永翔	28	2009	电子课件/习题答案
13	电力系统分析	7-301-14460-2	曹 娜	35	2009	
14	综合布线系统基础教程	7-301-14994-2	吴达金	24	2009	电子课件
15	PLC原理及应用	7-301-17797-6	缪志农 郭新年	26	2010	电子课件
16	集散控制系统	7-301-18131-7	周荣富 陶文英	36	2011	电子课件/习题答案
17	控制电机与特种电机及其控制系统	7-301-18260-4	孙冠群 于少娟	42	2011	电子课件/习题答案
18	电气信息类专业英语	7-301-19447-8	缪志农	40	2011	电子课件/习题答案
19	综合布线系统管理教程	7-301-16598-0	吴达金	39	2012	电子课件
20	供配电技术	7-301-16367-2	王玉华	49	2012	电子课件/习题答案
21	PLC技术与应用(西门子版)	7-301-22529-5	丁金婷	32	2013	电子课件
22	电机、拖动与控制	7-301-22872-2	万芳瑛	34	2013	电子课件/答案
23	电气信息工程专业英语	7-301-22920-0	余兴波	26	2013	电子课件/译文
24	集散控制系统(第2版)	7-301-23081-7	刘翠玲	36	2013	电子课件，2014年中国电子教育学会"全国电子信息类优秀教材"一等奖
25	工控组态软件及应用	7-301-23754-0	何坚强	49	2014	电子课件/答案
26	发电厂变电所电气部分(第2版)	7-301-23674-1	马永翔	48	2014	电子课件/答案
27	自动控制原理实验教程	7-301-25471-4	丁 红 贾玉瑛	29	2015	
28	自动控制原理（第2版）	7-301-25510-0	袁德成	35	2015	电子课件，辽宁省"十二五"教材
29	电机与电力电子技术	7-301-25736-4	孙冠群	45	2015	电子课件/答案

如您需要更多教学资源如电子课件、电子样章、习题答案等，请登录北京大学出版社第六事业部官网 www.pup6.cn 搜索下载。

如您需要浏览更多专业教材，请扫下面的二维码，关注北京大学出版社第六事业部官方微信（微信号：pup6book），随时查询专业教材、浏览教材目录、内容简介等信息，并可在线申请纸质样书用于教学。

感谢您使用我们的教材，欢迎您随时与我们联系，我们将及时做好全方位的服务。联系方式：010-62750667，szheng_pup6@163.com，pup_6@163.com，lihu80@163.com，欢迎来电来信。客户服务QQ号：1292552107，欢迎随时咨询。